中国森林生产力评估

阮宏华　王　兵　杨锋伟　主编

中国林业出版社

图书在版编目（CIP）数据

中国森林生产力评估 / 阮宏华等主编 . —北京：中国林业出版社，2014.6
ISBN 978-7-5038-7497-0

Ⅰ. ①中…　Ⅱ. ①阮…　Ⅲ. ①森林—生态系统—生产力—评估—中国
Ⅳ. ①S718. 55

中国版本图书馆 CIP 数据核字（2014）第 102183 号

责任编辑：于界芬

出版　中国林业出版社（100009　北京西城区刘海胡同 7 号）
E-mail　lycb. forestry. gov. cn　电话　83143542
发行　中国林业出版社
印刷　北京卡乐富印刷有限公司
版次　2016 年 6 月第 1 版
印次　2016 年 6 月第 1 次
开本　787mm×1092mm　1/16
印张　20
字数　320 千字
定价　86. 00 元

中国森林生产力评估
Evaluation of Forest Productivity in China
编委会

前　言
PREFACE

　　联合国政府间气候变化专门委员会最近发布的一份报告（IPCC，2013）指出，人类活动导致气候系统暖化是毋庸置疑的事实（95%的可能性）。1880～2012年，全球海陆表面平均温度呈上升趋势，升高了0.85℃。全球变暖已成为国际社会共同关注的重大环境问题。森林是陆地生态系统的主体，森林占全球陆地生态系统碳储量约80%，在减缓全球气候变化中具有特殊的作用。森林生产力作为陆地碳循环的重要组成部分，不仅直接反映了森林在自然环境条件下的生产能力，而且是评估森林生态系统物质和能量循环的重要基础，也是判定森林生态系统碳源/汇和调节生态过程的主要因子。全球变化与陆地生态系统（GCTE）和京都协定等都把森林生产力研究确定为核心内容之一。我国政府将森林生产力及其相关功能的维持作为关系到经济社会可持续发展和全球生态安全的重大问题，列入了林业21世纪议程，同时被确立为我国林业发展战略目标的重要内容之一。

　　目前，在中国森林生产力监测及评价中，由于我国地域辽阔、森林类型复杂，评估区域范围比较零散，监测数据来源单一，监测时间不一致，监测技术不统一；评价的方法和标准不同等原因，对我国森林碳储量和碳循环的估测结果误差较大。不同的学者估测的森林固碳量可能相差2~3倍，导致评价森林碳汇功能及其在全球碳循环中的作用具有较大的不确定性，存在较大争议。另外，森林生产力监测与评价未能充分实现不同空间尺度转换，缺乏生态系统、景观及其以上水平的多尺度监测与评价研究，尤其缺乏基于长期定位观测与森林资源清查的森林生产力多源数据、多尺度的长期监测与评价研究。

为了准确评估我国森林生态系统在区域或全球碳平衡中的作用和地位，阐明森林的碳汇功能，以及为我国政府制定国家"碳汇管理"的相关政策提供科学依据，也为中国在国际碳贸易与相关领域的谈判中争取主动地位，维护国家的长远利益等方面提供技术支撑。2008年，由南京林业大学主持，联合中国林业科学研究院、国家林业局调查规划设计院、北京林业大学、辽宁省林业科学研究院、贵州省林业科学研究院、江西农业大学、新疆林业科学院、甘肃省祁连山水源涵养林研究院、中国林业科学研究院热带林业研究所共同承担了林业公益性行业科研重大专项"中国森林净生产力多尺度长期观测与评价研究"项目（200804006）。2008~2013年，项目组以我国森林生态定位监测网络为研究平台，以森林生态定位站长期观测数据与全国Ⅰ、Ⅱ类森林资源清查数据为基础，以遥感和GIS等现代信息与数据处理技术为研究手段，通过林分生产力的实际观测，构建中国主要森林类型林分NPP估测模型；探讨了森林生产力从林分、景观、区域到全国范围多尺度的转换技术；结合定位站长期定位观测数据和地区、省级、全国Ⅰ、Ⅱ类森林资源连续清查数据（蓄积量、树种组成、年龄等），通过筛选获得基于遥感数据的森林生产力遥感反演的数学估测模型；初步建立中国森林生产力多尺度观测与评估技术体系，初步揭示了中国森林生产力空间分布格局和区域分布规律，开发典型区域林分尺度的森林生产力空间数据库以及森林生产力地理信息管理系统。

该项目研究部分成果编撰成本书，以期为进一步揭示不同尺度、不同区域中国森林生产力的空间分布格局和区域分布规律，提供技术方法和理论依据，供相关研究人员参考。

本书分上篇和下篇，共计10章。上篇总论中概述了森林生产力研究进展、中国森林生产力综合评估研究和中国森林生产力监测网络查询平台构建；下篇按区域分别论述了华北区、东北区、华中、华东区、华南区、西南区、西北区典型森林生产力估测，介绍了各区域主要林分类型生产力估测模型和空间分布格局。

本项目的研究以及本书在编写过程中，得到了国家林业局科技司、项目主持单位和参加单位的大力支持，也得到了973计划课题"人工林生态系统生物多样性和生产力关系"（2012CB416904）的部分资助，对此，我们深表感谢！特别是参加本项研究的人员众多，相关研究人员（含博士、硕士生）达百余人，在此不一一列出，在此谨向所有项目参与成员在各方面付出的辛勤劳动和大力支持，表示衷心感谢！

由于编者水平所限，文中错漏之处在所难免，诚望读者批评指正。

编者

2015 年 6 月于南京

目 录
CONTENTS

下 篇 各 论

上 篇

总 论

第一章
森林生产力研究进展

第一节　森林生产力的样地监测与评估研究

　　森林生产力样地监测是森林资源调查的一个重要的组成部分，潜在地对木材生产和碳循环等生态系统服务起到了重要指示作用。森林生产力是评估森林固碳能力的重要参数，是提高碳汇的主要手段。因此提高森林生产力成为了控制陆地和大气间二氧化碳交换过程的主要方法（Beer *et al.* ，2010）。森林作为陆地生态系统主要的碳库，随着国际社会对全球变暖问题的关注，森林生产力监测和评价亦成为生态学的研究重点领域之一。同时，能更有效和准确地获取森林生产力数据，对于提高我国森林资源碳储备能力和我国森林木材资源供给能力提供重要的理论基础。

一、森林生产力国内外研究进展

　　森林生产力的研究以国际生物学计划（IBP）作为分界线。

　　IBP 计划之前，只有欧洲少数的科学家对森林生产力进行了有限研究，1882 年最早对森林干物质生产力测定的是德国林学家 Ebermayer。在 IBP 期间（1964 ~ 1974），全面开展了全球森林生产力的研究工作，很多专著都详细地探讨了森林生物生产量的研究方法，具体从传统收获法，发展到气体交换法和空气动力学方法等，其中《生物圈的第一性生产力》（Lieth，Wittacker，1975）汇编了这 10 年计划中的研究成果。

　　IBP 计划之后，国内逐渐对森林生物量和生产力开始了研究，在全球变化研究背景下，MBA（人与生物圈计划）和 IGBP（国际地圈与生物圈计划）推动下，发展迅速。20 世纪 60 年代，冯宗炜（1999）开始建立森林生态定位研究站研究森林群落的生物量和生产力。70 年代初，李文华（1978）提出了运用森林资源清查数据编制全国森林生物产量分布图和模拟生产潜力的设想。80 ~ 90 年代，马钦彦（1989）和刘世荣（1993）利用收集的实测资料分别比较分析了我国油松林的生物量和 NPP（净初级生产力）和全国森林现实生产力地理分布格局。方精云（1996）等建立了森林蓄积量与生物量和生产力的转换方法，估算了我国植被生物生产力。在 90 年代，逐渐出现了大量利用气候相关模型估算我国植被生产力的研究(陈国南，1987；侯光良和游松才，1990)。其中朱志辉(1993)根据我国各类植被和气候资料建立的北京模型。张新时(1995)和周广胜(1996)探讨了中国自然植被生产力模型的应用及估算。赵士洞(1997)和罗天祥(1998)分析了我国杉木林 NPP 空间格局和水热相关规律。21 世纪初，孙睿(1999)、朴世龙(2001)、陈利军(2002)、陶波(2003)、陈斌(2007)等先后利用遥感技术模拟了中国植被净初级生产力。

森林生产力的研究，主要集中在定点定位观测和建立模型模拟两方面，监测方法由定点到全球定位联网监测，空间总体是由点数据变化到区域甚至是全球尺度上，时间也向连续性转变。这种变化主要是由于研究方法的改善和创新，研究资料也从早期简单实测数据变化到利用"3S"技术获得的多源数据，极大丰富了森林生产力的研究的数据源。

二、森林生产力的含义

生态学领域的森林生产力的基本概念：森林生产力也就是森林生态生产力，表现为森林自然生态生产力和森林生态经济生产力。

(一)森林生产力宏观和微观上的定义

森林生产力宏观定义包括第一性生产力和第二性生产力。第一性生产力是森林生态系统中林木和其他自养绿色植被通过光合作用固定的能量或制造有机物的数量。第二性生产力是森林生态系统中食草动物、真菌、细菌和其他原生动物等异氧有机体利用并释放出绿色植物体内贮存的太阳能从而形成的第二性生物产品的数量(张宪洲，1993)。这种循环就体现出森林生态系统内部的物质和能量转化规律。

具体用什么指数来反映和评估森林生产力的高低呢？其中第一性生产力通过总第一性生产力(GPP)和净第一性生产力(NPP)来表示。研究中，森林 GPP 指植被各器官净累积量(NPP)和自身呼吸所消耗量(Ra)的总和。从而 NPP 归纳为实际所积累的有机物质总量，也就代表储存的纯碳量，是我们所说的微观定义(本书中的方法都是针对 NPP 展开讨论)。碳汇一直是全球气候变化问题所关注的核心问题，所以在森林生态学领域，NPP 的研究一直是热点和重点。

(二)潜在生产力和现实生产力

在众多的森林生产力研究中，根据其估算方法我们可以分为潜在生产力和现实生产力。森林潜在生产力是指在某种气候条件下，森林理论上能够达到的生产力，也就相当于我们所说的 NPP。森林现实生产力是根据其现实资源状况及人为干扰情况，所具备的实际生产力。

(三)大尺度森林生产力

尺度是生态学的一个基本概念，一般是指研究对象或者现象基于空间或时间上的量度(吕一河和傅伯杰，2001)。在气候变化研究的背景下，大尺度(区域、国家或全球尺度)上森林生产力的研究越来越重要。但尺度转换仍然是科学家需要解决的问题之一，目前研究中对大尺度森林 NPP 时空变化的估算仍存在较大差异和不确定性，影响其变化的因素也研究不足(陶波等，2003)。由于我国地形复杂，气候差异大，森林 NPP 的空间分布也存在较大差异。因此需要更准确地估算大尺度森林生产力，为寻找提高我国森林生物生产力途径提供科学依据，也为进一步理解森林生产力与各种控制因素的相互关系和预测气候变化提供数据基础和研究思路。

三、森林生产力样地监测和调查方法

（一）站点监测和路线监测

站点监测主要是通过建立生态站等固定监测点，选择在主要森林类型、重点区域以及具有代表性的典型地点。前提要求每个监测点样地内部要素具有均一性和一致性。路线监测根据研究需要，选择某一路线或者区域，开展样地调查和监测。

NPP 的实测方法主要有生物量调查法和微气象学涡度相关通量观测法（刘敏，2008），具体包括直接收获法、光合作用测定法、二氧化碳通量测定法、pH 值测定法、放射性标记法、叶绿素测定法和原料消耗测定法等（蔡晓明，2002）。其中直接收获法是最常用也是最简单的方法，不过该方法精度取决于 2 期生物量的准确测算。

（二）地面调查和遥感解译

地面调查：样地和内部样方的具体设置，通过监测仪器，对能够反映林分生物学特性的生态因子和指标进行长期具体测量，从而获得森林生产力的特征数据，具体包括林龄、密度、平均胸径、平均树高、植被的叶面积指数、凋落物等，以及一些环境因子——气温、降水和土壤等，最后通过统计分析和估算，反映出森林生产力的现状和变化趋势。地面调查往往应该用于局部监测，监测点有限，并且耗费大量的人力、时间和成本。随着地理信息技术的发展，为全局的森林生产力监测提供了有效的手段，两者相结合能更准确地监测和估算森林生产力，也是我国监测体系逐渐发展的趋势。

遥感技术区别于地面调查，遥感是地理空间信息技术，能够大范围、多尺度、快速且多时相的获取及更新数据，不受地表非均一性的影响。随着遥感技术的定量化发展，许多陆表参数都可以获得，反演精度也逐渐提高。这些参数用来作为输入数据，建立遥感模型，这样就为森林生产力尤其是 NPP 的估测奠定了基础（李贵才，2004）。

森林生产力的监测技术已经发展到地面样点调查与空间监测、量化判定结合的技术体系。

（三）数理统计和数学模型

数理统计：回归分析，建立回归分析方程，通过建立 NPP 与某一指标的相关关系。材积推算，建立蓄积量与生物量之间的关系。

数学模型：在很多情况下，森林立地指数无法直接测量得到，所以就需要通过其他样地相关特征值（气候、地形和土壤等）运用模型估算得到（Aertsen et al.，2011）。

四、大尺度森林生产力估算方法

通过有限数量站点的野外监测，我们无法直接和全面地获得大尺度上森林生产力，更无法估算和模拟其空间的格局变化。目前，模型模拟来估算大尺度森林生产力已经成为主要的研究方法。但是，同时伴随着一个难点，就是模型必须模拟出在生态过程中时间和空间的数值变化。解决这个难点就必须要清楚地理解生态过程的空间异质性和非线性，以及不同尺度之间的成功转换。因此，尺度是森林生产力模型建立的一个关键问题（Aertsen *et al.*，2011）。随着模型研究和应用的发展，国内外对于大尺度森林生产力模型估算主要有以下方法：

（一）基于实测数据的空间推算

根据典型的森林类型及其样地的实测数据，通过平均和类推等数学方法，简单地将点数据进行尺度推移到区域。这种方法需要利用大量的固定样地的实测数据作为基础，数量充足、相对完整统一的国家森林连续清查样地资料被很多学者所应用。但由于清查数据的局限性，林下植被及根系的生物量及生长量需要利用相对生长关系计算获得。其中，方精云等根据我国森林蓄积量推算了森林生物量和净生产量（材积法），估算了我国森林生物生产力，成功实现了由实测点数据推到区域尺度。目前，基于森林资源清查数据的材积法估算已经相对成熟，但是针对某些森林类型的估算有待于进一步确定。

随着 GIS 和空间统计技术的发展，地统计方法成为区域森林生产力尺度推移的一个新的方法和手段。地统计方法在土壤科学和生态学等诸多领域得到了良好的发展和应用（Feng *et al.*，2004；刘志华等，2008）。近年来，也逐渐应用于森林生物量和生产力空间格局分析。曾宏达（2005）采用 DEM 与地统计学方法探讨了武夷山森林主要树种蓄积量的空间格局。闫海忠（2011）等针对云南香格里拉三坝乡黄背栎林生物量，选取了地形、海拔、坡度、坡向和土壤钾值等生态因子进行了空间协同克里金插值分析。刘晓梅（2011）等根据一元生物量估测模型，计算样地生物量，在此基础上，利用 ArcGIS 地统计插值方法得到整个研究区森林生物量分布，并从林分结构（林型、林龄组）和地形因子（海拔、坡度、坡向）两个方面对保护区森林生物量空间格局进行了分析。以上均是在区域尺度下，考虑到地形（海拔、坡度、坡向）及土壤等因子，用与之相关的要素辅助实现空间插值来估算森林的生物量。

（二）基于 NPP 模型的估算

随着对全球变化的研究与"3S"技术的发展，对区域和全球尺度 NPP 的估算更多基于模型模拟，主要以气象资料和遥感数据两个方向建立模型。

1. 气候模型

David（1975）曾将区域第一性生产力的估算方法归纳为 3 种。前 2 种就是根据实测资料进行转换推算，也就是我们之前所介绍的方法。第 3 种是利用环境变量与森林生产力指标间的回归关系推算而得，这种方法实质上是对大尺度生产力格局的模拟，并且环境因子主要是运用气象资料，因此属气候生产力研究范畴（赵士洞和罗天祥，1998）。

森林生物量和生产力受温度、降雨量和蒸发量等气象因子的影响。1975 年 Leith 等建立了全球植被第一性生产力与年平均温度、年平均降水量相关的回归模型（Miami 模型），之后又建立了与年蒸发量相关的 Montreal 模型和与年净辐射相关的 chikugo 模型（Leith *et al.*，1975）；刘世荣等（1994）建立了我国森林生产力与气候因子之间的关系模型。气候模型的研究，为构建大尺度区域生产力模型奠定了基础，但是由于气候生产力都是对潜在生产力的估算，因此多用来评价区域森林固碳的能力而不是作为实际区域生产力的测算方法(汤萃文等,2010)。

2. 遥感模型

地理信息技术在林业上的大量应用,为森林生产力区域尺度上的测定和尺度性反演提供了先进的技术方法,国内外学者将遥感和GIS手段应用到NPP模型的设计中,构建了遥感模型。模型主要是运用各种植被指数、地表反射辐射、叶面积指数以及有效辐射系数等生物物理参数与植被生物量和生产力建立定量关系,或者基于某一植被类型的估算模型(肖乾广等,1996)。根据建立模型的角度不同,主要分为生态系统过程模型和光能利用率模型。

生态过程模型又称机理模型,是考虑植被自身光合作用从有机物积累到分解和营养元素循环等生理过程模拟得到,此模型可以环境因子建立关系,从而研究NPP和全球变化之间的响应和反馈(王莺等,2010)。比较经典的生态过程模型有CENTURY模型(Pouton et al., 1993)、TEM模型(Melillo et al., 1993)、BEPS模型(Liu et al., 1997)、Forest-BGC模型(Runing et al., 1988)和BIOME-BGC模型(Hunt et al., 1996)等。光能利用率模型又称生产效率模型,是基于植被光合作用与光能利用率建立的资源平衡模型(Field et al., 1995)。此模型是利用光能转化率和光合有效辐射(APAR)两个因子与NPP的关系建立的(这两个因子都是直接可以通过遥感数据获得的):$NPP = APAR \times \varepsilon$。应用较多的有CASA模型(Potter et al., 1993)、GLO-PEM模型(Princer et al., 1995)和C-FIX模型(Veroustraete et al., 2002)等。李贵才(2004)等利用光能利用率模型对中国森林NPP的估算和动态监测做了大量研究。

两者比较而言,一方面,光能利用率模型的优点在于其考虑了相关环境因子并且模型和参数较简单。而过程模型比较复杂,参数太多,有些难以获得,在区域和全球估算过程中网格点内参数的尺度转换和定量化相对困难,因而较难得到推广。另一方面,生态过程模型作为机理模型,其估算较为严密和准确,这也正是光能利用率模型所欠缺并亟需进一步研究的内容。

五、展望

森林生产力的监测与评估已经成为森林管理和经营不可或缺的方面,其研究方法的不断变化和估算准确性的不断提高,尤其是空间技术和地面的综合应用,为森林生产力未来演变的预测提供了可实现的方法。对于森林生产力的监测和评估方法的回顾和总结,其存在问题和未来发展的方向有以下几点:

(1)森林生产力的变化受其不同森林类型本身周期生物学特性影响,需要长期的监测基础数据。但我国当前对于定点监测的时间较短,因此研究中大多是以其他地区同类型森林生产力状况作为代替,也就是"空间代时间"的方法,缺乏同一林地上长期的定位观测资料。

(2)利用遥感模型研究大尺度NPP将是一个未来发展趋势,但针对不同的区域和不同尺度需要采用合适的参数和模型是以后研究的重点。对于我国森林生产力研究而言,由于地形和气候条件复杂,建立适合的统一遥感模型难度仍然很大。

(3)对于模型的运用需要结合实测数据,但是我国目前缺乏统一的大范围的研究方法和技术，各个地区的资料可比性较差，所以建立统一时间和地点的森林资料采集和汇总十分必要。

第二节　区域尺度森林净初级生产力模型研究

森林生态系统净初级生产力（Net Primary Productivity，NPP），是指绿色植物在单位时间和单位面积内所积累的有机物数量，是植物光合作用所产生的有机物质总量（Gross primary Productivity，GPP）减去自养呼吸（Autotrophic Respiration，RA）消耗部分后的剩余（Lieth，1975）。

区域尺度计算植被净初级生产力研究开始于国际生物学计划（International biological Program，IBP，1965～1974）期间。几十年来，区域尺度植被净初级生产力模型经历了几个发展阶段，在全球碳循环和全球变化研究中发挥了重要的作用。按照模型机理及结构可以分为统计模型、光能利用率模型和过程模型 3 种类型（Ruimy et al.，1994）。

一、统计模型（气候相关模型）

统计模型估算区域尺度森林净初级生产力的研究开始于国际生物圈计划（IBP）期间，这一时期的生产力估算模型以实测生产力数据和相应的水、热及光照等气候因子观测值为基础，按照统计回归方法按最小二乘法理论建立一元或多元、线性或非线性的数学函数。国际上比较流行的植被净初级生产力统计模型主要有：Miami 模型（Lieth，1972）、Thornthwaite Memorial 模型（Lieth et al.，1975）和 Chikugo 模型（Uchijima et al.，1985）。

Lieth 在 1971 年迈阿密召开的一次研讨会上提出 Miami 模型，该模型是 Lieth 根据全球约 50 个点实测的植被净初级生产力资料与同期的年平均温度和年降水资料，用最小二乘法建立的植被净初级生产力模型。由于 Miami 模型仅考虑了温度和降水量对植被产量的影响，计算结果可靠性较低，Lieth 将 Miami 模型和 Thornthwaite 可能蒸散模型结合，采用最小二乘法建立计算植被净第一性生产力的 Thornthwaite Memorial 模型（Lieth et al.，1975），并于 1972 年首次利用实际蒸散为自变量建立了全球性的气候生产力模型。Lieth 和 Box 合作（1972），用 Miami 和 Thornthwaite Memorial 模型用计算机绘制了全球植被生产力的分布图，该模型称为 Lieth-Box 模型。

Uchijima 等（1985）利用 IBP 期间调查的森林植被生物量数据和植被对水的利用效率的基础上提出 Chikugo 模型，该模型是生理生态和统计模型结合的产物，综合考虑了各种环境因子的作用，并利用该模型绘制了日本自然植被净第一性生产力分布图（Uchijima et al.，1988）。

国内利用模型估算植被生产力研究起步较国外晚，主要是引进国外的模型或改进国外的模型（赵士洞，1998）。采用计算机技术，李文华等（1980）利用 Miami 模型计算绘制出西藏自治区植被净初级生产力的潜在分布图，这是国内最早进行区域尺度植被净初级生产力估算的尝试。此后，贺庆棠等（1986）利用 Lieth-Box 模型估算了我国植被的可能生产力；侯光良等（1990）利用 Chikugo 模型估算了我国植被的气候生产力；张宪洲（1993）利用我国 666 个气象站点的资料，分别用 Miami 模型、Thornthwaite Memorial 模型和 Chikugo 模型计算了我国自然植被的净初级生产力，通过比较计算结果，认为 Chikugo 模型结果较接近实际值。朱志辉（1993）在 Chikugo 模型的基础上加以改进，建立了北京模型，并用于模拟中国陆地植被的净初级生产力。

周广胜等（1996）根据植物的生理生态学特点及联系能量平衡方程和水量平衡方程的区域蒸散模式建立了联系植物生理生态特点和水热平衡关系的植被净初级生产力模型，该模型为建立宏观确定地带性植被类型的生产潜力、植被净初级生产力的区域分布和全球分布，以及全球变化的影响提供了理论基础。

二、光能利用率模型

能被植物用于光合作用的太阳辐射，称为光和有效辐射（Photosynthetic Active Radiation，PAR，波长 $400\sim700nm$），是植物光合作用的驱动力，对光合有效辐射的截取和转化利用是生物圈起源、进化和持续存在的必要条件（郭志华等，1999）。光合有效辐射中能被植被冠层吸收的部分称为吸收光合有效辐射（Absorbed Photosynthetic Active Radiation，APAR），APAR 是植被第一性生产力的基础（Tucker et al.，1986；potter et al.，1993）。吸收光和有效辐射比例（Fraction of Photosynthetic Active Radiation，FPAR）是植被吸收光和有效辐射 APAR 和光和有效辐射 PAR 的比值可表示为：$FPAR = APAR/PAR$。

光能利用率（Light Use Efficiency，LUE）是指植物固定太阳能效率的指标，在植被碳循环领域，光能利用率可以用来表示植物通过光合作用将所吸收的太阳能转化为植物体有机碳的效率，这一概念由 Monteith 于 1972 年首次提出。Monteith 发现植被 NPP 和吸收的光合有效辐射（APAR）之间有着稳定的关系，具有很强的线性关系，并建立了将植被冠层吸收的光合有效辐射转化为净初级生产力的计算模型，称为光能利用率模型。

基于遥感数据反演的植被指数（Vegetation Index，VI），是指利用植被反射光谱的特征来提取的植被信息，常用来提取植被指数的光谱有红光（Red）和近红外（Near Infrared）波段的反射率，由红光和近红外波段反射率和其他因子组合获得的植被指数有很多种（彭少麟等，1999）。Tucker 等（1979，1986）对比分析了红光和近红光波段辐射的各种组合对植被监测的结果，表明归一化植被指数[NDVI，Normalized Difference Vegetation Index，$NDVI = (NIR - RED)/(NIR + RED)$，其中，NIR 是近红外波段反射率，RED 是红光反射率]对植物的监测效果较好。目前，归一化植被指数 NDVI 是应用最广泛的植被指数。

Potter（1993）等的研究也表明，由卫星遥感数据得到的归一化植被指数（NDVI）能很好地反映植被的覆盖状况，可用来反演植被对太阳有效辐射的吸收比例（FPAR）。

区域尺度植被净初级生产力光能利用率模型是在 Monteith 光能利用率和遥感反演植被指数的基础上建立起来的。建立在遥感基础上的区域或全球尺度植被净初级生产力计算理论基础为：①植被 NPP 和吸收光合有效辐射之间有直接的联系；②吸收光和有效辐射（APAR）和遥感反演的植被指数之间的相关关系；③吸收光合有效辐射的实际转换效率由于生物物理因素，小于最大光能转换效率（Running *et al.*，2004）。

目前较为流行的光能利用率模型有 CASA（Potter *et al.*，1993）、PLO-PEM（Prince *et al.*，1995）、C-Fix（Veroustraete *et a.l*，2002）等模型。

CASA（Carnegie-Ames-Stanford Approach）模型是 Potter 于 1993 年建立的经典的净初级生产力光能利用率模型（Potter *et al.*，1993）。CASA 模型结构如下：模型的净初级生产力（NPP），由植被吸收的光合有效辐射（APAR）和光能转化率（E）确定。公式为：$NPP = APAR \times E$，式中的 APAR 由植被指数 NDVI 和植被类型两个因子确定，光能转化率由最大光能转化率和环境胁迫因子确定。CASA 模型被广泛地用于区域及全球植被净初级生产力的估算（Potter *et al.*，1993；Field *et al.*，1995）。

Ruimy 和 Saugier 等（1994）在对 FPAR 进行大气校正研究的基础上，引入根据不同植被类型相对应的光能利用率，利用 NPP 和 FPAR 之间的关系得出全球陆地的 NPP 约为每年 60Gt 碳。

另一个典型的光能利用效率模型是 GLO-PEM（Global Production Efficiency Model）模型，是由 Prince 和 Goward（1995）提出的全遥感 NPP 估计模型。

国内有大量学者利用或改进国外的光能利用率模型，对中国陆地植被净初级生产力估算做了很多的研究。朴世龙、Jingyun Fang、朱文泉等利用 CASA 模型估算了中国陆地植被净初级生产力的时空分布特征（朴世龙等，2001；Fang *et al.*，2004；朱文泉等，2007）。孙睿等（2000）根据植被指数与植被吸收的光合有效辐射比例之间的线性关系，利用 AVHRR NDVI 资料和同期地面气象资料确定地表植被吸收的光合有效辐射，然后由光能利用率得到我国 1992 年陆地植被的净初级生产力。陈利军（2001）等利用遥感数据和光能利用率模型估算了中国 1990 年净初级生产力。崔林丽等（2005）利用 PLO-PEM 模型估算了中国 1981~2000 年间陆地生态系统净初级生产力的变化趋势。陈斌等（2007）利用 C-Fix 模型估算了全国陆地植被的净初级生产力。陈卓奇等（2012）利用 MODIS 数据反演的光和有效辐射及 AMSR-E 微波遥感土壤湿度数据，驱动 GLO-PEM 模型估算青藏高原净初级生产力，该方法克服了以往模型由于降水插值和辐射插值给模型带来的不确定性。

三、生理生态过程模型

生理生态过程模型从机理上模拟植被的光合作用、呼吸作用、蒸散以及土壤水分散失过程，将大气—植被—土壤作为一个连续的系统，建立物质、能量交换模块，主要模块有气候模块、光合作用模块、蒸散模块（蒸腾蒸发）、呼吸作用模块、气孔导度模块等子模块（冯险峰等，2004）。这类模型通过植被的生理生态过程来反映生态系统的功能和气候之间的关系，在全球气候变化研究中得到广泛的应用。

区域尺度的过程模型是在植物叶片、个体及冠层尺度净初级生产力模型的基础上经过尺度扩展形成。目前，已有大量的区域或全球尺度陆地生态系统 NPP 模拟过程模型，应用较广泛的模型主要有：FOREST-BGC（Running *et al.*，1988）、BIOME-

BGC(Running *et al.*，1991)、TEM(Raich *et al.*，1991)、CEVSA(Cao *et al.*，1998)、IBIS(Foley *et al.*，1996)、CENTURY(Parton & Schimel，1987)、BEPS(Liu *et al.*，1997)等。

Running 等(1988，1989)提出了一个适用于区域性分析的森林生态系统碳循环过程模型(FOREST-BGC)。该模型以叶面积指数(LAI)来确定森林生态系统中重要的能量流动和物质循环，而区域范围内的叶面积指数可以通过卫星遥感数据反演获取(Deng *et al.*，2006)，由此把生态系统水平的模拟模型拓展到区域范围或全球尺度。BIOME-BGC 模型是在 FOREST-BGC 的基础上改进建立的适用于全球植被净初级生产力估算模型(Running *et al.*，1993)。

TEM(Terrestrial Ecosystem Model)模型是由 Raich 和 Melillo 等(1991，1993)建立的陆地生态系统模型。TEM 模型是一个高度集合的、模拟陆地生态系统碳/氮循环的仿真模型。TEM 模型适用于研究陆地或全球生态系统与环境因子的相互关系。模型主要驱动因子包括：植被类型、土壤质地、土壤湿度、潜在/实际蒸散率、太阳辐射、云量、降水、温度和大气二氧化碳浓度等。Raich 等(1991)首先将 TEM 模型估算了南美洲地区潜在的净初级生产力研究，Melillo 等(1993)利用栅格化的气象数据、土壤数据和植被类型数据驱动 TEM 模型，估算了全球净初级生产力的分布格局及土壤的碳循环。

BEPS(Boreal Ecosystems Primary Simulator)模型是加拿大遥感中心提出的生态系统过程模型(Liu *et al.*，1997)，该模型首先应用于加拿大北方针叶林的净初级生产力估算，经过不断的调整和完善，在碳、水循环的耦合上有了一些新的突破。目前该模型广泛运用于中国及东亚植被净初级生产力的估算(Feng *et al.*，2007；张方敏等，2012)。

国内 Xiao 等(1998)利用 TEM 模型对中国陆地生态系统在目前气候下的净初级生产力，以及在 CO_2 浓度增加和气候变化后的净初级生产力的变化进行了预测。Tian 等(2011)利用 TEM 模型和历史数据模拟了中国 1961~2005 年陆地生态系统碳汇的大小及时空分布，结果表明在此期间中国陆地生态系统平均每年碳汇为 0.21Pg，通过分析，认为 61% 的原因是氮沉降和施肥效应。

陶波等(2003)利用 CEVSA 模型估算了中国 1981~1998 年陆地植被净初级生产力的时空变化特征，揭示出 NPP 的年际波动和厄尔尼诺现象之间的关系较为复杂。

近年来，由于遥感和地理信息系统技术的发展，使得遥感过程模型融合了遥感及时、准确、宏观、多尺度的优势而成为当前生产力模型的主要发展方向。遥感过程模型通过利用遥感数据获得大量而及时的地表植被状态信息和土壤状况信息。地物的光谱特征是遥感监测的基础，地物反射光谱是地物本身以及相关植被、土壤、大气、地形、地带性和水分含量等多种因素影响而形成的综合反映。遥感过程模型可实现生态系统 NPP 的及时模拟和动态监测，便捷、准确地反映 NPP 的时空变化格局(冯险峰等，2004；Zhang *et al.*，2008)。

四、区域尺度净初级生产力模型的不足之处

目前，模型在区域及全球尺度上计算陆地生态系统的净初级生产力发挥了重要

的作用，具有诸多的优势，但是在应用中，模型还存在着一些不足，主要体现在以下方面：

1. 模型的不确定性

净初级生产力模型的结构是建立在生态系统过程的简化基础之上，这些简化本身就会给模型带来误差。同时，模型的参数的不确定性也会对模型的模拟精度带来影响。不同的模型由于在模型结构、参数以及输入数据上的不同，导致不同模型估算的结果有较大的差异，模型的不确定性，对模拟结果的真实性有较大影响。

2. 模型过程机理的深入刻画

由于生态系统过程的复杂性，目前人类对植被冠层生理生态过程的动态变化的认识多停留在经验水平，我们对一些生态系统的生理生态过程机理还不是很清楚。如在现有的模型中对碳—氮及碳—水的耦合关系还没有深入的体现，这需要建立在人们对生态系统过程机理有更充分认识的基础之上。如在模型很重要的呼吸模块中，由于对生态系统呼吸作用复杂过程理解的限制，也是采用了简化的方程来计算生态系统的呼吸消耗。

3. 遥感数据的准确性

遥感数据具有覆盖范围广、易获取、时空分辨率高、性能稳定等特点，可以在大尺度上获取连续的地面信息，通过反演可以获取多种植被指数数据，因此，目前区域和全球尺度的过程和遥感模型多采用遥感数据作为模型的部分或全部驱动参数。但随着遥感过程模型的不断发展，也暴露出遥感数据的质量在模拟结果可靠性上存在的问题，如，基于不同精度或质量的遥感数据可能会获得完全相反的结果。

这也是导致遥感参数模型计算得到的净初级生产力存在着较大的不确定性的原因之一。在对遥感数据深入的理解下改进数据的算法，以及新型遥感数据在植被生产力上的运用，是减少遥感数据在模型中不确定性的发展方向。

五、区域尺度净初级生产力模型发展趋势

1. 建立多尺度融合的遥感过程模型

自 20 世纪 80 年代以来各个国际及科学组织都把陆地生态系统碳循环作为全球变化研究的最重要的前沿领域之一，开展了大量的实验，获取和积累了大量陆地生态系统碳循环变化的数据，但是仍然没有显著降低陆地碳汇及其变化的估计和机理过程认识的不确定性（曹明奎等，2004；于贵瑞等，2011）。主要原因是这些模型都是在区域尺度上进行的，然而生态系统碳循环取决于从生物个体的瞬间反映到区域尺度生态系统长期变化的各个尺度生态过程的相互作用。

实现多尺度数据—模型融合是近年来区域尺度陆地生态系统 NPP 估算模型发展的新方向。目前国内已有学者在这方面做出了一些研究，如赵国帅等（2011）将基于样地的实验研究扩展到区域尺度的生态系统过程模型 CEVSA 与区域尺度遥感模型 GLO-PEM 进行耦合，建立了在碳循环过程及其生理生态学理论基础上的跨尺度遥感—过程耦合模型（GLOPEM-CEVSA），模拟了东北地区植被净初级生产力的时空分布格局及其影响因素。

2. 新型遥感数据的运用

遥感数据由于具有覆盖广、多时相等特点，使它成为大尺度陆地生态系统净初级生产力估算的重要输入参数，遥感过程模型也是今后区域生产力模型发展的主要方向。提高遥感数据的精确度，以及新型遥感数据的运用，将会大大提高模型模拟的可靠性。

激光雷达（Airborne Light Detection and Ranging，LiDAR），是一项通过由传感器所发出的激光脉冲来测定传感器于目标物之间距离的主动遥感技术。激光雷达的发展由于能减少大气和云量对观测数据的干扰，以及准确估测地面植被的参数，提取植被冠层高度、树冠的垂直结构及植被的三维结构变化（Hudak et al.，2002，2009）。激光雷达的这些特性使它能从单个树木的个体到区域的尺度监测生物量变化，可极大提高对植被分布及类型、植被生物量估计的可靠性和准确性（Kronseder et al.，2012）。

目前，激光雷达技术已被用于监测陆地植被地上生物量，如 Asner 等（2009，2010）利用可见光遥感数据、激光雷达及样地数据绘制了夏威夷及秘鲁热带雨林的地上生物量及碳释放变化。Kronseder 等（2012）结合样地数据和激光雷达遥感数据估算了马来西亚中加里曼丹省森林地上部分生物量。目前国内也有利用激光雷达技术提取森林植被参数及生物量的研究（董立新等，2011；付甜等，2011；骆社周，2012）。如何将激光雷达和遥感数据融合将是今后区域尺度森林生物量和生产力研究的发展方向之一。

3. 提高地面观测数据的精度

净初级生产力模型估算的结果的精度主要利用地面观测数据进行验证，因此，地面实测数据的精确度，直接影响到对模型模拟结果可靠性的检验。

第三节　森林根系生产力研究

根系是森林生态系统重要的组成部分，不但能够固定树木，也是树木摄取、运输和贮存碳水化合物和营养物质的器官，在森林生态系统能量和物质循环中发挥着关键作用（Gill et al.，2000；Finer et al.，2011）。根系生态系统不仅是目前地下生态学研究中的"瓶颈"，也严重制约着生态系统与全球变化关系研究的理论拓展。地下净初级生产力（BNPP）在整个森林生态系统生产力中占有较大的比例。尽管过去对根系的研究受到了一定的关注，但它们对整个生态系统的贡献仍然是陆地生态系统中最不清楚的一部分，并且存在很大的不确定性，在全球变化条件下地下根系的生产力将如何变化更是一个未知数（Gill et al.，2000；Vogt et al.，1996；Lauenroth et al.，2000）。

细根作为地下生态系统最敏感的部分之一，极易受环境因素影响，从全球尺度看，尽管森林生态系统细根生物量仅占树木总生物量的 1%~12%，但由于其不断生长、衰老、死亡和分解（即周转过程）而消耗掉的光合产物（BNPP）可达树木净初级生产力（总 NPP）的 7%~76%（Janssens et al.，2002；Yuan et al.，2010）。如果忽略细根的生产、死亡和分解，土壤有机物质和养分元素的周转将被低估 20%~80%

(Ruess et al., 1996；Goebel et al., 2011）。这种变动范围的主要原因是由于生态系统结构的不同引起碳水化合物在地上和地下分配格局的差异，以及不同群落类型细根的周转对光合产物的大量消耗所造成的（Jackson et al., 2000），但也有可能在很大程度上来自测定方法的不同（Vogt, et al., 1998）。目前，细根的生长过程已经成为生态系统碳、氮循环过程中不可忽视的组分，成为国际上根系生态学研究的核心问题，也是科学家探讨全球变化对森林生态系统生产力，以及碳与养分分配格局的核心环节（Finer et al., 2011；Norby et al., 2000）。

一、细根生产力的研究方法

地下生态系统经常被作为"黑箱"系统来进行研究，森林生态系统细根的研究也不例外，通常条件下，根系研究都是采取破坏性的采样方法，如果要弄清细根动态的变化过程，那么就需要非常多的实验单元或重复。因此根系的取样策略一直困扰着生态学家，也限制了地下生态学的发展。目前，在森林生态系统中，用来估计 BNPP 常用的方法主要有连续土钻法、内生长法、微根管法（Minirhizotron）、N 平衡法及 C 平衡法等。

1. 连续土钻法（Sequential soil core）

连续土钻法是研究细根生物量和 NPP 最常用的方法之一（Vogt et al., 1991）。该方法是用根钻（内径通常为 5~10cm）在不同季节取不同深度的土壤原状样品，通过清洗去除黏附于根表面的土粒，再进行根系分级、区分活根和死根、测定和计算细根生物量。采样频率为 1~8 周一次，采样间隔期长度应尽可能与细根生长动态相吻合，如细根生长速度快可缩短采样间隔，细根生长缓慢时，可延长间隔期（Vogt et al., 1998，1991）。

根据连续采样获取的数据计算年或季节细根净生产量。目前依托土钻法而进行细根生产量的主要计算方法有：①极差法（Max-min method），计算最高和最低细根总生物量或活根生物量之差；②积分法，将各次测定的细根生物量或活细根生物量的净增长（正值）累加；③决策矩阵法（Decision matrix method），根据各次测定活细根和死细根的相对变化来计算细根生产量；④分室通量模型（Compartmental flow model），根据一年中各次测定期间细根生物量（死根和活根）的变化和分解量进行计算（张小全等，2006；梅莉等，2000）。

该方法的优点是获得的数据可以很直观地用单位体积或面积土壤的根量来表示，所得到的结果可以应用到整个生态系统，是确定细根现存生物量最为合理的方法（Eissenstat et al, 1997；King et al., 2002）；但该方法的前提条件是假设细根的生长和死亡并非同时发生，而通过对根系现地观测（微根管法或根窗法）发现，在绝大多数情况下，细根的生长和死亡是同时发生的（Burton et al., 2000；Ruess et al., 1998）。土钻法也往往容易忽略寿命较短的细根生物量，通常会低估细根生产量（Singh et al., 2000）。

2. 内生长法（Ingrowth core）

内生长法是一种取代土钻的方法，采用根钻按土壤剖面层次分层打孔，将尼龙或塑料网袋（其外径略大于钻孔直径）放入孔中，将取出的土壤过筛，去除根系和石砾后，将土壤按层次和容重回填，一定时间后取样测定细根生产量。也可不用网袋而直接用土填充，取土时仍用根钻钻取。内生长法可用于估计生态系统或林分细根生产量，特别是对根系生长快的潮湿热带森林生态系统的细根生产估计十分有效（Vogt *et al.*，1998）。其主要缺点是形成了与周围土体不同的细根生长环境，土壤团粒结构遭到破坏，加速了土壤有机质的矿化速率，改变土壤通气性。另外，由于土钻对根系切割会造成根系损伤或因取样期内未能估计到较细根系的周转（Steele *et al.*，1997；Fahey *et al.*，1994），而低估了细根的生物量和生产量。

3. 微根管法（Minirhizotron）

微根管是一种非破坏性野外观察根的方法，是对根进行直接观察最好的工具之一。它运用现代计算机技术，通过插入土壤中的透明玻璃管或塑料管内的摄像头来监测根的生长和死亡动态，并运用相关软件对获得的图像进行分析，对细根生长、死亡、分解、寿命可进行较为准确的计算，该方法已被广泛应用于细根研究中（Johnson *et al.*，2001）。

微根管法最大的优点是在不影响细根过程的前提下，能多次监测单个细根（从生到死）。通过获取细根长度、密度、侧根伸长、生长深度等进行不同土壤层次细根生长动态和物候观察，了解细根生长过程。可以对细根生长和死亡进行同时测定，克服了土钻法、内生长法及挖掘法的不足之处。虽然不可避免地存在着因仪器安装引起的土体干扰和微根管本身材料等因素的影响（Johnson，*et al.*，2001；Phillips *et al.*，2000）。但微根管法为细根生产、死亡的寿命过程测定提供了更为详细的信息，如可直接测定一年中不同时期、不同土壤深度产生的根系死亡率，不同根序或不同直径大小的根系死亡率，并可探讨局部土壤环境对根系死亡率的影响等，其最大优点是可以持续监测特定根段的生长、衰老和死亡过程，而不影响细根的生产过程。目前来说，微根管法是研究细根寿命最有效地方法（Joslin *et al.*，1999；Tierney *et al.*，2001）。其主要缺点是不能直接测定单位面积的细根生物量、生产量及细根周转对土壤碳和养分循环的影响，必须经过公式转换计算细根生产；微根管与土壤界面的微环境可能因安装不小心而改变，从而影响根系生长；通过微根管影像，难以准确区分细根的死活，以及不同植物种类的细根，这也会带来一定的误差，当然这也是所有细根直接研究方法中存在的难点问题之一。

4. 氮平衡法（N budget）

氮平衡法是一种生态系统水平上的间接测定细根生产量的方法。氮平衡法假定细根生产受土壤矿化氮的控制，并认为生态系统处于稳定的状态，土壤中矿化的氮完全被植物吸收利用，而且在根系中不发生 N 的转运，生态系统中 N 的输入输出、植物体 N 的贮量及土壤 N 矿化量必须准确测定（Vogt *et al.*，1998；Nadelhoffer *et al.*，2000；Nadelhoffer *et al.*，1985）。但上述前提条件在多数情况下并不成立，因此 N 平衡法适用范围具有很大的局限性。仅适于上述假设成立、植物生长受土壤氮的限制以及细根生产对氮响应已十分清楚的生态系统，而目前的研究表明，氮对根生产的影响在所有生态系统中是不一致的，因为根的生长明显地与养分有效性相关。

5. 生态系统碳平衡法（Ecosystem carbon balance）

该方法要求所研究树木细根以外的其他部分生物量以及碳分配已知，通过尺度转换技术或直接测定方法可获得林分或生态系统水平的净同化量和呼吸速率,从理论上讲,该方法无疑是估计细根生产的理想方法。但叶片到冠层光合作用和呼吸作用的尺度转换仍是当今树木生理生态学研究的一大难题,直接测定费用昂贵且存在较大的不确定性。多数比较研究表明碳平衡法估计的细根生产量明显要比根钻法高(Burke *et al.*,1994;Aber *et al.*,1985)。

虽然森林生态系统细根的研究方法有很多,但各有优缺点。由于根系研究中,难以解决的技术难题和适用性理论的缺乏,到目前还没有一个被普遍接受的方法。因此,对于根系取样方法及相关理论的研究及突破也将是以后地下生态学研究的重点(贺金生等,2004)。

二、影响细根生产及周转的因素

(一)树种差异

森林生态系统中,根系 NPP 占了生态系统碳 NPP 的大部分。但是,分配给地上和地下部分 NPP,特别是细根 NPP 在针叶林和落叶林中差异较大。在北方森林中,地上和地下部分碳分配模式在落叶和针叶林中明显存在差异(Gower *et al.*,1997)。对阿拉斯加的塔纳纳冲积平原主要生态系统类型地下 NPP 研究发现,黑云杉林细根 NPP 占了总 NPP 的58%,而意大利香脂杨林的根系 NPP 只占总 NPP 的38%(Ruess *et al.*,2005)。Gower 等研究发现,在加拿大萨斯喀彻温省针叶林地下 NPP 占了总的生态系统 NPP 的41%~60%,而在山杨林中,地下 NPP 只占10%~19%(Gower *et al.*,1997)。Gower 等估算了全球地下 NPP 占总 NPP 的比率,发现在北方森林中,针叶林中数值(0.36)要大于落叶林(0.19)(Gower *et al.*,2001)。通常在落叶林中,养分的综合有效性较高,也导致了较高地上部分生产量(Gower *et al.*,1997)。当地上部分生产量较大时,细根生产量的比例将会降低(Li,Z *et al.*,2003)。在针叶林中(特别是黑云杉林),较低的土壤温度和土壤肥力导致树木地上部分生长较慢,增加了 C 向地下部分的分配(Ruess *et al.*,2003),而针叶林细根在生长季中较低的土壤温度和较低的 N 矿化率的条件下,更适合快速生长(Li,Z *et al.*,2003;Farrar *et al.*,2000)。梅莉等人对东北林区主要造林树种水曲柳落叶松各部分年生产量与生物量的分配格局研究发现,水曲柳细根生产量大于粗根和树枝生产量,而落叶松细根生产量介于树枝和粗根之间。水曲柳地下部分生产量占林分年总生产量的33%~34%,而落叶松地下部分生产量则占到总生产量的20%~23%。水曲柳和落叶松细根生物量仅占地上和地下总生物量的3%和1%,水曲柳细根(<1mm)生产量占20%左右,落叶松细根(<1mm)占10%左右(梅莉,2006)。

表1-1 水曲柳和落叶松不同组织的年生产量($g \cdot m^{-2} \cdot a^{-1}$)

树种	处理	树叶	树枝	树干	粗根	细根	总计
水曲柳 *F. mandshurica*	对照	253.33	113.44	318.31	153.12	181.63	1019.83
		24.84	11.12	31.21	15.01	17.81	100.00
	施肥	226.45	118.62	334.28	160.41	195.09	1034.84
		21.88	11.46	32.30	15.50	18.85	100.00

（续）

树种	处理	树叶	树枝	树干	粗根	细根	总计
落叶松 *L. gmelinii*	对照	384.72	171.37	490.94	141.31	166.92	1355.26
		28.39	12.64	36.22	10.43	12.32	100.00
	施肥	364.14	158.45	454.46	130.87	110.48	1218.40
		29.89	13.00	37.30	10.74	9.07	100.00

注：梅莉等（2006）

（二）林龄影响

目前有关细根净生产力随林龄的变化趋势研究很多，但结论并没有一致性。很多研究者研究发现，随林分年龄增加，细根生产量逐渐增加。Howard 等人对不同林龄短叶松细根研究发现，中龄林分（11 年生）细根 NPP 和总的地下 NPP（67% 和73%）要高于成熟林分（58% 和 62%）；中龄林的总 NPP（2.7 Mg C hm^{-2} · a^{-1}）要高于成熟林（1.7Mg C hm^{-2} · a^{-1}），而中龄林中分配到地下的 C（0.9 ~ 1.8 Mg C hm^{-2} · a^{-1}）也要高于成熟林（0.9 ~ 0.8 Mg C hm^{-2} · a^{-1}）（Howard et al.，2004）。Makknonen 和 Helmisaari 报道欧洲赤松（*Pinus silvestris*）林细根生产量随林龄而增加（Makkonen *et al.*，2001）；Helmisaari 等报道芬兰欧洲赤松年龄序列（15、35、100 a）中细根净生产力随林龄增加而增加（Helmisaari *et al.*，2002）；Law 等报道美国黄松（*Pinus ponderosa*）林次生演替过程中，细根净生产力从幼龄林到老龄林呈增加趋势（Law BE *et al.*，2003）。也有研究表明，细根生产量与林龄增加呈负相关，如 Klopatek 报道花旗松（*Pseudotsuga menziesii*）年龄序列（20、41 年和老龄林）中细根生产力随林龄增加而下降（Klopatek，2002）；Finér 等的研究也发现细根生产量随林龄增加而下降（Finér L *et al.*，1997）。同时，也有部分研究发现，随林龄增加细根生产力呈"单峰"模式，如 Idol 等报道印第安那州南部山地温带落叶林年龄序列（4、10、29、80 ~ 100 年）中随林龄增加细根生长迅速增加，但森林成熟时细根生产却下降（Idol TW *et al.*，2000）；Messier 和 Puttonen 研究发现针叶树细根生产量在树冠郁闭时达到最大值，而之后则下降（Messier C *et al.*，1993）。李凌浩等对四个林龄段（17、34、58、76 年生）甜槠林的研究表明，细根生产量在 58 年生时最大，然后降低（李凌浩等，1998）。陈光水、杨玉盛等人对不同林龄杉木林地下碳分配研究发现，林龄显著影响不同径级细根净生产力和总细根净生产力；细根净生产力在近成熟阶段前（7 年，16 年，21 年生）逐渐增加，但没有显著差异，而成熟林（41 年生）和老龄林（88 年生）则显著降低。不同林龄细根净生产力在 0 ~ 1mm 径级与 1 ~ 2mm 径级细根间的分配比例均约维持在 4:1，表明 0 ~ 1mm 径级是细根净生产力的主体。不同研究中细根生产力随林龄变化格局的差异，可能与所研究森林树种的生长特性（如衰老快慢）以及年龄序列中所包含林木生长阶段的差异有关（陈光水等，2008）（图 1-1）。

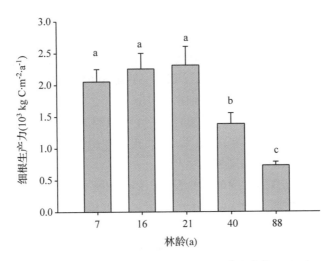

图 1-1　不同林龄杉木林细根净生产力（陈光水等，2008）

（三）环境因子影响

细根的生长、衰老和死亡是一个复杂的动态过程，受多种因素综合作用的结果。而环境因子对细根生产具有极为重要的影响，但这种影响是多方面的综合作用，很难被准确地预测。目前，人们在细根生产研究中探讨的主要环境因子是土壤温度、水分及土壤 N 有效性。

1. 土壤温度和水分的影响

张小全等（2001）对 100 多个森林生态系统细根生产量综合分析表明，森林生态系统细根年净生产量为 $20 \sim 1317 \mathrm{g} \cdot \mathrm{m}^{-2} \cdot \mathrm{a}^{-1}$，占林分总净初级生产量的 3%~84%，大部分在 10%~60% 之间，不同气候、林分类型，土壤类型之间有较大差异。根系生长的温度范围一般在 $5 \sim 40 \text{℃}$。细根生长随土壤温度的增加而增加，到达最大值后则随温度的继续升高而下降（Messier C et al.，1996；Bowen G. D et al.，1991）。对土壤温度较低的北方森林，细根生长与土壤温度呈指数正相关（Tryon et al.，1983），较高的土壤温度不但增加细根生产，促进细根周转，缩短细根寿命，而且细根生长的物候期与土壤温度有关（Steele et al.，1997）。土壤水分是限制植物根系生长的最主要环境因素之一，直接影响树木细根生物量、生产和周转。5 年生桉树（Eucalyptus globulus）灌溉处理后的林分细根量在整个生长季均明显增加（Kaetterer et al.，1995）。Leuschner 等也发现降雨少的样地林木细根生物量少于降雨多的样地（Leuschner et al.，2004）。在热带和温带的许多研究均表明，细根生长的季节动态与土壤水分动态一致，生物量或生长高峰出现在雨季而低峰出现在旱季（Kavenagh et al.，1992；Khiewtam et al.，1993）。

2. 土壤养分有效性影响

气候因子和养分状况是决定细根生物量的重要因素，而细根生产则主要受养分条件的控制。近些年来，虽然有诸多土壤有效 N 与细根生理生态过程关系的研究（Kern C et al.，2004；Majdi H et al.，2005；于水强等，2009），但受理论和研究方法的限制，至今仍无法明确二者的关系和反应机理。到目前为止，仍有 2 种截然相反的假说：①随着土壤 N 有效性的提高，树木细根生产量增加，寿命缩短，即周转率加快；②随土壤 N 有效性提高，树木细根生产量下降，寿命延长，周转率下降（郭大力等，2007）。2 种观点各有部分数据支持，如 Majdi 研究发现挪威云杉（*Picea abies*）施肥处理后中值寿命（Median Root Lifespan）缩短 45%（Majdi H *et al.*，2005），Nadelhoffer 认为 N 有效性提高，叶和细根生产量增加，周转率加快，将加速生态系统 C、N 循环（Nadelhoffer，*et al.*，2000）。在受 N 限制的生态系统中，当土壤 N 有效性提高后，地上部分可获得更多的 N，从而提高叶面积、增加光合产物，因此可将更多的 C 投入到根系中，提高细根生产量。

同样也有部分研究数据支持第二种假说。如 Burton 等用微根管对美国密歇根州不同自然肥力梯度下糖槭（*Acer saccharum*）林分 <1mm 细根的研究表明，当土壤有效 N 含量增加时，细根长度生产量下降，细根周转率从 0.68 下降到 0.50，细根中值寿命从 405 天增加到 540 天（Burton *et al.*，2000）。Ostertag 采用土钻法对夏威夷山地不同自然肥力梯度下的桃金娘（*Metrosideros polymorpha*）林分的研究表明，当土壤有效 N 含量增加时，细根生产量从 173g·m^{-2}·a^{-1}下降到 75g·m^{-2}·a^{-1}，细根周转率降低，支持第二种假说（Ostertag *et al.*，2001）。史建伟等人对我国东北森林生态系统中的水曲柳和落叶松细根的施肥实验表明，施肥的第一年 2 树种细根生产量并没有表现出显著变化，而施肥后的第二年，水曲柳细根生产量显著提高，而落叶松细根生产量则显著降低，2 树种对氮有效性增高表现出不同的响应机制（史建伟，2006）。

导致这种截然相反的结论可能存在多种原因：①随 N 有效性提高，细根的形态和构型可能发生变化。如高 N 环境中的根系增粗，细根分枝比可能降低（Majdi *et al.*，2001；Wang *et al.*，2006），导致 N 有效性提高后细根总体中值寿命或平均寿命延长（Hishi，2007），但这种细根形态与构型的变化是否具有普适性，还需大量数据验证。②受共生真菌侵染的影响。而不同树种细根侵染类型及侵染程度不同，可能导致细根周转及寿命的差异，但目前共生真菌对细根寿命的影响尚无定论。③同一树种的不同年龄阶段，细根生产和周转可能不同。年幼的树木或林分细根生产量一般随着土壤 N 有效性提高而增加，而细根周转率可能提高；同样情况下，老龄树木或林分细根生产量和周转率一般下降（Borja *et al.*，2008；Jagodzinski *et al.*，2011）。是否不同林龄树木细根对外源 N 输入的响应方式一致，仍无明确结论。④氮沉降（或施肥）强度可能影响细根动态过程。有研究表明，中度施肥条件下，细根生产量下降，周转率加快，而重度施肥，细根生产量增加，而周转率不变（Kern C *et al.*，2004）。但这种多梯度养分有效性试验较少，这种响应模式是否具有普遍性，仍无足够数据验证。

（四）研究方法的影响

细根的生长过程与周转是近 10 年来生态系统 C 循环和平衡研究的焦点。由于细根的生理特征，如不同植物和不同年龄的根系难以区分、缺乏有效的死根和活根的鉴别方法、缺乏对根系动态过程的有效监测手段，以及细根的生理生态过程随环境变化而表现出巨大的结构和功能上的可塑性，使得不同方法之间细根生产力的测定结果差异较大。由于细根生长过程是一个复杂的生理生态过程，生长、衰老、死亡具有很大的不确定性，因此许多生态学家建议采用多方法比较来研究问题（Vogt *et al.*，1998；Kern C *et al.*，2004）。

Aber 等人利用 N 平衡法和生物量法测定北美 13 个针叶和阔叶林细根的生产力，同一树种（如红栎 *Quercus rubra*）之间结果最大可以相差 10 倍，13 个不同树种之间平均也相差 2 倍左右（贺金生等，2004）。即使采用相同取样方法但计算方法不同时，周转率差异也可达 3 倍（梅莉，2006）。如梅莉等人用不同方法（极差法、积分法和分室模型法）计算水曲柳和落叶松细根的年生产量，发现所得的结果显著不同（表 1-2），在 30cm 土层内，水曲柳对照样地 2 年细根生产量在 19.918～116.133 g·m^{-2}·a^{-1} 之间，施肥样地细根生产量变化在 20.799～173.367 g·m^{-2}·a^{-1} 之间；落叶松样地细根年生产量在 29.317～166.921 g·m^{-2}·a^{-1} 之间，施肥样地在 34.986～110.479 g·m^{-2}·a^{-1} 之间（梅莉，2006）。因此，选取适当的研究方法，避免或尽量减少由此而造成的影响，对于研究结果的准确性至关重要。

表 1-2　不同方法下水曲柳和落叶松人工林不同土层细根的年生产量（g·m^{-2}·a^{-1}）

方法 / 土壤深度		对照				施肥			
		0～10	10～20	20～30	0～30	0～10	10～20	20～30	0～30
水曲柳 *F. mandshurica*									
2003	极差法 SC-MM	45.9	11.6	4.8	58.4	35.4	12.3	6.4	53.3
	积分法 SC-PI	22.2	8.2	3.5	19.9	11.3	8.5	6.4	20.8
	分室模型 SC-CF	49.1	45.4	29.2	116.1	47.1	45.6	26.2	111.0
	平均值	39.1	21.7	20.5	64.8	31.3	22.1	13.0	61.7
	内生长法 IC	—	—	—	—	—	—	—	—
2004	极差法 SC-MM	29.1	15.6	19.3	50.6	32.8	24.7	15.4	57.2
	积分法 SC-PI	59.2	22.8	30.0	85.9	52.3	38.3	25.3	94.3
	分室模型 SC-CF	80.9	44.3	56.5	125.1	98.2	57.7	39.2	173.4
	平均值	56.4	27.5	35.4	87.2	61.1	40.3	26.6	108.3
	内生长法 IC	48.3	28.2	37.4	113.8	22.4	19.8	13.6	55.9
落叶松 *L. gmelinii*									
2003	极差法 SC-MM	21.4	9.8	6.7	29.3	32.7	9.6	6.9	44.2
	积分法 SC-PI	31.8	16.1	10.4	52.7	43.0	13.0	8.0	58.9
	分室模型 SC-CF	76.1	31.4	18.5	117.6	71.4	28.8	15.4	109.1
	平均值	43.1	19.1	11.8	66.5	49.0	17.1	10.1	70.7
	内生长法 IC	—	—	—	—	—	—	—	—
2004	极差法 SC-MM	19.0	17.6	10.5	44.5	25.7	13.3	6.5	35.0
	积分法 SC-PI	47.0	34.0	19.7	93.7	49.1	17.0	6.0	57.2
	分室模型 SC-CF	69.3	67.1	40.3	166.9	78.7	35.2	16.6	110.5
	平均值	45.1	39.6	23.5	101.7	51.2	21.8	9.7	67.5
	内生长法 IC	5.9	6.4	3.6	15.9	2.6	1.9	0.4	4.9

注：梅莉等（2006）。

三、小结

森林生态系统地下根系生产力的准确估计是整个森林生态系统的碳平衡和养分循环具有重要环节。由于影响细根动态的因素十分复杂，以及根系研究方法上的不确定性等因素，到目前为止，有关细根生长及周转的研究仍缺乏普适性的结论。控制细根动态的因素仍较难确定，不同研究之间的结论存在较大差异，我们并不清楚这些因子在多大程度上影响根系生产及周转，及其影响机理。在今后的根系生态研究过程中，首先应当着重考虑方法上的突破或进行多种方法的比较研究，这是获得细根生产和周转准确数据的前提条件；其次，由于我们对影响细根生产及周转的因子了解较少，尤其是影响因子之间的协同作用，如细根对 N 的响应与树种、林龄、土壤环境中的其他因子密切相关，很难确定单一因素对细根生长的影响。这需要采用合理的试验设计来验证，如多梯度环境因子对比试验、多林龄对比试验、同一立地条件下多树种对比试验、不同地理区域同一树种或多树种对比试验等来探讨细根生长动态对复杂因子响应机制。

第四节　森林生产力多源与多尺度转换研究

一、森林植被生物量估算方法

很多学者曾对生物量的研究方法进行了比较系统的综述（罗建云等，2009；项文化等，2003）。总的来说，森林植被生物量可通过直接测量和间接估算 2 种途径得到（West，2004）：直接测量途径为收获法，该方法虽然准确度高，但对生态系统的破坏性大且耗时费力，在估算区域尺度生物量时是有难度的；间接估算途径包括模型法和遥感法，是利用生物量模型（包括相对生长关系和生物量—蓄积量模型）、生物量估算参数及遥感技术等方法进行估算（Somogyi et al.，2007）。利用生物量模型估算法虽然精确度受到一定程度的影响，但是由于可操作性强，在区域森林生物量估算中被广泛采用。模型估算法不但可以估算森林当前生物量，而且还可以对一定时期内生物量和碳储量的变化情况进行预测。

森林生物量与生产力估算从研究尺度上主要体现在：一是森林类型林分水平上的生物量与生产力的实际观测；二是区域水平森林生物量与生产力的尺度转换及估算，建立基于林分水平与区域水平森林生物量与生产力间的尺度转换数学模型；三是全国或全球范围森林生物量与生产力的尺度转换及估算；实现森林生物量与生产力从林分、景观、区域到全国、全球范围多尺度转换，准确估测区域以及大尺度上的生物量与森林生产力。国内外已经开展了很多针对区域尺度上的森林植被生物量研究。但是，各种测定方法的研究结果差异较大，研究结果缺乏可比性和必要的精度支持。其重要原因在于森林生物量与生产力估算中的尺度转换问题没有得到有效的解决，尺度问题的研究对于解决区域水平、全球水平的森林植被生物量生产力估算具有重要意义。

二、尺度、尺度问题和尺度转换

尺度是广泛存在于生态学、气象学、生物学等学科中的一个重要概念（吕一河等，2007）。一直以来，各学科学者都致力于尺度问题研究。尺度问题已成为当今生态学研究中的热点与难点。尽管许多学者对该问题进行了大量的研究，但仍未能有效解决尺度转换问题。随着森林植被生物量和碳储量评估已为社会关注的热点，尺度转换、大尺度模型等备受关注。由于测量技术和试验能力的限制，目前人们只能得到某些尺度的森林植被生物量生产力，如何通过这些已知信息，了解大尺度/小尺度相应的森林植被生物量生产力，即尺度转换问题仍在探索之中。大尺度森林植被生物量生产力特征值并非若干小尺度值的简单叠加，小尺度值也不能通过简单的插值或分解得到，而是需要利用自相似规律或标度不变的分形结构等，在不同尺度之间建立某种尺度转换关系。因此，尺度问题的研究对于解决区域水平、全球水平的森林植被生物量生产力特性具有重要意义，它是目前全球森林植被生物量生产力研究的热点与难点。

尺度是指过程及其观测或模拟的特征时间或特征长度。地表信息在时间上和空间上的分辨率都有极大的跨度，在某一个尺度上人们观测到的性质，总结出的原理和规律，在另一个尺度上可能仍然是有效的，可能是近似的，也可能需要修正。过程的观测和模拟通常都是在较短的时间尺度或实验室、林分尺度上进行，但是有时却需要计算长时间和大区域尺度上的情况。反之，有时大尺度范围上的信息或模型如 DEM（数字高程模型）又要应用到小尺度的样地上，此时就需要进行内插等计算，即信息在不同尺度范围间的转换，这种信息的转换就叫做尺度转换（scaling），与尺度转换相关的问题就叫做尺度问题（scale issues）。

（一）尺度的主要几个基本特征

1. 多维性与二重性

广义上，尺度有多种维度，例如组织尺度和功能尺度、时空尺度等。这对于分析和描述不同性质的生态学问题是必要的。但是，尺度的空间和时间两个维度在生态学研究实践中更受重视，因而主要表现为时空二重性特征。截至目前，对空间尺度的研究较多，所涉及的问题也较广，而对时间尺度的研究相对较少。实际上，自然现象和过程的空间和时间尺度是紧密相关的，一定空间尺度内的生态实体都有一定的形成演化过程，从而也就与一定的时间尺度相对应。在生态学研究中把二者结合起来就能够更为充分地获得研究对象的信息，也就更有助于揭示和把握其规律性。森林植被生物量生产力估算中也需要把空间和时间尺度结合起来考虑，提高其估算的准确性更有帮助。

2. 层次复杂性

尺度层次复杂性是地表自然界等级组织和复杂性的反映。地表自然界的发展演化是一个系统性的复杂过程，因而在研究中也应该构筑相应的尺度体系。Delcourt 提出了宏观生态学研究的 4 个尺度域：微观尺度域（Micro-scale Dominion），包括 1~500 年的时间范围和 $1 \sim 10^6 \, \mathrm{m}^2$ 的空间范围。在这一尺度域内可以研究干扰过程（火干扰、风干扰和砍伐等）、地貌过程（土壤剥蚀、沙丘运动、滑坡崩塌、河流输移等）、生物过程(种群动态、植被演替等)和生境破碎化过程等。中观尺度域(Meso-scale Domin-ion),包括$500\sim10^4$年的时间范围和$10^6\sim10^{10}\,\mathrm{m}^2$的空间范围。这一尺度域囊括了最近间冰期以来次级支流流域上的事件。宏观尺度域(Macro-scale Dominion),包括$10^4\sim10^6$年的时间范围和$10^{10}\sim10^{12}\,\mathrm{m}^2$的空间范围。在这一尺度域内发生了冰期—间冰期过程以及物种的特化和灭绝。超级尺度域(Mega-scale Domin-ion),包括$1.0\times10^6\sim4.6\times10^9$年的时间范围和大于$10^{12}\,\mathrm{m}^2$的空间范围,与类似于地壳运动的地质事件相适应。

Delcourt 所定义的尺度域是粗线条的。在每一个尺度域内还可以做进一步细化。在近年来的生态学研究中,所涉及的尺度问题多集中于微观和中观尺度域内。有的研究所涉及的尺度更小,在空间上达到了厘米级以下,时间上达到季、月以下。

3. 变异性

生态学的格局和过程在不同尺度上会表现出不同的特征。正是这种变异性增加了跨尺度预测的难度。不同尺度的现象和过程之间相互作用、相互影响,表现出复杂性特征。大尺度上发现的许多全球和区域性生物多样性变化、污染物行为、温室效应等,都根源于小尺度上的环境问题;同样,大尺度上的改变(如全球气候变化和大洋环流异常)也会反过来影响小尺度上的现象和过程。不同尺度间的相互作用机制正是生态学研究的重要课题。

(二)尺度转换

尺度转换(Scaling)就是跨越不同尺度的辨识、推断、预测或推绎。不同尺度上生态实体和过程的性质受约于相应的尺度,每一尺度上都有其约束体系和临界值。经典等级理论认为,尺度转换必然要超越这些约束体系和临界值,转换后所获得的结果将很难理解。但是,在不同尺度的系统之间存在着物质、能量和信息的交换与联系,正是这种联系为尺度转换提供了客观依据。

尺度转换,包括尺度上推(Scaling-up)和尺度下推(Scaling-down),可以通过控制模型的粒度和幅度来实现。由于生态系统的复杂性,尺度转换往往采用数学模型和计算机模拟作为其重要工具。在同一尺度域中,由于过程的相似性,尺度转换容易,模型简单适宜,预测的准确性高;而跨越多个尺度域时,由于不同过程在不同尺度上起作用,尺度转换则必然复杂化。在尺度域间的过渡带多会出现混沌、灾变或是其他难以预测的非线性变化。

三、森林植被生物量估算中的尺度转换

(一)乔木林生物量估算方法

1. IPCC(2006)森林生物量估算法

$$B_t = V_t \times D \times BEF \times (1 + R) \tag{1-1}$$

式中：B_t——某一树种组总生物量;

　　　V_t——某一树种组总蓄积量;

　　　D——某一树种组木材密度;

　　　BEF——地上部分生物量扩展因子;

　　　R——根茎比。

IPCC(2006)同时给出了各气候区 D、BEF 和 R 的参考值。因此根据区域乔木植被总蓄积量可以推算出植被生物量。

IPCC 提供的方法作为一个指南，其提供的参数可在较大区域尺度的估算中应用，考虑到各国的自然地理条件和水热条件不同，IPCC 推荐各国使用适宜其实际情况的参数，通用参数在应用于国家及更小区域尺度时存在一定的局限性，影响了该方法的推广应用。

(二)结合森林资源清查数据的估算

1. 生物量转换因子连续函数法

根据《全国林业碳汇计量与监测指南(试行)》，生物量转换因子连续函数法是国家推荐的计量方法之一。它利用生物量与蓄积量的转换关系模型进行推算的一种材积源生物量法。它是根据林分蓄积量与生物量之间存在的相关关系，由树干材积推算总生物量。方精云等(2001)基于收集到的全国各地生物量和蓄积量的758组研究数据，把中国森林类型分成21类，分别建立计算每种森林类型的生物量与蓄积量的转换系数(Biomass Expansion Factor，BEF)，其模型如下：

$$BEF = a + \frac{b}{V} \tag{1-2}$$

转化为生物量与蓄积量的简单线性关系为：

$$B = aV + b \tag{1-3}$$

式中：a，b——参数；

B——每公顷生物量；

V——每公顷蓄积量。

方精云等利用(1-2)式表示的 BEF 与林分材积的关系，推算了区域尺度的森林生物量。

林分尺度森林生物量的计算通过森林蓄积量乘以相应的生物量换算因子(BEF)得到，区域森林生物量则通过林分或样地生物量加权求和获得。由于 BEF 值随着林龄、立地条件、林分密度、林分状况不同而异，而林分单位面积蓄积量综合反映了这些因素的变化，因此单位面积蓄积量可以反映 BEF 的连续变化。基于这一思想，方精云等建立了"换算因子连续函数法"，实现了蓄积量—生物量的转换，结合森林资源清查数据，从而得出森林植被生物量大小，结合不同森林类型不同龄级的森林资源清查资料计算区域尺度总生物量。

该方法以单位面积蓄积量为自变量，建立各树种线性回归模型，将单位面积蓄积量换算至单位面积生物量，利用回归计算得到的单位面积生物量，再乘以该类型森林面积，得到区域内该类型乔木林生物量。该方法可较为粗略地估算区域内乔木林生物量，且由于所建立的模型样本数较少，在评价大尺度的区域乔木林生物量时会存在偏差。

该方法主要的不足之处在于把生物量、蓄积量的关系处理成简单的线性关系，因此在结合森林资源清查资料进行区域尺度转换时往往会出现生物量换算因子并不适用该区域的情况。

2. 双曲线模型估算法

Zhou 等(2002)、Smith 等(2003)和黄从德等(2007)则分别构建了与林龄无关的生物量—蓄积量双曲线模型、指数模型和幂函数模型。然而，Zhou 等（2002）和 Zhao 等（2005）只建立我国 5 种森林类型的生物量—蓄积量双曲线模型：落叶松林、油松人工林、马尾松人工林、杉木人工林和杨树人工林，其他森林类型能否也可用双曲线模型描述仍需研究。

3. 生物量经验（回归）模型估算法

生物量经验（回归）模型是利用野外调查的主要测树因子及生物量实测数据，建立生物量与树高、胸径等的回归关系模型。利用森林资源连续清查数据结合分树种回归模型计算单木生物量，从单木归并到样地，从样地面积加权至整个区域，估算乔木林生物量。

该方法曾用于基于第八次全国森林连续清查的中国森林植被生物量评估，计算公式如下：

$$某优势树种生物量 = 某优势树种蓄积量 \times BEF \qquad (1-4)$$

$$BEF = \frac{\sum_{i=1}^{n} 样地蓄积量 \times \dfrac{样地模型生物量}{样地模型蓄积量}}{\sum_{i=1}^{n} 样地蓄积量} \qquad (1-5)$$

式中：n——参与计算生物量的优势树种样地个数；

样地蓄积量——根据一元材积表中查得的蓄积量；

样地模型蓄积量——根据二元材积公式计算的样地内各径阶样木的材积之和；

样地模型生物量——根据生物量回归模型计算的样地内各径阶样木的生物量之和。

样地模型生物量和样地模型蓄积量的计算中，均需要用到各径阶林木的树高值。

胸径—树高曲线的拟合，是该方法的一个重点和难点。其精度高低对计算结果有很大影响。结合实际，有 3 种方法可供选择，一种是直接利用各省份在编制一元材积表中已建立的胸径—树高曲线模型，计算乔木林生物量，这种方法的样地模型蓄积量等于样地蓄积量；二是研建新的胸径—树高曲线模型；三是参照全国第七次清查确定树高曲线的方法，分树种建立树高理查兹曲线模型。

胸径—树高曲线的拟合精度高低对计算结果有很大影响。各省份研建较为可靠的胸径—树高曲线模型，对提高计算区域乔木林生物量准确度有很大帮助。

（三）集成抽样技术的单株—样地生物量的省级尺度转换方法

单株—样地生物量的省级尺度转换方法是以样地为计量基本单元，按照"样木生物量→样地生物量→总体生物量"的技术主线，运用单株立木生物量回归模型，测算每株样木的生物量，再将样地内所有样木生物量相加，汇总得到样地水平的生物量。最后运用系统抽样调查方法，统计测算省域乔木林生物量。生物量各维量模型结构及模型参数详见各优势树种研建的生物量模型。

该方法基于样木水平测算了每株样木的生物量，汇总直接测算样地水平生物量，并且严格采用系统抽样方法统计区域乔木林生物量，因此该方法具有较高的精度。此外，该方法所选用的生物量模型建模样本均来自各自区域内，模型具有较好的适用性。

该方法运用系统抽样统计方法，将样地水平微观数据转换到省级宏观尺度，评估了该区域（省级）总体的森林植被生物量，提供了主要评估结果的估计精度和估计区间。

（四）基于遥感数据的森林生物量与生产力的研究

遥感是 20 世纪 70 年代发展起来的关键空间技术之一，具有"宏观探道，微观求真"的双重特征和优势（陈述彭等，1998），为国民经济建设和科研提供了"海量"数据，广泛应用于地质、地理、城市规划、农业、林业、气象、灾害、资源环境等领域（陈述彭等，1998；李崇贵等，2006）。在遥感技术出现之前，森林生物量与生产力的估测采用森林资源清查数据。遥感技术的出现改变了这一现状，因其宏观、综合、动态、快速的特点以及与森林生物量之间存在相关性，决定了基于遥感信息的森林生物量与生产力估测具有比传统方法更大的优越性。森林生物量与生产力遥感估测方法大致有 3 种：

1. 多元回归分析

它是指研究多个变量之间关系的回归分析方法。森林生物量与众多因素相关，而多元回归分析可以解决一个因变量与多个自变量之间的数量关系问题，因而被广泛用于森林生物量的遥感估算研究。Foody 等（2001）认为，尽可能多地利用遥感数据的相关波段可提高生物量的估算精度。

2. 人工神经元网络

该方法简称神经网络，是以模拟人脑神经系统的结构和功能为基础而建立的一种数据分析处理系统。这是近年来兴起的一种新的理论方法，具有分布并行处理、非线性映射、自适应学习和容错等特性，具有独特的信息处理和计算能力，适用于机制尚不清楚的高维非线性系统。比较其他方法而言，具有：①不需要预先假设，只需学习训练样本；②能很好地适应有噪声的数据的优势。根据 TM 影像光谱信息，结合地面调查数据，进行森林生物量的反演。检验神经网络模型的精度，探讨其在遥感生物量反演中的应用，并分析其优缺点，寻求生物量高效、准确的遥感估测方法。王淑君等（2007）建立了广州 TM 遥感影像数据与森林样方生物量实测数据之间的神经网络模型。

3. 数学建模

估算区域生物量还可以通过数学方法建模实现。不同的森林类型和树种类型，所建立的数学模型不尽相同。Houghion 等（2001）结合前人的研究成果，比较了几种不同的生物量估算模型，对它们各自的优缺点进行了评估，但一个通用的生物量模型始终是不存在的（戴小华等，2004）。利用遥感数据对生物量进行估算不是直接进行的，而是利用遥感数据计算植被指数、叶面积指数、材积等，然后利用这些因子与生物量的密切关系估算区域的生物量。另外，直接建立适合研究区域的数学模型也不失为一种估算区域生物量的好方法（Santos *et al.* ，2003；Richards&Brack，2004）。

（五）结合森林资源清查数据与遥感数据的森林生物量与生产力的研究

单纯基于森林资源调查数据或是遥感数据进行森林生物量与生产力的估算，都会与实际的森林生物量与生产量有一定的误差，也都有各自的不足之处。开展基于清查资料与遥感数据相结合的方法。国庆喜(2003)利用小兴安岭南坡 TM 图像和 232 块森林资源一类清查样地数据构建多元回归方程和神经网络模型,邢素丽等(2004)利用全国森林清样调查的围场满族自治县的落叶松数据与为之同期的 ETM 遥感数据影像,探讨了落叶松林生物量的估算方法和模式,结果表明 ETM 数据是落叶松生物量最好的估计因子,生物量与 ETM3 数据有双曲线函数关系,与 1/ETM3 呈极显著正相关,并给出了 ETM 数据估算落叶松林生物量的模型。

"3S"技术的集成推动了生物量遥感估算的进程,在 GIS 环境下实现包括 RS 信息在内的多种信息的复合,建立生物量模型。因此,把"3S"技术整合到生物量模型中,实现网络化和信息化。建立长期观测台站网络,强调观测数据资料的标准化和可比性,实现研究信息交流和数据共享。构建传统估算方法和"3S"(GPS,RS 和 GIS)技术相结合的生物量估算系统,提高估算结果的准确性和可信度。

四、结论

综上所述,生物量转换因子连续函数法测算的生物量在某种程度上可以反映生物量随林龄的变化,但单位面积蓄积量对生物量的影响较大,特别是 b 值较大的树种。该种方法由于建模样本数量的限制,不一定适用于某一省域生物量估算。该方法的尺度转换的精度影响较大。

生物量经验(回归)模型法从样木实测数据入手,样木生物量与蓄积量按非线性相关进行估计,求得与材积兼容的生物量测算模型,再以样地蓄积量为权重,求出区域某一优势树种的平均生物量转换系数 BEF,然后乘以各优势树种的蓄积量得到其相应的生物量。该方法具有较高精度,具有可重复性。但该方法中,生物量转换因子 BEF 准确与否对结果影响很大,它不是直接测算样地生物量,不是严格意义上的单株水平生物量测算。该方法的尺度转换实质上某区域某一优势树种平均生物量转换系数 BEF 为关键因子。

集成抽样技术的单株—样地生物量的省级尺度转换方法直接运用单株立木生物量回归模型,测算样木生物量,运用系统抽样调查方法,统计测算省域乔木林生物量,该方法不仅计算精度高,并且有可靠的精度保障,具有可重复性。该方法以样地为计量基本单元,按照样木生物量累计样地生物量,样地生物量估计区域总体的技术思路,采用抽样方法将样地水平微观数据转换到全省宏观尺度,估算该区域(全省)总体的森林植被生物量,提供了主要评估结果的估计精度和估计区间。该方法是基于国家森林资源连续清查样地测算省级总体生物量的首选方法,对区域森林生物量估测的也能提供较高的精度。

参考文献

安树杰,张晓丽,王震,李春艳. 生物量估测中的遥感技术[J]. 林业调查规划,2006,3:1-5.

蔡晓明. 生态系统生态学[M]. 北京:科学出版社,2002

曹明奎,于贵瑞,刘纪远,李克让. 陆地生态系统碳循环的多尺度试验观测和跨尺度机理模拟[J]. 中国科学(D 辑:地球科学),2004,S2:1-14.

陈斌,王绍强,刘荣高,宋婷. 中国陆地生态系统 NPP 模拟及空间格局分析[J]. 资源科学,

2007，6：45－53.

陈尔学．合成孔径雷达森林生物量估测研究进展[J]．世界林业研究，1999，6：18－23.

陈光水，杨玉盛，高人，谢锦升，杨智杰，毛艳玲．杉木林年龄序列地下碳分配变化[J]．植物生态学报，2008：1285－1293.

陈国南．用迈阿密模型测算我国生物生产量的初步尝试[J]．自然资源学报，1987，3：270－278.

陈利军，刘高焕，冯险峰．运用遥感估算中国陆地植被净第一性生产力（英文）[J]．植物学报，2001，11：1191－1198.

陈利军，刘高焕，励惠国．中国植被净第一性生产力遥感动态监测[J]．遥感学报，2002，2：129－135＋164.

陈述彭，童庆禧，郭华东．遥感信息机理研究[M]．北京：科学出版社，1998.

陈卓奇，邵全琴，刘纪远，王军邦．基于MODIS的青藏高原植被净初级生产力研究[J]．中国科学：地球科学，2012，3：402－410.

戴小华，余世孝．遥感技术支持下的植被生产力与生物量研究进展[J]．生态学杂志，2004，4：92－98.

董立新，吴炳方，唐世浩．激光雷达GLAS与ETM联合反演森林地上生物量研究[J]．北京大学学报（自然科学版），2011，4：703－710.

方精云，刘国华，徐嵩龄．我国森林植被的生物量和净生产量[J]．生态学报，1996，5：497－508.

方精云．全球生态学——气候变化与生态响应[M]．北京：高等教育出版社，2000.

冯险峰，刘高焕，陈述彭，周文佐．陆地生态系统净第一性生产力过程模型研究综述[J]．自然资源学报，2004，3：369－378.

冯宗伟，王效科，吴刚．中国森林生态系统的生物量和生产力[M]．北京：科学出版社，1999.

付甜，庞勇，黄庆丰，刘清旺，徐光彩．亚热带森林参数的机载激光雷达估测[J]．遥感学报，2011，5：1092－1104.

光增云．河南森林生物量与生产力研究[J]．河南农业大学学报，2006，5：493－497.

郭大立，范萍萍．关于氮有效性影响细根生产量和周转率的四个假说[J]．应用生态学报，2007，10：2354－2360.

国庆喜，张锋．基于遥感信息估测森林的生物量[J]．东北林业大学学报，2003，2：13－16

郭志华，彭少麟，王伯荪，张征．GIS和RS支持下广东省植被吸收PAR的估算及其时空分布[J]．生态学报，1999（4）：441－446.

贺金生，王政权，方精云．全球变化下的地下生态学：问题与展望[J]．科学通报，2004，13：1226－1233.

贺庆棠，A. Baumgartner.中国植物的可能生产力农业和林业的气候产量[J]．北京林业大学学报，1986，（2）：84－98.

侯光良，游松才．用筑后模型估算我国植物气候生产力[J]．自然资源学报，1990，1：60－65.

季碧勇，陶吉兴，张国江，杜群，姚鸿文，徐军．高精度保证下的浙江省森林植被生物量评估[J]．浙江农林大学学报，2012，3：328－334.

雷加富．中国森林资源[M]．北京：中国林业出版社，2005.

李崇贵，赵宪文，李春干．森林蓄积量遥感估测理论与实现[M]．北京：科学出版社，2006.

李贵才．基于MODIS数据和光能利用率模型的中国陆地净初级生产力估算研究[D]．北京：中国科学院研究生院（遥感应用研究所），2004.

李凌浩，林鹏，邢雪荣．武夷山甜槠林细根生物量和生长量研究[J]．应用生态学报，1998，4：2－5.

刘敏. 基于 RS 和 GIS 的陆地生态系统生产力估算及不确定性研究[D]. 南京: 南京师范大学, 2008.

刘世荣, 徐德应, 王兵. 气候变化对中国森林生产力的影响 I. 中国森林现实生产力的特征及地理分布格局[J]. 林业科学研究, 1993, 6: 633 – 642.

刘世荣, 徐德应, 王兵. 气候变化对中国森林生产力的影响 II. 中国森林第一性生产力的模拟[J]. 林业科学研究, 1994, 4: 425 – 430.

刘晓梅, 布仁仓, 邓华卫, 胡远满, 刘志华, 吴志伟. 基于地统计学丰林自然保护区森林生物量估测及空间格局分析[J]. 生态学报, 2011, 16: 4783 – 4790.

李文华. 1978. 森林生物生产力的概念极其研究的基本途径[J]. 自然资源, (1): 71 – 92.

骆社周. 激光雷达遥感森林叶面积指数提取方法研究与应用[D]. 北京: 中国地质大学, 2012.

罗天祥. 中国主要森林类型生物生产力格局及其数学模型[D]. 中国科学院研究生院(国家计划委员会自然资源综合考察委员会), 1996

罗天祥, 赵士洞. 中国杉木林生物生产力格局及其数学模型[J]. 植物生态学报, 1997, 5: 12 – 24.

罗云建, 张小全, 王效科, 朱建华, 侯振宏, 张治军. 森林生物量的估算方法及其研究进展[J]. 林业科学, 2009, 8: 129 – 134.

吕一河, 傅伯杰. 生态学中的尺度及尺度转换方法[J]. 生态学报, 2001, 12: 2096 – 2105.

马钦彦. 中国油松生物量的研究[J]. 北京林业大学学报, 1989, 4: 1 – 10.

姜红英. 水曲柳和落叶松细根生产、死亡和周转及其对长期施肥的反应[D]. 哈尔滨: 东北林业大学, 2010

彭少麟, 郭志华, 王伯荪. RS 和 GIS 在植被生态学中的应用及其前景[J]. 生态学杂志, 1999, 5: 52 – 64.

朴世龙, 方精云, 郭庆华. 利用 CASA 模型估算我国植被净第一性生产力[J]. 植物生态学报, 2001, 5: 603 – 608 + 644.

史建伟. 施肥对水曲柳和落叶松细根动态影响研究[D]. 哈尔滨: 东北林业大学, 2006.

孙睿, 朱启疆. 中国陆地植被净第一性生产力及季节变化研究[J]. 地理学报, 2000, 1: 36 – 45.

陶波, 李克让, 邵雪梅, 曹明奎. 中国陆地净初级生产力时空特征模拟[J]. 地理学报, 2003, 3: 372 – 380.

汤萃文, 陈银萍, 陶玲, 肖笃宁. 森林生物量和净生长量测算方法综述[J]. 干旱区研究, 2010, 6: 939 – 946.

唐守正, 张会儒, 胥辉. 相容性生物量模型的建立及其估计方法研究[J]. 林业科学, 2000, S1: 19 – 27.

仝慧杰, 冯仲科, 罗旭, 张彦林. 森林生物量与遥感信息的相关性[J]. 北京林业大学学报, 2007, S2: 156 – 159.

王斌, 刘某承, 张彪. 基于森林资源清查资料的森林植被净生产量及其动态变化研究[J]. 林业资源管理, 2009(1): 35 – 43.

王淑君, 管东生. 神经网络模型森林生物量遥感估测方法的研究[J]. 生态环境, 2007, 1: 108 – 111.

王维枫, 雷渊才, 王雪峰, 赵浩彦. 森林生物量模型综述[J]. 西北林学院学报, 2008, 2: 58 – 63.

王效科, 冯宗炜, 欧阳志云. 中国森林生态系统的植物碳储量和碳密度研究[J]. 应用生态学报, 2001, 1: 13 – 16.

王莺, 夏文韬, 梁天刚. 陆地生态系统净初级生产力的时空动态模拟研究进展[J]. 草业科学,

2010，2：77－88.

王玉辉，周广胜，蒋延玲，杨正宇. 基于森林资源清查资料的落叶松林生物量和净生长量估算模式[J]. 植物生态学报，2001，4：420－425.

项文化，田大伦，闫文德. 森林生物量与生产力研究综述[J]. 中南林业调查规划，2003，3：57－60＋64.

肖乾广，陈维英，盛永伟，郭亮. 用 NOAA 气象卫星的 AVHRR 遥感资料估算中国的净第一性生产力[J]. 植物学报，1996，1：35－39＋90.

肖兴威. 中国森林资源清查[M]. 北京：中国林业出版社，2005.

肖兴威. 中国森林生物量与生产力的研究[D]. 哈尔滨：东北林业大学，2005.

邢素丽，张广录，刘慧涛，王道波. 基于 Landsat ETM 数据的落叶松林生物量估算模式[J]. 福建林学院学报，2004(2)：153－156.

邢艳秋，王立海. 基于森林调查数据的长白山天然林森林生物量相容性模型[J]. 应用生态学报，2007，1：1－8.

胥辉，张会儒. 林木生物量模型的研究[M]. 昆明：云南科技出版社，2002.

薛立，杨鹏. 森林生物量研究综述[J]. 福建林学院学报，2004，3：283－288.

徐新良，曹明奎. 森林生物量遥感估算与应用分析[J]. 地球信息科学，2006，4：122－128.

杨存建，刘纪远，张增祥. 热带森林植被生物量遥感估算探讨[J]. 地理与地理信息科学，2004，6：22－25.

杨昆，管东生. 珠江三角洲森林的生物量和生产力研究[J]. 生态环境，2006，1：84－88.

杨清培，李鸣光，王伯荪，李仁伟，王昌伟. 粤西南亚热带森林演替过程中的生物量与净第一性生产力动态[J]. 应用生态学报，2003，12：2136－2140.

闫海忠，林锦屏，王璟，苏丹，缪漪. 基于 ARCGIS 的区域生物量 DEM 模型空间分析——以云南香格里拉三坝乡黄背栎林生物量估算为例[J]. 安徽农业科学，2011，2：852－855＋858.

于贵瑞，方华军，伏玉玲，王秋凤. 区域尺度陆地生态系统碳收支及其循环过程研究进展[J]. 生态学报，2011，19：5449－5459.

于水强，王政权，史建伟，于立忠，全先奎. 氮肥对水曲柳和落叶松细根寿命的影响[J]. 应用生态学报，2009，10：2332－2338.

曾宏达. 基于 DEM 和地统计的森林资源空间格局分析——以武夷山山区为例[J]. 地球信息科学，2005，2：82－88.

曾伟生. 云南省森林生物量与生产力研究[J]. 中南林业调查规划，2005，4：3－5＋15.

张方敏，居为民，陈镜明，王绍强，于贵瑞，韩士杰. 基于遥感和过程模型的亚洲东部陆地生态系统初级生产力分布特征[J]. 应用生态学报，2012，2：307－318.

张佳华，符淙斌. 生物量估测模型中遥感信息与植被光合参数的关系研究[J]. 测绘学报，1999，2：37－41.

张茂震，王广兴，刘安兴. 基于森林资源连续清查资料估算的浙江省森林生物量及生产力[J]. 林业科学，2009，9：13－17.

张茂震，王广兴. 浙江省森林生物量动态[J]. 生态学报，2008，11：5665－5674.

张宪洲. 我国自然植被净第一性生产力的估算与分布[J]. 自然资源，1993，1：15－21.

张小全，吴可红，Dieter Murach. 树木细根生产与周转研究方法评述[J]. 生态学报，2000，5：875－883.

郑光，田庆久，陈镜明，居为民，夏学齐. 结合树龄信息的遥感森林生态系统生物量制图[J]. 遥感学报，2006，6：932－940.

赵士洞，罗天祥. 区域尺度陆地生态系统生物生产力研究方法[J]. 资源科学，1998，1：25－36.

赵国帅，王军邦，范文义，应天玉. 2000～2008 年中国东北地区植被净初级生产力的模拟及季节变化[J]. 应用生态学报, 2011, 3: 621 - 630.

赵敏, 周广胜. 基于森林资源清查资料的生物量估算模式及其发展趋势[J]. 应用生态学报, 2004, 8: 1468 - 1472.

赵鹏祥, 刘建军, 王得祥, 王成. 基于 RS 的绿地信息提取方法的研究——以延安市及环城地区为例[J]. 西北林学院学报, 2003, 2: 91 - 94.

赵士洞, 罗天祥. 区域尺度陆地生态系统生物生产力研究方法[J]. 资源科学, 1998, 1: 25 - 36.

郑元润, 周广胜. 基于 NDVI 的中国天然森林植被净第一性生产力模型[J]. 植物生态学报, 2000, 1: 9 - 12.

周广胜, 张新时. 自然植被净第一性生产力模型初探[J]. 植物生态学报, 1995, 3: 193 - 200.

朱文泉, 潘耀忠, 张锦水. 中国陆地植被净初级生产力遥感估算[J]. 植物生态学报, 2007, 3: 413 - 424.

张小全. 环境因子对树木细根生物量、生产与周转的影响[J]. 林业科学研究, 2001, 5: 566 - 573.

Aber J D, Mellilo J M, Nadelhoffer K J. Fine Root Turnover in Forest Ecosystems in Relation to Quantity and Form of Nitrogen Availablility: a Comparison of two Methods [J]. Oecologia, 1985, 66: 317 - 321.

Andersson F O, Agren G. I, Fuhrer E. Sustainable tree biomass production [J]. Forest Ecology and Management, 2000(132): 51 - 62.

Asner G P, Hughes R F, Varga T A, Knapp D E, Kennedy-Bowdoin T. Environmentaland biotic controls over aboveground biomass throughout a tropicalrain forest[J]. Ecosystems, 2009, 12, 261 - 278.

Asner G P, Powell G V N, Mascaro J, Knapp D E, Clark J K, Jacobson J, Kennedy-Bowdoina T, Balaji A, Paez-Acosta G, Victoria E, Secada L, Michael V M, Hughes R F. High-resolution forest carbon stocks and emissions in the Amazon[J]. Proceedings of the National Academy of Sciences of the United States of America, 2010, 107: 16738 - 16742.

Beer C, Reichstein M, Tomelleri E, et al. Terrestrial gross carbon dioxide uptake: Global distribution and co variation with climate[J]. Science, 2010, 329: 834 - 838.

Burke M K, Raynal D J. Fine Root Growth Phenology, Production, and Turnover in a Northern Hardwood Forest Ecosystem [J]. Plant and Soil, 1994, 162: 135 - 146.

Borja I, De Wit H A, Steffenrem A and Majdi H. Stand age and fine root biomass, distribution and morphology in a Norway spruce chronosequence in southeast Norway[J]. Tree Physiology, 2008, 28 (5): 773 - 784.

Bowen G D. Soil temperature, root growth, and plant function [M]. Waisel Y., A. Eshel and U. Kafkafi eds. Plant Roots: The hidden half. New Yok: Marcel Dekker Inc, 1991. 309 - 330.

Brown S L, Schroeder P, Kern J. S. Spatial distribution of biomass in forests of the eastern USA. For Ecol Man, 1999, 123: 81 - 90.

Brown S, Lugo A E. Above ground biomass estimates for tropical moist forests of Brazilian Amazon[J]. Interciencia, 1992, 17: 8 - 18.

Brown S, Lugo A E. The storage and production of organic matter in tropical forests and their role in the global carbon cycle[J]. Biotrpica, 1982, 14: 161 - 187.

Brown S, Sathaye J, Canell M, et al. Mitigation of carbon emmision to atmosphere by forest management. Com For Reb, 1996, 75: 80 - 91.

Burton A J, Pregitzer K. S., and Hendrick R. L. Relationships between fine root dynamics and nitrogen availability in Michigan northern hardwood forests[J]. Oecologia, 2000, 125: 389 - 399

Cao M K, Woodward F. I. Dynamic responses of terrestrial ecosystem carbon cycling to global climate change[J]. Nature, 1998, 393: 249 – 252.

Deng F, Chen J M, Plummer S, et al. Algorithm for global leaf area index retrieval using satellite imagery[J]. IEEE Transactions on Geoscience and Remote Sensing, 2006, 44(8): 2219 – 2229.

Eissenstat D M, Yanai R D. The ecology of root lifespan[J]. Advances in Ecological Research, 1997, 27: 1 – 60

Fang J, Chen A, Peng C, Zhao S, Ci L. Changes in forest biomass carbon storage in China between 1949 and 1998 [J]. Science, 2001, (292): 2320 – 2322.

Fang J Y, Piao S L, Field C B, et al. Increasing Net Primary Production in China from 1982 to 1999 [J]. Frontiers in Ecology and the Environment, 1(6): 293 – 297.

Fahey T J, and Hughes J W. Fine root dynamics in a northern hardwood forest ecosystem, Hubbard Brook Experimental Forest, NH[J]. Journal of Ecology, 1994, 82: 533 – 548.

Farrar J F, Jones D L. The control of carbon acquisition by roots [J]. New Phytologist 2000, 147: 43 – 53.

Feng X F, Liu G R, Chen J M., et al. Net primary productivity of China's terrestrial ecosystems from a process model driven by remote sensing[J]. Journal of Environmental Management, 2007, 85(3): 563 – 573.

Field C B, Randerson J T, Malmström C M. Global net primary production: combining ecology and remote sensing[J]. Remote Sensing of Environment, 1995, 51, 74 – 88.

Field C B, Randerson J T, Malmstrom C M. Global net primary production: Combining ecology and remote sensing [J]. Remote Sensing Environment, 1995, 51: 74 – 88.

Finér L, Messier C, de Grandpré L. Fine root dynamics in mixed conifer-broad-leafed forest stands at different successional stages after fire [J]. Canadian Journal of Forest Research, 1997, 27: 304 – 314.

Finer L, Ohashi M, Noguchi K, Hirano Y Fine root production and turnover in forest ecosystems in relation to stand and environmental characteristics[J]. Forest Ecology and Management, 2011, 262 (11): 2008 – 2023.

Foley J A, Prentice I C, Ramankutty N, et al. An integrated biosphere model of land surface process, terrestrial carbon balance, and vegetation dynamics[J]. Global Biogeochemical cycles, 1996, 10: 693 – 709.

Gill R A, Jackson R B. Global patterns of root turnover for terrestrial ecosystems [J]. New Phytologist, 2000, 147: 13 – 31

Goebel M, Hobbie S E, Bulaj B, et al. Decomposition of the finest root branching orders: linking belowground dynamics to fine-root function and structure[J]. Ecological Monographs, 2011, 81(1): 89 – 102.

Gower S T, Vogel J G, Norman J M, Kucharik C J, Steele S J, Stow T K. Carbon distribution and aboveground net primary production in aspen, jack pine, and black spruce standsin Saskatchewan and Manitoba, Canada[J]. Journal of Geophysical Research 1997, 102: 29 – 41.

Gower S T, Krankina O, Olson R J. Net primary production and carbon allocation patterns of boreal forest ecosystems[J]. Ecological Application 2001, 11: 1395 – 1411.

Helmisaari H, Makkonen K, Kellomäki S, Valtonen E, Mälkönen E Below-and above-ground biomass, production and nitrogen use in Scots pine stands in eastern Finland [J]. Forest Ecology and Management, 2002, 165: 317 – 326.

Hicke J A, Asner G P, Randerson J T, et al. Satellite-derived increases in net primary productivity across North America 1982 – 1998 Geophysical Research Letters, 2002, 29, 1427 – 1431.

Hishi T Heterogeneity of individual roots within the fine root architecture: Causal links between physiological and ecosystem functions[J]. Journal of Forest Research, 2007, 12: 126 – 133.

Howard E A, Gower S T, Foley J A, Kurcharik C J. Effects of logging on carbon dynamics of a jack pine forest in Saskatchewan, Canada[J]. Global Change Biology, 2004, 10: 1267 –1284.

Hudak A T, Lefsky M A, Cohen W B, et al. Integration of Li. D. A. R and Landsat E. T. M + data for estimating and mapping forest canopy height [J]. Remote Sensing of Environment, 2002, 82, 397 –416.

Hudak A T, Evans J S, Smith A M S. Review: LiDAR utility for natural resource managers[J]. Remote Sensing, 2009, 1(4): 934 –951.

Nt E R, Piper S C, Nemani R, et al. Global net carbon exchange and intra-annual atmospheric CO_2 concentrations predicted by an ecosystem simulation model and three-dimensional.

Idol T W, Pope P E, Ponder J F. Fine root dynamics across a chronosequence of upland temperate deciduous forest [J]. Forest Ecology and Management, 2000, 127: 153 –167.

Jackson R B, Schenk H J, Jobbágy E G, et al. Belowground con-sequences of vegetation change and their treatment in models[J]. Ecological Application, 2000, 10: 470 –483.

Jagodzinski A M, Katuckd I Fine root biomass and morphology in an age-sequence of post-agricultural *Pinus sylvestris* L. stands[J]. Dendrobiology, 2011, 66: 71 –84.

Janssens I A, Sampson D A, Curiel-Yuste J., et al. The carbon cost of fine root turnover in a Scots pine forest[J]. Forest Ecology and Management, 2002, 168: 231 –240.

Joslin J D, Wolfe M H. Disturbances during minirhizotron installation can affect root observation data[J]. Soil Science Society of American Journal, 1999, 63: 218 –221

Kaetterer T, Fabiao A, Madeira M, et al. Fine-root dynamics, soil moisture and soil carbon content in *Eucalyptus globules* plantation under different irrigation and fertilization regimes [J]. Forest Ecology and Management, 1995, 74: 1 – 12.

Kavenagh T, Kellman M. Seasonal pattern of fine root proliferation in a tropical dry forest [J]. Biotropica, 1992, 24: 157 –165.

Kern C C, Friend A L, Johnson J M F, et al. Fine root dynamics in a developing *Populus deltoides* plantation[J]. Tree Physiology, 2004, 24: 651 –660.

Khiewtam R S, Ramakrishnan P S. Litter and fine root dynamics of a relict sacred grove forest at cherrapunji in north-eastern India [J]. Forest Ecology and Management, 1993, 60: 327 –344.

King J S, Albaugh T J, Allen H L, Buford M. Strain B. R and Dougherty P.. Below-ground carbon input to soil is controlled by nutrient availability and fine root dynamics in loblolly pine[J]. New Phytologist, 2002, 154: 389 –398.

Johnson M G, Tingey D T, Phillips D L, Storm M J. Advancing fine root research with minirhizotrons [J]. Environmental and Experimental Botany, 2001, 45: 263 –289

Klopatek J M. Belowground carbon pools and processes in different ages stands of Douglas fir[J]. Tree Physiology, 2002, 22: 197 –204.

Kronseder K, Ballhorn U, Bohm V, et al. Above ground biomass estimation across forest types at different degradation levels in Central Kalimantan using LiDAR data [J]. International Journal of Applied Earth Observation and Geoinformation, 2012, 18: 37 –48.

Lath H R H, Whittaker Primary Productivity of Biosphere [M]. Berlin: Springer-Verlag, 1975.

Lauenroth W K Methods of estimating belowground net primary production In: Sala O E, Jackson R B, Mooney H A, et al. eds Methods in Ecosystem Science New York: Springer-Verlag, 2000, 58 – 71

Law B E, Sun O J, Campbell J, Van T S, Thornton P. Changes in carbon storage and fluxes in a chronosequence of ponderosa pine[J]. Global Change Biology, 2003, 9: 510 – 524.

Leuschner C, Hertel D, Schmid I, et al. Stand fine root biomass and fine root morphology in old-growth beech forests as a function of precipitation and soil fertility [J]. Plant and Soil, 2004, 258(1): 43 – 56.

Lieth H. Computer mapping of forest data. In: Lieth H ed Proceedings of 51 Annual Meeting of the Society of American Foresters. Society of American Section, Washington DC, 1972, 53 – 79.

Lieth H, Box E. Evapotranspiration and primary productivity C W Thornthwaite memorial model pp 156 – 159. In: I. W. P. Adam & F M Helleiner (eds) *International Geography* 1972. Vol. I. University of Toronto Press, Toronto.

Lieth H, Whittaker R H. Primary productivity of the biosphere [M]. New York: Springer-Verlad Press, 1975.

Liu J, Chen J, Clihlar J, et al. A process-based boreal ecosystem productivity simulator using remote sensing inputs [J]. Remote Sensing Environment, 1997, 62: 158 – 175.

Liu J, Chen J M, Cihlar J, et al. net primary productivity mapped for Canada at 1-km resolution[J]. 2002, 11(2): 115 – 129.

Li Z, Kurz W A, Apps M J, Beukema S J. Belowground biomass dynamics in the carbon budget model of the Canadian forest sector: recent improvements and implications for the estimation of NPP and NEP [J]. Canadian Journal of Forest Research 2003, 33: 126 – 136.

Majdi H, Andersson P. Fine root production and turnover in a Norway spruce stand in northern Sweden: Effects of nitrogen and water manipulation[J]. Ecosystems, 2005, 8: 191 – 199.

Majdi H. Changes in fine root production and longevity in relation to water and nutrient availability in a Norway spruce stand in northern Sweden[J]. Tree Physiology, 2001, 21: 1057 – 1061

Makkonen K, Helmisarri H. Fine root biomass and production in Scots pine stands in relation to stand age [J]. Tree Physiology, 2001, 21: 193 – 198.

Melillo J M, Mcguire A D, Global climate change and terrestrial net primary production [J]. Nature, 1993 363: 234 – 240.

Messier C, Puttonen P Coniferous and non-coniferous fine-root and rhizome production in Scots pine stands using the ingrowth bag method[J]. Silva Fennica, 1993, 27: 209 – 217.

Mitchell C P, Zsuffa F, Andersson S, Stevens D J. Forestry, forest Biomass and Biomass conversion: the IEA bioenergy agreement (1986 – 1989) summary report [C]. Elsevier Science Publisher L T D, 1990.

Monteith J L. Solar radiation and productivity in tropical ecosystems[J]. Journal of Applied Ecology, 1972, 7: 747 – 766.

Nadelhoffer K J., Aber, J D, Melillo J M. Fine root, net primary production, and soil nitrogen availability: a new hypothesis[J]. Ecology, 1985, 66: 1377 – 1390.

Nadelhoffer K J. The Potential Effects of Nitrogen Deposition on Fine Root Production in Forest Ecosystems [J] New Phytologist, 2000, 147: 131 – 139.

Norby R J, Jackson R B. Root dynamics and global change: seeking an ecosystem perspective[J]. New Phytologist, 2000, 147: 3 – 12.

Ostertag R. Effects of phosphorus and nitrogen availability in fine root dynamics in Hawaiian Montane forests

［J］. Ecology, 2001, 82: 485 – 499.

Parton W J, Schimel D S, Cole C V, *et al* Analysis of factors controlling soil organic matter levels in Great Plains grasslands［J］. Soil Science Society of America Journal, 1987, 51(5): 1173 – 1179.

Parton W J, Scurlock J M O, Ojima D S, et al. Observations and modeling of biomass and soil organic matter dynamics for the grassland biome worldwide ［J］. Global Biogeochem 1993, Cyc, 7: 785 – 890.

Phillips D L, Johnson M G, Tingey D T, Biggart C, Nowak R S, Newsom J C. Minirhizotron installation in sandy, rocky soils with minimal soil disturbance［J］. Soil Science Society of America Journal, 2000, 64: 761 – 764.

Potter C S, Randerson J T, Field C B, et al. Terrestrial ecosystem production: a process model based on global satellite and surface data ［J］. Global Biogeochemical Cycles, 1993, 7, 811 – 841.

Prince S D, Goward S N. Global primary production: A remote sensing approach ［J］. Journal of Biogeography, 1995, 22: 815 – 835.

Raich J W, Rastetter E B, Melillo J M, et al Potential Net Primary Productivity in South America Application of a Global Model ［J］. Ecological applications, 1991, 1(4): 399 – 429.

Ruess R W, Hendrick R L, Burton A J, Pregitzer K S, Sveinbjornsson B, Allen M F, Maurer G E. Coupling fine root dynamics with ecosystem carbon cycling in black spruce forests of interior Alaska ［J］. Ecological Monogragh 2003, 73: 643 – 662.

Ruess R W, Hendrick R L, Bryant J P. Regulation of fine root dynamics by mammalian browsers in early successional Alaskan taiga forests［J］. Ecology, 1998, 79: 2706 – 2720.

Ruess R W, Hendrick R L, Vogel J G, Sveinbjornsson B The role of fine roots in the functioning of boreal forests In: Chapin, III, F S（Ed）, Alaska's Changing Boreal Forests Oxford University Press, New York, NY 2005.

Ruess R M, Van-Cleve K, Yarie J, Viereck L A. Contributions of fine of the root production and turnover to the carbon nitrogen cycling in taiga forests of Alaskan interior［J］. Canada Journal of Forestry Research, 1996, 26: 1326 – 1336.

Ruimy A, Saugier B Methodology for the estimation of terrestrial net primary production from remotely sensed data ［J］. J Geophysical search, 1994, 97: 18515 – 18521.

Running S W, Coughlan J C. A General Model of Forest Ecosystem Processes for Regional Applications ［J］. Ecological Modelling, 1988, 42: 125 – 154.

Runing S W, Coughlan J C. A general model of ecosystem processes for regional application I Hydrologic balance, canopy gas exchange and primary production processes［J］. Ecological Modelling, 1988, 42: 125 – 154.

Running S W, Nemani R R, Peterson D L, et al. Mapping Regional Forest Evapotranspiration and Photosynthesis by Coupling Satellite Data with Ecosystem Simulation ［J］. Ecology 1989, 70(4): 1090 – 1101.

Running S W, Hunt E R. Generalization of a forest ecosystem process model for other biomes, BIOME-BGC, and an application for global scale models［A］In: Ehleringer JR, eds Scaling Physiological Processes : Leaf to Globe ［C］San Diego, 1993, C A: AcademicPress, 141 – 158.

Running S W, Thornton P E, Nemani R R, et al. In Methods in Ecosystem Science, O Sala, R Jackson, H Mooney, Eds (Springer-Verlag, New York, 2000): 44 – 57.

Running S W, Nemani R R, Heinsch F A, et al. A Continuous Satellite-Derived Measure of Global Terrestrial Primary Production［J］. Bioscience, 2004, 54(6): 547 – 560.

Sabine C L, Heimann M, Artaxo P, et al. Current status and past trends of the global carbon cycle // Field C B, Raupach M R, MacKenzie S H The global carbon cycle: Integrating humans, climate and the natural world[M]. Washington: Island Press, 2004.

Schroeder P, Borwn S, Mo J, et al. Biomass estimation for temperate broadleaf forests of the US using inventory data[J]. For Sci., 1997, 43: 424 – 434.

Singh K P, Srivastava S K. Seasonal variations in the spatial distribution of root tips in teak plantations in the Varanasi Forest Division, India[J]. Plant and Soil, 1984, 84: 93 – 104.

Steele S J, Gower S T, Vogel J G. Norman J M. Root mass, net primary production and turnover in aspen, jack pine and black spruce forests in Saskatchewan and Manitoba, Canada [J]. Tree Physiology, 1997, 17: 577 – 587.

Tian H Q, Melillo J, Lu C Q, et al. China's terrestrial carbon balance: Contributions from multiple global change factors [J]. Global Biogeochem Cycles, 2011, 25, GB1007, doi: 10 1029/2010GB003838.

Tierney G L, Fahey T J. Evaluating minirhizotron estimates of fine root longevity and production in the forest floor of a temperate broadleaf forest[J]. Plant and Soil, 2001, 229: 167 – 176.

Tryon P R, Chapin F S. Temperature control over root growth and root biomass in Taiga forest trees [J]. Canadian Journal of Forest Research, 1983, 13: 827 – 833.

Tucker C J. Red and photographic infrared linear combinations for monitoring vegetation[J]. Remote Sens Environ, 1979, 8: 127 – 150.

Tucker C J, Fung I Y, Keeling C D, et al Relationship between atmospheric CO_2 variations and a satellite-derived vegetation index[J]. Nature, 1986, 319: 195 – 199.

Uchijima Z, Seino H. An Agriclimatic Method of Estimatnig Net Primary Productivity of Natural Vegetation [J]. Jarq, 1988, 21(4): 224 – 250.

Uchijima Z, Seino H. Agroclimate Evaluation of Net Primary Productivity of Natural Vegetation(1)Chikugo Model of Evaluating Net Primary Productivity J Agr Meteorol, 1985, 40: 343 – 352.

Wang Z Q, Guo D L, Wang X R, et al. Fine root architecture, morphology, and biomass of different branch orders of two Chinese temperate tree species[J]. Plant and Soil, 2006, 288: 151 – 171.

Wim A, Vincent K, Bart M, Jos V O. Effects of scale and scaling in predictive modelling of forest site productivity 31(2012)19 – 27.

Woodwell G M, Whittacker R H, ReinersW A, et al. The biota and the world carbon budget[J]. Science, 1978, 199: 141 – 146.

Veroustraete F, Sabbe H, Eerman E Estimation of carbon mass fluxes over Europe using the C-FIX model and Euroflux data [J]. Remote Sensing of Environment, 2002, 83: 376 – 399.

Vogt K A, Vogt D J, Bloomfield J. Input ofOrganic Matter to the Soil by Tree Roots [M]. McMichael B L and H Persson eds Plant Roots and their Environment Amsterdam: Elsevier, 1991, 171 – 190.

Vogt K A, Persson H Measuring growth and development of roots [M]. Lassoie J P and T M Hinckley eds Techniques and approaches in forest tree ecophysiology Boca Raton: CRC Press, 1991, 477 – 501.

Vogt K A, Vogt D J, Palmiotto P A, et al. Review of root dynamics in forest ecosystems grouped by climate, climatic forest type and species[J]. Plant Soil, 1996, 187: 159 – 219.

Xiao X M, Melillo J M, Kicklighter D W, et al. Net primary production of terrestrial ecosystems in China and its equilibrium responses to changes in climate and atmospheric CO_2 concentration [J]. Acta Phytoecologica Sinica, 1998, 22(2): 97 – 118.

Yavitt J B, Harms K E, Garcia M N, Mirabello M J, Wright S J. Soil fertility and fine root dynamics in

response to 4 years of nutrient(N, P, K)fertilization in a lowland tropical moist forest, Panama[J].
Austral Ecology, 2011, 36(4): 433 – 445.

Yuan Z Y, Han Y H, Chen Fine root biomass, production, turnover rates, and nutrient contents in boreal forest ecosystems in relation to species, climate, fertility, and stand age: literature review and meta-analyses[J]. Critical Reviews in Plant Sciences, 2010, 29(4): 204 – 221.

Zhang K, Kimball J S, Hogg E H, et al. Satellite-based model detection of recent climate-driven changes in northern high-latitude vegetation productivity [J]. J Geophys Res, 2008, 113, G03033, doi: 10 1029/2007JG000621.

Zhao M, Zhou G S. A new methodology for estimating NPP of forest from forest Inventory Data: A Case Study [J]. Journal of Forestry Research, 2004, 15(2): 93 – 100.

第二章

中国森林生产力不同尺度综合评估研究

第一节　基于样地数据的中国森林生产力的地理分布格局

一、地统计学法基本原理

地统计法(克里格法，Kriging)是地统计学的主要内容之一，从统计意义上说，是从变量相关性和变异性出发，在有限区域内对区域化变量的取值进行无偏、最优估计的一种方法；从插值角度讲是对空间分布的数据求线性最优、无偏内插估计一种方法。克里格法的适用条件是区域化变量存在空间相关性。

克里格法，基本包括普通克里格方法(对点估计的点克里格法和对块估计的块段克里格法)、泛克里格法、协同克里格法、对数正态克里格法、指示克里格法、折取克里格法等等。随着克里格法与其他学科的渗透，形成了一些边缘学科，发展了一些新的克里金方法。如与分形的结合，发展了分形克里金法；与三角函数的结合，发展了三角克里金法；与模糊理论的结合，发展了模糊克里金法等等。

应用克里格法首先要明确三个重要的概念：一是区域化变量；二是协方差函数，三是变异函数。

1. 区域化变量

当一个变量呈空间分布时，就称之为区域化变量。这种变量反映了空间某种属性的分布特征。矿产、地质、海洋、土壤、气象、水文、生态、温度、浓度等领域都具有某种空间属性。区域化变量具有双重性，在观测前区域化变量 $Z(x)$ 是一个随机场，观测后是一个确定的空间点函数值。

区域化变量具有两个重要的特征。一是区域化变量 $Z(x)$ 是一个随机函数，它具有局部的、随机的、异常的特征；其次是区域化变量具有一般的或平均的结构性质，即变量在点 x 与偏离空间距离为 h 的点 $x+h$ 处的随机量 $Z(x)$ 与 $Z(x+h)$ 具有某种程度的自相关，而且这种自相关性依赖于两点间的距离 h 与变量特征。在某种意义上说这就是区域化变量的结构性特征。

2. 协方差函数

协方差又称半方差，是用来描述区域化随机变量之间的差异的参数。在概率理论中，随机向量 X 与 Y 的协方差被定义为：

$$\text{Cov}(X, Y) = E[(X - EX)(Y - EY)]$$

区域化变量 $Z(x) = Z(xu, xv, xw)$ 在空间 x 和 $x + h$ 处的两个随机变量 $Z(x)$ 和 $Z(x + h)$ 的二阶混合中心矩定义为 $Z(x)$ 的自协方差函数，即

$$\text{Cov}[Z(x), Z(x + h)] = E[Z(x)Z(x + h)] - E[Z(x)]E[Z(x + h)]$$

区域化变量 $Z(x)$ 的自协方差函数也简称为协方差函数。一般来说，它是一个依赖于空间点 x 和向量 h 的函数。

设 $Z(x)$ 为区域化随机变量，并满足二阶平稳假设，即随机函数 $Z(x)$ 的空间分布规律不因位移而改变，h 为两样本点空间分隔距离或距离滞后，$Z(x_i)$ 为 $Z(x)$ 在空间位置 x_i 处的实测值，$Z(x_i + h)$ 是 $Z(x)$ 在 x_i 处距离偏离 h 的实测值 $[i = 1, 2, \cdots, N(h)]$，根据协方差函数的定义公式，可得到协方差函数的计算公式为：

$$c \times (h) = \frac{1}{N(h)} \sum_{i=1}^{N(h)} [Z(x_i) - \bar{Z}(x_i) I Z(x_i + h) - \bar{Z}(x_i + h)]$$

在上面的公式中，$N(h)$ 是分隔距离为 h 时的样本点对的总数，$\bar{Z}(x_i)$ 和 $\bar{Z}(x_i + h)$ 分别为 $Z(x_i)$ 和 $Z(x_i + h)$ 的样本平均数，即

$$\bar{Z}(x_i) = \frac{1}{N} \sum_i Z(x_i) \qquad \bar{Z}(x_i + h) = \frac{1}{N} \sum_i Z(x_i + h)$$

在公式中 N 为样本单元数。一般情况下 $\bar{Z}(x_i) \neq \bar{Z}(x_i + h)$（特殊情况下可以认为近似相等）。若 $\bar{Z}(x_i) = \bar{Z}(x_i + h) = m$（常数），协方差函数可改写为如下：

$$c \times (h) = \frac{1}{N(h)} \sum_{i=1}^{N(h)} [Z(x_i)\bar{Z}(x_i + h) - m^2]$$

式中，m 为样本平均数，可由一般算术平均数公式求得，即

$$m = \frac{1}{N} \sum_{i=1}^{n} Z(x_i)$$

3. 变异函数

变异函数又称变差函数、变异矩，是地统计分析所特有的基本工具。在一维条件下变异函数定义为，当空间点 x 在一维 x 轴上变化时，区域化变量 $Z(x)$ 在点 x 和 $x + h$ 处的值 $Z(x)$ 与 $Z(x + h)$ 差的方差的一半为区域化变量 $Z(x)$ 在 x 轴方向上的变异函数，记为 $\gamma(h)$，即

$$\gamma(x, h) = \frac{1}{2} \text{Var}[Z(x) - Z(x + h)]$$

$$= \frac{1}{2} E[Z(x) - Z(x + h)]^2 - \frac{1}{2} \{E[Z(x)] - E[Z(x + h)]\}^2$$

在二阶平稳假设条件下，对任意的 h 有，$E[Z(x + h)] = E[Z(x)]$，因此上式可以改写为：

$$\gamma(x, h) = \frac{1}{2} E[Z(x) - Z(x + h)]^2$$

从上式可知，变异函数依赖于两个自变量 x 和 h，当变异函数 $\gamma(x, h)$ 仅仅依赖于距离 h 而与位置 x 无关时，可改写成 $\gamma(h)$，即

$$\gamma(h) = \frac{1}{2} E \left[Z(x) - Z(x+h) \right]^2$$

设 $Z(x)$ 是系统某属性 Z 在空间位置 x 处的值，$Z(x)$ 为一区域化随机变量，并满足二阶平稳假设，h 为两样本点空间分隔距离，$Z(x_i)$ 和 $Z(x_i + h)$ 分别是区域化变量 在空间位置 x_i 和 $x_i + h$ 处的实测值 $[i = 1, 2, \cdots, N(h)]$，那么根据上式的定义，变异函数 $\gamma(h)$ 的离散公式为：

$$\gamma^*(h) = \frac{1}{2N(h)} \sum_{i=1}^{N(h)} \left[Z(x_i) - Z(x_i + h) \right]^2$$

变异函数揭示了在整个尺度上的空间变异格局，而且变异函数只有在最大间隔距离1/2处才有意义。

4. 克里格估计量

假设 x 是所研究区域内任一点，$Z(x)$ 是该点的测量值，在所研究的区域内总共有 n 个实测点，即 $x_1, x_2, \cdots, x_n$，那么，对于任意待估点或待估块段 v 的实测值 $Z_v(x)$，其估计值 $Z_v^*(x)$ 是通过该待估点或待估块段影响范围内的 n 个有效样本值 $Z_v^*(x)(i = 1, 2, \cdots, n)$ 的线性组合来表示，即

$$Zv^*(x) = \sum_{i=1}^{n} \lambda_i Z(x_i)$$

式中，λ_i 为权重系数，是各已知样本在 $Z(x_i)$ 在估计 $Zv^*(x)$ 时影响大小的系数，而估计 $Zv^*(x)$ 的好坏主要取决于怎样计算或选择权重系数 λ_i。

在求取权重系数时必须满足两个条件，一是使 $Zv^*(x)$ 的估计是无偏的，即偏差的数学期望为零；二是最优的，即使估计值 $Zv^*(x)$ 和实际值 $Zv(x)$ 之差的平方和最小，在数学上，这两个条件可表示为

$$E \left[Zv^*(x) - Zv(x) \right] = 0$$
$$\mathrm{Var} \left[Zv^*(x) - Zv(x) \right] = E \left[Zv^*(x) - Zv(x) \right]^2 \rightarrow \min$$

如果变异函数和相关分析的结果表明某一属性的空间相关性存在，则可以利用普通克里格进行插值。其公式为：

$$Zv^* = \sum_{i=1}^{n} \lambda_i Z(x_i)$$

式中，$Zv^*(x)$ 是待估点 x_0 处的估计值，$Z(x_i)$ 是实测值，λ_i 是分配给每个实测值的权重且 $\sum \lambda_i = 1$，n 是参与点估值的实测值的数目。

协同克里格法是普通克里格法的扩展形式，它要用到两个或两个以上的变量，其中一个是主变量，其他的作为辅助变量，将主变量的自相关性和主辅变量的交互相关性结合起来用于无偏最优估值中。其公式为：

$$Z^*(x_0) = \sum_{i=1}^{n} \lambda_{1i} Z_1(x_i) + \sum_{j=1}^{p} \lambda_{2j} Z_2(x_j)$$

式中，$Z^*(x_0)$ 是待估点 x_0 处的估计值，$Z_1(x_i)$ 和 $Z_2(x_j)$ 分别是主变量 Z_1 和辅助变量 Z_2 的实测值，λ_i 和 λ_j 分别是分配给主变量 Z_1 和辅助变量 Z_2 的实测值的权

重，且 $\sum \lambda_{1i} = 1$，$\sum \lambda_{2j} = 0$。n 和 p 是参与 x_0 点估值的主变量 Z_1 和辅助变量 Z_2 的实测值数目。

二、地统计学与 GIS 的结合应用

地统计学与传统统计学相比，前者更注重随机变量在空间上的变化过程，通过研究对象在空间上由于间隔不同所产生的差异，来定量描述其空间变化规律。地统计学分析主要包括：空间自相关分析、半方差分析、空间局部区域插值理论、空间结构分析以及空间模拟等技术（冯益明等，2004）。可用于分析具有空间坐标变量的空间特征，并可进行过程模拟以及空间插值。

地统计学具有强大的空间分析能力，但它缺乏数据管理系统。地统计方法通过与擅长空间数据管理的 GIS 系统的结合，可以弥补地统计分析方法在结构和过程分析等方面的缺陷（Schlesinger et al，1996）。这样二者的联合可以相互取长补短，给各自的优势发挥提供条件（郭旭东等，2000；陈彦等，2005）。地统计学和地理信息系统的结合已广泛应用于林业、农学、生态学等领域，这种相结合的方法是研究变量在空间分布、变异的最有效的方法之一，这种方法弥补了以概率论为基础的经典统计分析方法在结构和过程分析方面的不足。

三、基于地统计学的中国各区域森林生物量和 NPP 空间格局

根据 1:100 万中国植被图（中国科学院中国植被图编辑委员会，2007），将位于非林区的样地数据剔除，保留森林区域的 1959 个样地（以下称为森林样点）见彩图 1。

将中国在地域上分为 8 个区域，分别为东北、华北、西北、西南、华南、华中、华东、港澳台（港澳台数据较少，不做具体分析）。通过地统计方法，运用克里格插值得到预测图，比较森林生物量和 NPP 在各个区域的空间分异特征。对数据进行预处理，做正态变换，通过变异函数比较，选择最优模型做插值，得到七个区域的森林生物量和 NPP 的空间分布图（彩图 2～15）。其中，将各图重新分类后，颜色统一为相同的数值范围，便于观察和比较。

从以上 7 个区域的森林生物量和 NPP 分布图可以看出，我国森林生物量和 NPP 的较低值主要出现在中西部地区，东部相对较高。其中，森林生物量最高值出现在西南地区和新疆的天山山脉，由于两地水热条件较好，主要以热带雨林和云冷杉林为主。我国华南和西南地区的森林 NPP 值空间总体较高，主要因为森林覆盖率高且处在亚热带林和热带林分布区，所以生产力较高。总体来看，森林生物量分布最高的是西南地区，最低的是华北地区。森林 NPP 分布最高的是华南地区，最低的是西北地区。

四、中国森林 NPP 空间格局分析

通过对森林样点的空间聚集与异常情况的分析，以此获得直观的森林生物量和 NPP 分布趋势情况。运用 GIS 软件借助中国植被图对原始样地数据进行非林区域剔除，以满足森林 NPP 分布图的专题性。然后将剔除后的样地数据进行建模，通过人

工多次选取与经验拟合后，获得初始模型参数。继续经过模型自身结构检验、模拟精度评价、可靠性检验后一系列检验修正后，得到稳定的具有推广意义上的模型。最后将模型参数带入 GIS，经过插值得到初始中国森林 NPP 分布图（彩图 16）。

全国森林生物量和 NPP 空间格局总体表现为：其中，森林生物量最高值出现在西南和新疆的天山山脉，由于两地水热条件较好，主要以热带雨林和云冷杉林为主，原生植被保留完整，森林覆盖率高；我国华南和西南地区的森林 NPP 值空间总体较高，主要由于该地区森林覆盖率高且主要为亚热带林和热带林，生产力较高。从总体上看，我国森林 NPP 南高北低，森林生物量分布最高的是西南地区，最低的是华北地区。森林 NPP 分布最高华南地区，最低的是西北地区。

第二节 基于生态系统模型的中国森林生产力的估测与评估

通过以中国东部南北样带（NSTEC）为对象，以大尺度陆面生态系统模型 IBIS 为工具，研究植被净初级生产力（NPP）的分布及动态变化规律，分析影响植被 NPP 变化的主要气候驱动因子，阐明气候因素对植被 NPP 分布格局形成机制的影响，预测未来气候变化情景下的植被 NPP 分布规律。

一、IBIS 模型模拟结果验证

（一）基于样点调查数据的植被 NPP 验证分析

采用的样点实测调查数据主要来自于罗天祥博士所整理的全国 1266 块森林样地主要森林类型数据，所收集数据的时间段为 20 世纪 70 年代与 90 年代（Luo，1996）。为与这一数据集相匹配比较，本书选取 1970~1980、1990~2000 年 IBIS 模型模拟的 NPP 结果，并计算这两个时段上的平均值，形成与之对应时间段的模型模拟的植被 NPP 图层。模型模拟结果是以碳含量为单位，而罗天祥收集的数据表中 NPP 与生物量值是采用近似系数 0.5 转换为碳量。

图 2-1 为罗天祥收集的 1266 个样点数据在全国和东部南北样带中位置，位于 NSTEC 范围内有 710 个点，利用 ENVI 的 ROI 工具或者 ARCGIS 的 Spatial Analyst Tools 功能，计算每个点对应的 IBIS 模型模拟 20 世纪 70 年代和 90 年代的平均值，比较实测样点 NPP 值与模拟的 NPP 值。

图 2-2 中的模型模拟值大部分低于样点实测值，但两者之间存在极显著相关性，相关系数达到 0.68，说明利用 IBIS 模型对东部南北样带植被 NPP 值的模拟结果是可靠的。

（二）基于 GLO-PEM 模型模拟 NPP 结果对比分析

GLO-PEM 模型利用在一定范围内，植被对光合有效辐射的吸收比例（FPAR）与归一化差值植被指数（NDVI）之间存在线性关系的特征，由 NOAA 气象卫星 AVHRR 资料估计全球 FPAR 的分布。它对 NPP 的估算可表达为：

$$NPP = \sum t[(S_t N_t)\varepsilon g - R]$$

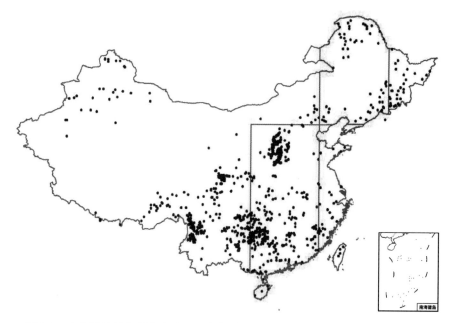

图 2-1　森林样地数据样点在全国及东部南北样带中的分布示意（罗天祥整理）

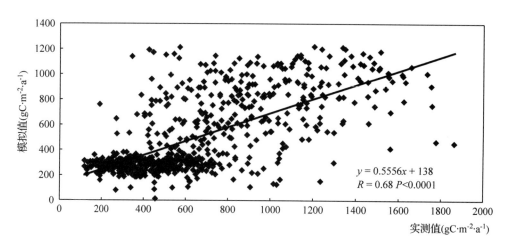

$$y = 0.5556x + 138$$
$$R = 0.68\ P < 0.0001$$

图 2-2　IBIS 模拟 NPP 值与罗天祥收集的实测 NPP 数据集的对比

式中：St——在时间 t 的入射光合有效辐射（PAR）；

　　　Nt——植被对 PAR 的吸收比例；

　　　εg——植被对所吸收的 PAR 的利用效率，根据气候因素及其所决定的土壤水分数据计算；

　　　R——自氧呼吸，根据地表生物量、温度和光合速率来计算。

本研究所采用的 AVHRR GLO-PEM NPP（1981～2000）数据下载自美国马里兰大学（Global land Cover Facility）数据库，空间分辨率为 8km×8km，时间分辨率为 10天。通过在 GIS 中进行处理，对空间分辨率重采样使其与 IBIS 模型统一，分别统计 1981～2000 年每年的东部南北样带植被 NPP 总量，与 IBIS 模型模拟的对应年份的 NPP 总量值进行对比（图 2-3）。

因此得到 IBIS 模型模拟的年 NPP 总量值与 GLO-PEM 模型模拟值之间存在较好的一致性(图2-3)。

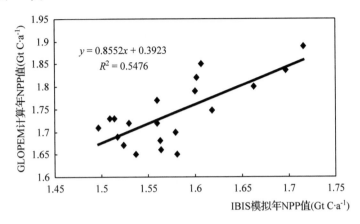

图 2-3　IBIS 模型模拟 1981~2000 年 NPP 值与 GLO-PEM 模型模拟年 NPP 值的对比

(三)基于森林资源清查数据的地上生物量验证分析

基于森林资源清查数据进行大区域森林生物量的估算一直是人们关注的焦点。本文拟利用收集到的全国 21 个省第四次森林资源清查数据,采用方精云等提出的生物量转换因子连续函数法,其回归方程为:

$$B = a_1 \times V + b_1$$

式中：B——每公顷生物量($Mg \cdot hm^{-2}$)；

V——每公顷蓄积量($m^3 \cdot hm^{-2}$)；

a_1、b_1——参数。

将实际调查的蓄积量转化为生物量,对 IBIS 模型输出的地上部分生物量结果进行验证。收集到南北样带区域内的森林资源清查点数据,共有 21383 个记录(彩图17),其中属于林地范畴的清查点共有 15762 个,根据目前收集到的相关树种的蓄积量—生物量转化方程,共有 6105 个点用于生物量转换因子连续函数法计算生物量,转化模型及参数见表2-1。

表 2-1　森林蓄积量与生物量转换模型参数

序号	a_1	b_1	树种(组)名称
1	0.4642	47.4990	*Abies and Picea*
2	0.3999	22.5410	*Cunninghamia lanceolata*
3	0.6129	46.1451	*Cypress*
4	1.1453	8.5473	*Quercus*
5	0.6096	33.8060	*Larix*
6	0.5856	18.7435	*Pinus armandii*
7	0.5101	1.0451	*P. massoniana P. yunnanensis Pinus kesiya var. langbianensis*
8	1.0945	2.0040	*Pinus densiflora* Sieb. et Zucc.
9	0.7554	5.0928	*P. tabulaefomis*
10	0.5168	33.2378	*Pinus thunbergii Metasequoia glyptostroboides*
11	0.4158	41.3318	*Tsuga keteleer*
12	0.7975	0.4204	*Cryptomeria fortunei*

考虑到 IBIS 模型模拟的植被生物量为生态系统平衡状态下的值，故选取东部南北样带区域内森林资源清查数据中林龄等于4(成熟林)、5(过熟林)或者"4＋5"(成熟林＋过熟林)3 种组合数据来探讨 IBIS 模型模拟地上部分生物量值的精度。

由图2-4 可知，选择林龄等于 5 即过熟林时，利用 BEF 法计算的生物量值与 IBIS 模型模拟值的相关性最高($R = 0.47$)，且达到显著，结果可靠。林龄越小，两种方法计算模拟出的生物量值之间的差距越大，相关性越低。

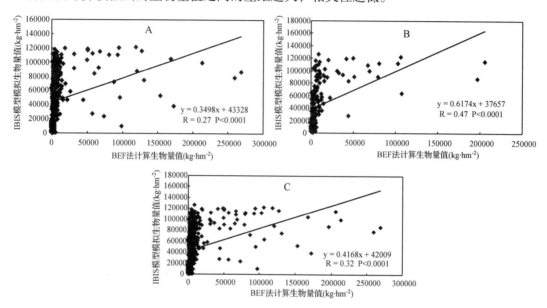

图2-4　IBIS 模拟地上生物量值与 BEF 法计算的生物量值对比

A. 成熟林；B. 过熟林；C. 成熟林＋过熟林

综上所述，利用 NSTEC 区域内的实测样点 NPP 数据以及森林资源清查数据转化为生物量数据，与 IBIS 模型模拟的 NPP 与地上部分生物量数据具有显著的相关性，结果是可靠的。但 IBIS 模型模拟的 NPP 与地上部分生物量值都要小于实测值。分析样点实测 NPP 数据或者 BEF 法转化为生物量数据与模型模拟数据存在差异的原因主要有以下几个方面：

(1)样点数据和模型格点数据代表的面积不一致。实测数据值为各植被类型中较为典型的样方样点数据，而模型中 NPP 或者生物量值是面积约为 100 km^2 栅格上的平均值，两者尺度上的差异必然造成模型模拟的 NPP 值要与样点的实测值之间的差异，一般情况下栅格上的平均值会低于典型样地的实测值。

(2)样点数据采集时间与模型模拟格点数据时间不一致。由于实测样点数据采集时间段分布在 20 世纪 70 年代和 90 年代，全国第四次森林资源清查数据时间段为 1989～1993 年，为便于比较，分别计算了模型模拟 70 年代和 90 年代 NPP 数据的平均值和 1989～1993 年地上部分生物量的平均值，两者之间存在一定误差。

(3)一个模型格点可能包含多个实测样点区域。各样点的植被类型与模型中所对应的植被类型有很多不一致的情况，有的栅格包括了多个样点数据，而且这些样点数据植被类型也有不同的情况，即同一个模拟栅格上的值可能对应多个不同植被类型的样点数据，所以类型的不匹配必然造成数据值对比上的差距。

（4）模型模拟值对应的植被状况与实测样点林分年龄不一致。IBIS 模型模拟的为生态系统平衡态状况下的生产力水平，与罗天祥数据表中样点林分的年龄上的差异也可能是两者之间产生差距的原因之一。林龄越大的样点数据与模型模拟结果对比时相关性越高。

二、1957～2006 年东部南北样地 NPP 时空变化特征

（一）东部南北样地 NPP 分布格局

1. 样带总 NPP 分布格局

按照 NPP 值的大小，将 1957～2006 年中国东部南北样带陆地生态系统 NPP 多年平均值空间分布（彩图 18），分成 3 个范围（彩图 18 中 B），即：低值区（< 400gC·m^{-2}）、中值区（401～800gC·m^{-2}）、高值区（> 800gC·m^{-2}）。由彩图 18 可知，南北样带 NPP 年均值从北向南方向基本呈增加趋势，NPP 年平均值低值区主要分布于内蒙古东北部、黑龙江西北部、吉林西部、辽宁西北部、河北、山西、陕西北部、河南、山东西部等地区。这些地区主要以苔原、草地、灌丛等为主，由于气候干旱或气温较低，植被的生产力较低；NPP 年平均值中值区主要分布于黑龙江省中部、吉林省中部、辽宁省东部、陕西省南部、湖北省西部、贵州省东部、湖南省北部、江西省北部、广西西北部等地区。这些地区主要以混交林、北方常绿林、温带落叶林、温带常绿针叶林等植被类型为主，植被生产力相对较高；高值区主要分布位于 17°～30°N 之间，这些地区水热十分充足，植被类型主要为热带常绿林、热带落叶林等，植被立体空间层次梯度明显，林内物种类型众多，净第一性生产力最高。

2. 经纬向 NPP 分布格局

按照 1° 为间隔，分别划出东部南北样带从 19°～5°2″，N 共 34 条纬度剖线，109°～128°E 共 20 条经度剖线，提取每条经、纬度剖线所有像元 1957～2006 年 NPP 值，计算 NPP 平均值及标准差。

由彩图 18 可知，不同经线剖线平均 NPP 及其标准差变化的规律性相似。119°E 剖线 NPP 平均值最低，为 214.1gC·m^{-2}·a^{-1}，NPP 标准偏差也最小，其经过的区域植被生产力差别最小；在其左侧，不同经度剖线之间随着经度的增加，其 NPP 平均值基本呈降低趋势；在其右侧，随着经度的升高，NPP 平均值呈增加趋势。20 条经线剖线中 NPP 平均值最高的为 111°E，达 571.8 gC·m^{-2}·a^{-1}，NPP 空间异质性最高的是 116°E（图 2-5）。

由图 2-6 可知，不同纬度剖线之间随着纬度的增加，其 NPP 平均值基本呈降低趋势。但其中 40°N 剖线 NPP 平均值最低，为 169.0 gC·m^{-2}·a^{-1}。NPP 平均值最高的为 19°N，达 970.7 gC·m^{-2}·a^{-1}，该条纬度剖线位于我国最南端，水热条件十分适于植被生长。

不同纬度及经度剖线上 NPP 的变化呈现千差万别的特征，即使同一纬度、同一经度剖线内的 NPP 变化特征也是丰富多彩，从表象上看是植被类型空间变化的多样性造成了 NPP 空间分布的多样性，实质上其主要原因是由于不同纬度和经度空间内水热条件及其分配程度的差异造成的，水热条件及其分布的差异性才使植被类型及其生产力在空间分布上复杂多样，在此基础上才衍生出了物种多样性和景观多样性，这对于生态系统的稳定极其重要。

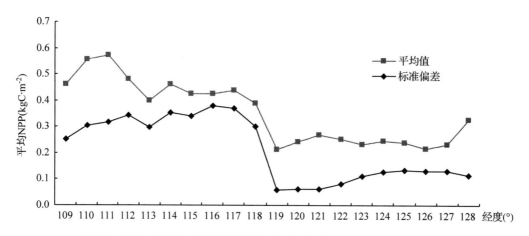

图 2-5 1957~2006 年东部南北样带不同经度剖线 NPP 平均值及标准差

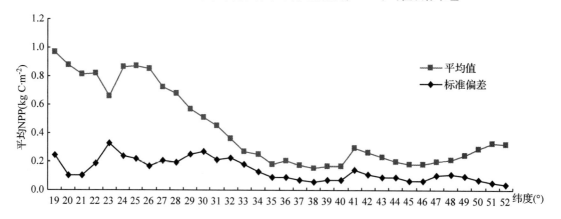

图 2-6 1957~2006 年东部南北样带不同纬度剖线 NPP 平均值及标准差

3. 不同气候区 NPP 分布格局

利用研究区域掩膜图层切割中国气候分区图，得到中国东部南北样带不同气候分区图（彩图 19），1957~2006 年样带各不同气候区多年 NPP 平均值见图 2-7。其中 NPP 平均值最高的是中亚热带，达到 761.7 $gC \cdot m^{-2} \cdot a^{-1}$，其次是南亚热带，达到 748.7 $gC \cdot m^{-2} \cdot a^{-1}$，最低的是南温带，仅为 193.6 $gC \cdot m^{-2} \cdot a^{-1}$。

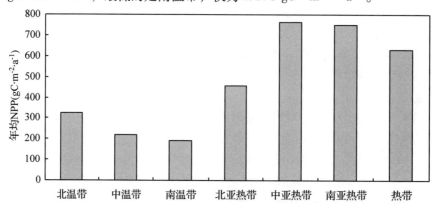

图 2-7 1957~2006 年东部南北样带不同气候区年平均 NPP 特征

4. 不同植被类型 NPP 分布格局

中国东部南北样带各不同植被类型分布见彩图 20,50 年多年平均 NPP 如图 2-8。其中 NPP 平均值最高的是热带落叶林,达到 773.2 gC·m^{-2}·a^{-1},其次是热带常绿林,达到 662.2 gC·m^{-2}·a^{-1},最低的是热带稀树草原,仅为 157.3 gC·m^{-2}·a^{-1}。

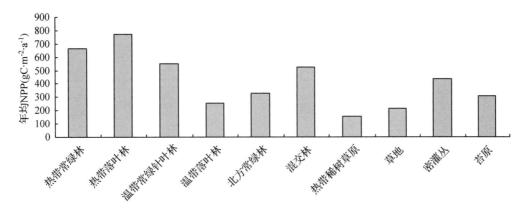

图 2-8 1957~2006 年东部南北样带不同植被类型年平均 NPP 特征

(二)东部南北样带植被 NPP 变化趋势

1. 样带总 NPP 变化趋势

(1)年际变化趋势。1957~2006 年中国东部南北样带陆地生态系统 NPP 年际变化如图 2-9。由图可知,50 年间东部南北样带 NPP 总量总体呈显著上升趋势($R=0.66$,$P<0.0001$),但年际间有波动。1957~2006 年 NPP 总量的变化范围为 1.41~1.72 Gt C·a^{-1},50 年间 NPP 总量平均值为 1.54 Gt C·a^{-1},约占全国 NPP 总量的 80%。20 世纪 90 年代以来,在 1991 年、1994 年、1999 年、2003 年出现了 NPP 较高的峰值。

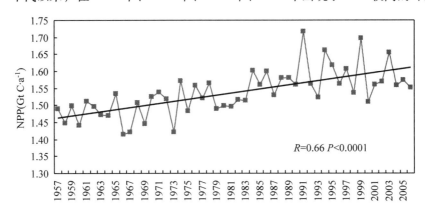

图 2-9 1957~2006 年 IBIS 模型模拟中国东部南北样带年 NPP 总量变化

(2)季节变化趋势。1957~2006 年中国东部南北样带陆地生态系统 NPP 季度变化如图 2-10(A、B、C、D)。图中表明南北样带陆地区域春、夏、冬季 NPP 总量增长均达到显著水平,其中增长最快的夏季和春季,分别平均增长 0.0014 Gt C·a^{-1} 和 0.0012 Gt C·a^{-1},占全年 NPP 增长的 46.67% 和 40.00%,秋、冬季 NPP 增长较慢,两者总共所占全年增长比例的 13.33%。

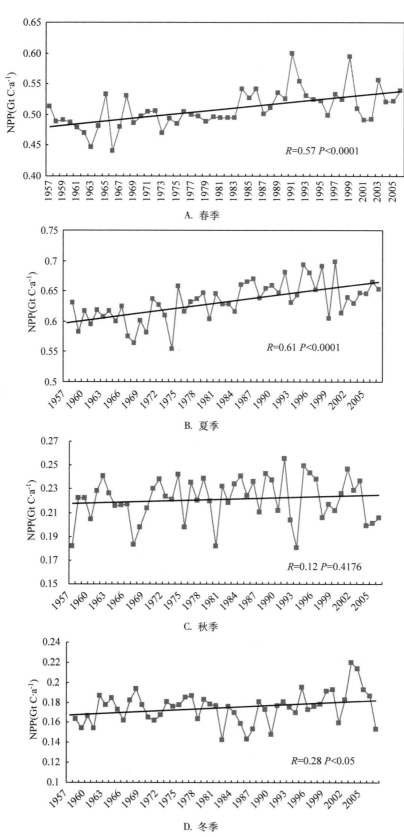

A. 春季

B. 夏季

C. 秋季

D. 冬季

图 2-10　1957~2006 年 IBIS 模型模拟中国东部南北样带 NPP 总量变化

（3）月际变化趋势。1957~2006 年中国东部南北样带陆地生态系统 NPP 月际变化如图 2-11。月 NPP 变化呈现正态单峰曲线分布。最大值出现在 6 月份，达到 0.24 Gt C·a^{-1}，其次是 7 月份和 5 月份，分别达到 0.22 Gt C·a^{-1} 和 0.20 Gt C·a^{-1}，最小值出现在 12 月份，仅为 0.04 Gt C·a^{-1}。全年中 NPP 积累量主要发生在 3~9 月份，该时段内 NPP 总量占全年总量的 81.84%。春、夏、秋、冬四季 NPP 总量平均值分别占全年 NPP 平均总量的 33.05%、41.04%、14.36%、11.69%。

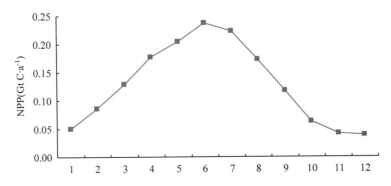

图 2-11　1957~2006 年中国东部南北样带月际 NPP 总量变化

2. 不同气候区 NPP 变化趋势

利用东部南北样带切割全国气候分区图，分别统计各个气候分区陆地生态系统年度和各个季节 NPP 平均值变化趋势特征（表 2-2）。

结果表明，从全年尺度上，除南温带外，其余气候区年度 NPP 均值都呈显著增加趋势，其中中亚热带（$k=1.58$）增加幅度最快，其次是北温带（$k=1.40$），增长最慢的是南温带（$k=0.14$）。

在春季，除南温带外，其余气候区春季 NPP 均值都有增加趋势，且除热带外，都达到显著水平，增加幅度最快的是北温带（$k=0.74$），增长最慢的是北亚热带（$k=0.14$）。

在夏季，所有气候区 NPP 均值均呈增加趋势，且除中温带和南温带外，其余都达到显著水平，增加幅度最快的是北温带（$k=0.70$），增长最慢的是南温带（$k=0.09$）。

在秋季，除中温带外，所有气候区 NPP 均值均呈增加趋势，但都未达到显著水平。

在冬季，除北温带和中温带外，其余气候区春季 NPP 均值都有增加趋势，但仅北亚热带达到显著水平。

表 2-2　各气候区年度和各个季节 NPP 平均值变化趋势特征（gC·m^{-2}）

时间	指标	气候区						
		北温带	中温带	南温带	北亚热带	中亚热带	南亚热带	热带
春季	K	0.74	0.29	−0.01	0.14	0.54	0.55	0.29
	P	<0.0001	0.0044	0.9398	0.0192	<0.0001	<0.0001	0.3375
	平均	97.56	78.17	65.14	163.79	249.03	222.42	156.76

（续）

时间	指标	气候区						
		北温带	中温带	南温带	北亚热带	中亚热带	南亚热带	热带
夏季	K	0.70	0.16	0.09	0.51	0.69	0.47	0.49
	P	<0.0001	0.1597	0.4137	0.0003	<0.0001	<0.0001	<0.0001
	MEAN	221.96	139.51	104.09	148.85	217.01	219.94	190.96
秋季	K	0.02	−0.03	0.001	0.14	0.15	0.02	0.17
	P	0.5606	0.2877	0.9860	0.0616	0.3325	0.9322	0.0670
	平均	22.97	10.86	20.60	77.38	146.84	148.81	152.71
冬季	K	−0.06	−0.01	0.06	0.18	0.20	0.18	0.13
	P	<0.0001	0.3633	0.0930	0.0096	0.0681	0.1813	0.4873
	MEAN	6.48	8.19	14.17	69.02	149.56	155.66	130.08
年	K	1.4	0.41	0.14	0.97	1.58	1.22	1.07
	P	<0.0001	0.0427	0.5835	<0.0001	<0.0001	0.0003	0.0338
	平均	321.99	220.34	193.99	459.04	762.44	746.83	630.51

3. 不同植被类型 NPP 变化趋势

不同植被类型 NPP 变化趋势分析有助于更深入地理解中国东部南北样带植被 NPP 变异地空间格局，不同植被类型 NPP 变异特征各异。

（1）年均及季节 NPP 变化趋势。由表 2-3 可知，从全年尺度上，除草地外，其余植被类型年度 NPP 均值都呈显著增加趋势，其中温带常绿针叶林（$k=1.9$）增加幅度最快，其次是密灌丛（$k=1.8$），增长最慢的是草地和热带稀树草原（$k=0.3$）。

在春季，除温带落叶林外，其余植被类型春季 NPP 均值都有显著增加趋势，其中北方常绿林增加幅度最快（$k=0.7$），其次是苔原（$k=0.6$），增长最慢的是草地和热带稀树草原（$k=0.2$）。

在夏季，除草地外，其余植被类型夏季 NPP 均值都有显著增加趋势，其中温带常绿针叶林增加幅度最快（$k=0.8$），其次是北方针叶林（$k=0.7$），增长最慢的是草地（$k=0.1$）。

在秋季，热带稀树草原、草地和苔原秋季 NPP 均值呈下降趋势，其余植被类型 NPP 均值呈上升趋势，且温带常绿针叶林和密灌丛 NPP 均值增加幅度达到显著。

在冬季，北方常绿林、热带稀树草原、草地和苔原 NPP 均值呈下降趋势，其余植被类型 NPP 均值呈上升趋势，且除混交林外，其余植被 NPP 均值增加幅度均达到显著。

表 2-3　各植被类型年度和各个季节 NPP 平均值变化趋势特征（gC·m^{-2}）

时间	指标	植被类型									
		热带常绿林	热带落叶林	温带常绿针叶林	温带落叶林	北方常绿林	混交林	热带稀树草原	草地	密灌丛	苔原
春季	K	0.4	0.5	0.5	0.2	0.7	0.3	0.2	0.2	0.5	0.6
	P	<0.0001	<0.0001	<0.0001	0.1712	<0.0001	<0.0001	0.0220	0.0494	<0.0001	<0.0001
	平均	212.42	248.30	204.18	90.46	100.84	172.33	57.36	70.43	248.85	92.05
夏季	K	0.6	0.7	0.8	0.2	0.7	0.4	0.2	0.1	0.8	0.4
	P	<0.0001	<0.0001	<0.0001	0.0259	<0.0001	<0.0001	0.0342	0.5122	<0.0001	<0.0001
	平均	190.87	220.22	204.50	134.16	221.99	171.14	96.84	143.22	215.04	210.46
秋季	K	0.1	0.2	0.2	0.007	0.02	0.01	−0.03	−0.04	0.3	−0.009
	P	0.2512	0.3003	0.0011	0.8341	0.4871	0.9011	0.2093	0.1775	<0.0001	0.7746
	平均	129.03	150.30	88.16	26.00	10.88	93.13	8.07	9.01	139.24	9.96
冬季	K	0.2	0.2	0.3	0.05	−0.05	0.1	−0.005	−0.02	0.2	−0.02
	P	0.0371	0.0251	0.0048	0.0636	<0.0001	0.1002	0.5871	0.1042	0.0353	<0.0001
	平均	129.88	154.36	52.04	6.91	6.43	89.04	4.94	7.62	130.86	4.93
年	K	1.4	1.6	1.9	0.4	1.4	0.8	0.3	0.3	1.8	1.0
	P	<0.0001	<0.0001	<0.0001	0.0372	<0.0001	<0.0001	0.0429	0.2663	<0.0001	<0.0001
	平均	662.20	773.19	548.88	257.54	327.27	525.64	157.33	215.03	733.99	305.60

（2）月均 NPP 变化特征。1957～2006 年不同植被类型月平均 NPP 变化如图 2-12。本研究确定的各种植被类型月均 NPP 变化基本均呈单峰曲线，其中热带落叶林月平均 NPP 值最大，达到 64.42 gC·m^{-2}，其次是热带常绿林和密灌丛，分别为 55.18 gC·m^{-2} 和 51.18 g·m^{-2}，月平均 NPP 值最低的是热带稀树草原和草地，分别为 14.60 g·m^{-2} 和 19.99 g·m^{-2}。

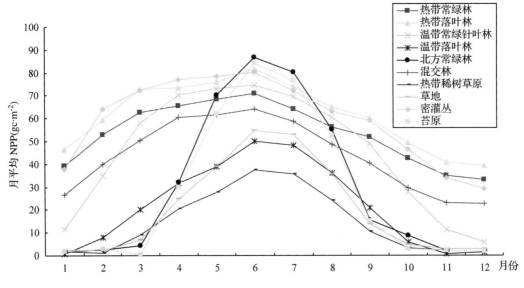

图 2-12　1957～2006 年东部南北样带不同植被类型月平均 NPP 变化特征

（三）东部南北样带植被 NPP 变化趋势的空间分布格局

1. 植被 NPP 变化趋势空间分布格局

从年尺度上看，1957~2006 年中国东部南北样带植被 NPP 基本呈增加趋势，占到整个样带的 83.56%，减少区域只占 16.44%，而且 NPP 增加达到显著性水平的占 29.19%。彩图 21 为中国东部南北样带植被 NPP 随年份变异趋势的相对变化和绝对变化的空间分布格局。

表2-4　1957~2006 年不同植被类型年 NPP 随年份变异趋势绝对变化量和相对变化速率

植被类型	绝对增加量($g C \cdot m^{-2} \cdot a^{-1}$)	相对增加速率(%)
热带常绿林	1.36	0.18
热带落叶林	1.62	0.20
温带常绿针叶林	1.89	0.35
温带落叶林	0.42	0.13
北方常绿林	1.35	0.41
混交林	0.84	0.13
热带稀树草原	0.30	0.23
草地	0.28	0.13
密灌丛	1.84	0.25
苔原	0.96	0.32

由表 2-4 可知，植被 NPP 绝对变化量主要发生在温带常绿针叶林、密灌丛和热带落叶林区，植被 NPP 相对变化较大的主要区域是北方常绿林、温带常绿针叶林和苔原区。

表2-5　1957~2006 年不同植被类型春季 NPP 随年份变异趋势绝对变化量和相对变化速率

植被类型	绝对增加量($g C \cdot m^{-2} \cdot a^{-1}$)	相对增加速率(%)
热带常绿林	0.15	0.18
热带落叶林	0.18	0.21
温带常绿针叶林	0.19	0.27
温带落叶林	0.06	0.21
北方常绿林	0.24	0.72
混交林	0.12	0.15
热带稀树草原	0.06	0.32
草地	0.08	0.31
密灌丛	0.17	0.20
苔原	0.19	0.62

在夏季，1957~2006 年中国东部南北样带植被 NPP 基本呈增加趋势，占到整个样带的 71.84%，减少区域占到 28.16%，而且 NPP 增加达到显著性水平的占 33.28%。

由表 2-6 可知，植被 NPP 绝对变化量主要发生在温带常绿针叶林、密灌丛和北方常绿林，植被 NPP 相对变化较大的主要区域是温带常绿针叶林、密灌丛和北方常绿林。

在秋季，1957～2006 年中国东部南北样带植被 NPP 基本呈增加趋势，占到整个样带的 65.77%，减少区域占到 34.23%，而且 NPP 增加达到显著性水平的占 8.15%。

由表 2-7 可知，植被 NPP 绝对变化量主要发生在密灌丛、温带常绿针叶林和热带落叶林区，植被 NPP 相对变化较大的主要区域是温带常绿针叶林、密灌丛和热带常绿林。而热带稀树草原和草地 NPP 值呈减少趋势。

表 2-6　1957～2006 年不同植被类型夏季 NPP 随年份变异趋势绝对变化量和相对变化速率

植被类型	绝对增加量($g\,C \cdot m^{-2} \cdot a^{-1}$)	相对增加速率(%)
热带常绿林	0.19	0.27
热带落叶林	0.22	0.31
温带常绿针叶林	0.28	0.41
温带落叶林	0.08	0.13
北方常绿林	0.23	0.31
混交林	0.11	0.15
热带稀树草原	0.07	0.26
草地	0.06	0.15
密灌丛	0.26	0.37
苔原	0.16	0.22

表 2-7　1957～2006 年不同植被类型秋季 NPP 随年份变异趋势绝对变化量和相对变化速率

植被类型	绝对增加量($g\,C \cdot m^{-2} \cdot a^{-1}$)	相对增加速率(%)
热带常绿林	0.06	0.15
热带落叶林	0.07	0.13
温带常绿针叶林	0.07	0.26
温带落叶林	0.00	0.12
北方常绿林	0.01	0.11
混交林	0.02	0.08
热带稀树草原	−0.01	−0.01
草地	−0.01	−0.01
密灌丛	0.10	0.22
苔原	0.00	0.08

在冬季，1957～2006 年中国东部南北样带植被 NPP 基本呈增加趋势，占到整个样带的 61.54%，减少区域占到 38.46%，而且 NPP 增加达到显著性水平的占 44.40%。

由表 2-8 可知，植被 NPP 绝对变化量主要发生在温带常绿针叶林、密灌丛和热带落叶林区，植被 NPP 相对变化较大的主要区域是温带常绿针叶林、混交林和密灌丛。而北方常绿林、草地和苔原 NPP 值呈减少趋势。

表2-8　1957~2006年不同植被类型冬季NPP随年份变异趋势绝对变化量和相对变化速率

植被类型	绝对增加量($g\,C\cdot m^{-2}\cdot a^{-1}$)	相对增加速率(%)
热带常绿林	0.04	0.11
热带落叶林	0.04	0.09
温带常绿针叶林	0.08	0.70
温带落叶林	0.01	0.01
北方常绿林	−0.02	−0.02
混交林	0.02	0.21
热带稀树草原	0.00	0.01
草地	−0.01	−0.01
密灌丛	0.05	0.13
苔原	−0.01	−0.01

第三节　基于MODIS反演的2000~2011年江西省植被叶面积指数时空变化特征

随着对地观测系统技术的发展，遥感在区域及全球尺度上对植被的生长和变化进行监测得到广泛应用（Diner et al.，1999；Kerr，2003），使我们对陆地生态系统植被生长对全球变化的反馈及其两者之间的相互作用过程有了更加深入的认识，提高了气候变化对植被影响的预测能力（DeFries，2008；Zhao et al.，2008）。目前，利用遥感反演的植被指数数据被广泛地用于全球及区域植被变化研究（Pettorelli et al.，2005）。利用遥感反演的归一化植被指数（NDVI）数据分析北半球中高纬度区域植被生长趋势，发现该地区植被生长总体增强了，原因是由于温度的升高，植被生长期提前，从而延长了植物的生长季（Myneni et al.，1997a；Zhou et al.，2001；Xiao et al.，2005；Goetz et al.，2005）。方精云等（2003）发现，1982~1999年，由于生长季的延长和生长加速，中国植被活动在增强，但是这种变化趋势有较大的空间异质性，国内近年来其他学者也开展了很多植被覆盖变化的研究（孙红雨等，1998；李晓兵等，2000；孙进瑜等，2010）。这些研究以NDVI作为植被生长状态的指标，发现了近30年来全球或区域植被生长动态及其影响因素，对了解植被对全球气候变化的响应有重要的意义。但是，由于卫星轨道偏移及显色效应等影响，NDVI的值会产生明显的异常（Liu et al.，2010）。

叶面积指数（LAI）作为植被冠层的重要结构参数之一（Chen et al. 1997；Buermann et al.，2002；方秀琴等，2003；朱高龙等，2010），是许多生态系统生产力模型和全球气候、水文、生物地球化学和生态学模型的关键输入参数（Myneni et al.，1997，2002；Kimball et al.，2006；Zhang et al.，2008）。通过遥感数据是长期、连续获取区域及全球尺度LAI数据的有效方法（Myneni et al.，2002；Pisek et al.，2007；Liu et al.，2010）。利用MODIS遥感数据，采用4-尺度光学模型反演了2000~2011年江西省植被的LAI，分析LAI的时空变化趋势及其影响因素，进一步阐明该区域森林生态系统在全球气候变化中的作用和地位。

一、研究区概况

江西省位于中国东南部（24°07′~29°09′N，114°02′~117°97′F），属于中亚热带湿润季风气候区，地貌以山地丘陵为主，省境东、南、西三面群山环绕、峰峦重叠，中南部丘陵、盆地相间，北部为鄱阳湖平原。全省常年年均气温 16.3~19.5℃；年均降水量 1351~1934mm。全省面积 $1.67×10^7 hm^2$，其中山地面积约占全省面积的 36%，丘陵占 42%。

江西省 20 世纪 80 年代开始进行"山江湖工程"综合治理，2001 年开始实施退耕还林工程，目前森林覆盖率达到 60.05%，居全国第二。现有森林类型为暖性针叶林、暖性针阔混交林、常绿阔叶林、常绿落叶阔叶混交林、落叶阔叶林、竹林、山顶矮林等 7 个基本类型，其中针叶树种主要有杉木（*Cunninghamia lanceolata*）、马尾松（*Pinus massoniana*）、湿地松（*Pinus elliottii*），阔叶树种主要有樟树（*Cinnamomum camphora*）、木荷（*Schima superba*）、甜槠（*Castanopsis eyrei*）、钩栲（*Castanopsis tibetana*）、青冈（*Cyclobalanopsis glauca*）、苦槠（*Castanopsis sclerophylla*）、枫香（*Liquidambar formosana*）、檫树（*Sassafras tsumu*）、长叶石栎（*Lithocarpus henryi*）、楠木（*Phoebe zhennan*）、冬青（*Ilex purpurea*）、小叶栎（*Quercus chenii*）、麻栎（*Quercus acutissima*）、栓皮栎（*Quercus variabilis*）、云锦杜鹃（*Rhododendron fortunei*）、吊钟花（*Enkianthus quinque*）、油茶（*Camellia oleifera*）等。

二、遥感数据及植被覆盖数据

用于本研究的遥感数据为 500m 空间分辨率 MODIS-MOD09A1 数据，该数据预处理包括重采样，投影变换。反演 LAI 需要输入的 MODIS-MOD09A1 波段包括：红光波段（RED）、近红外波段（NIR）、短波红外波段（SWIR）等反射率数据，太阳天顶角（θ_s）、传感器天顶角（θ_v）和太阳—传感器之间的相对方位角（Ø）3 个角度数据。

地表覆盖分类数据采用欧洲航天局基于 MERIS 数据生成的 300m 分辨率的 GLOBCOVER（彩图 22），该数据反演的 LAI 比其他植被覆盖数据效果要好（李显风等，2010）。为了与 MODIS 反射率数据分辨率匹配，将地表覆盖数据重采样到 500 米分辨率，并用 IGBP 分类系统对该地表覆盖数据进行转换。

三、LAI 遥感反演模型分析

此研究采用的 LAI 反演方法为 Deng 等（2006）提出的基于 4-尺度几何光学模型的 LAI 反演算法。该算法利用 4-尺度几何光学模型进行模拟计算，建立适用于不同地表覆盖类型、不同太阳天顶角—传感器天顶角—太阳与传感器之间相对方位角条件下，LAI 与比值植被指数（SR）和减小的比值植被指数（RSR）之间关系的查找表，进行 LAI 的反演（Liu *et al*，2007；李显风等，2010）。反演模型具体方法参见 Deng 等（2006）。

为了分析 LAI 的变化趋势在空间的分布，对每个像元的生长季（4~10 月）LAI 与年份进行一元线性回归分析，计算出的直线斜率 b 用来表示每个像元 LAI 的变化趋势，$b>0$，表示该像元 LAI 是增加的，b 越大，LAI 增加越大，$b<0$，表示该像元

LAI 是减小的，b 越小，LAI 减小越多。不同植被类型的 LAI 分类统计是在 ARCGIS9.3 的空间分析模块（Spatial Analyst）完成。利用 SPSS 软件回归分析方法对不同植被类型的 LAI 和 LAI anomaly 做变化趋势分析，并用 Excel 2003 制图。

四、江西省植被 LAI 时间变化趋势分析

江西省植被 LAI 年内变化呈现出明显的季节变化（彩图 23）。从 2000~2011 年江西省植被月平均 LAI 空间分布图可以看出，在全省范围内，1~2 月 LAI 值为全年最低（1 月份为全年最低，LAI 值为 0.85），3 月份 LAI 逐渐增大，5 月 LAI 迅速增大，到 8 月份 LAI 达到全年的最大值（7 月为全年最大，LAI 值为 4.83，约为 1 月的 5.6 倍），9 月份开始 LAI 开始降低，11 月份 LAI 降低速度较快。而黄玫等研究东南沿海常绿阔叶林 LAI 的结果显示，最小值出现在 3~4 月相同（黄玫等，2010）。

2000~2011 年江西省植被生长季 LAI 平均值变化图（图 2-13），2000~2011 年平均生长季 LAI 呈下降趋势，年平均下降 0.048（$R^2 = 0.097$），但是在不同的时间段，LAI 有不同的变化趋势，在 2000~2007 年，江西省植被 LAI 呈增加趋势，年平均增加 0.125（$R^2 = 0.693$）。2008 年全省植被 LAI 显著下降，造成这种结果的原因，可能与 2008 年 1~2 月的南方特大冰雪灾害造成农作物及森林植被的破坏有关（曹坤芳等，2010；马泽清等，2010）。

2009 年 LAI 增长至 3.12，而 2010 年又下降至 2.92，分析发现，2010 年 4~6 月 LAI 和 2009 年同月相比有大幅度下降（2009、2010 年 4 月 LAI 分别为 2.02 和 1.09，5 月份 LAI 分别为 3.42 和 2.47，6 月分别为 3.84 和 3.74）。通过分析 2010 年 4~6 月份江西省气候数据，该时期全省气温明显偏低，降水偏多，日照偏少，低温阴雨寡照天气对植被生长产生影响，这些因素可能是导致 2010 年 4~6 月 LAI 偏低，从而导致 2010 年 LAI 平均值下降的原因（王遵娅等，2012）。2011 年 LAI 平均值为 2.90，较 2010 年稍有下降，分析发现 2011 年江西省经历了 1~5 月长江中下游地区出现的近 60 年来最严重的冬春气象干旱，而 6 月上旬至中旬江水激增，导致旱涝急转，出现夏季降水显著偏多的状况，这些异常的气象可能是 2011 年 LAI 平均值比 2010 年 LAI 偏低的原因（郑婧等，2010）。

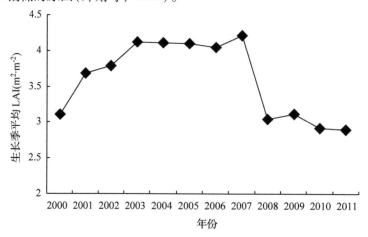

图 2-14　2001~2011 年全省植被生长季 LAI 平均值变化

五、江西省不同植被类型 LAI 变化

按照 GLOBCOVER 地表覆盖分类和 IGBP 分类系统，将江西省主要植被类型分为：常绿针叶林、常绿阔叶林、针阔混交林、落叶阔叶林、灌木林、农作物/自然植被混合以及农作物等类型。按植被类型将 2000~2011 年生长季 LAI 求平均值，分析不同植被类型 LAI 变化特征。不同植被类型 LAI 差异较大(图 2-14)。不同植被类型平均 LAI 大小排序为：常绿针叶林(5.67)、常绿阔叶林(4.57)、混交林(4.01)、全省平均(3.60)、落叶阔叶林(3.17)、农作物/自然植被混合物(2.08)、高郁闭度灌木(1.92)、农作物(1.85)。

全省和主要植被类型 2001~2011 年 LAI 月平均值变化图(2-15)。由图中可以看出，各植被类型和全省 LAI 表现出明显的年周期变化，不同植被类型之间 LAI 差别较大。由于落叶阔叶林冬季落叶，以及农作物在冬季收割，落叶阔叶林、农作物等植被类型冬季 LAI 值接近于 0。

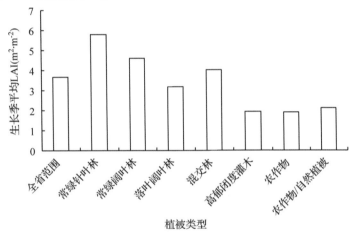

图 2-14　不同植被类型 2000~2011 年平均 LAI

2000~2011 年各植被类型各月 LAI 平均值变动范围从大到小排序为：常绿针叶林 7.54(0.94~8.48)、常绿阔叶林 5.4(0.95~6.35)、落叶阔叶林 5.28(0.22~5.28)、农作物/自然植被混合 4.5(0.09~4.59)、高郁闭度灌木 3.08(0.16~3.24)、全省范围 5.43(0.58~6.01)。2008~2011 年各植被类型 LAI 大幅度下降。

2000~2011 年不同植被类型月平均 LAI 距平变化见图 2-16，LAI 距平是用月平均 LAI 减去 2000~2011 年月平均 LAI 的平均值得到。在 2000~2007 年，全省及植被类型 LAI 均呈增加趋势，全省 LAI 增加速率每年为 0.125，LAI 增加最快的为农作物，平均每年增加 0.159。江西省 2001 年开始实施退耕还林和封山育林工程，2000~2007 年全省植被 LAI 普遍呈增加可能和这些工程有效地恢复了森林植被有关(Song C & Zhang Y，2010)。而 2008 年以后，各植被类型的 LAI 都有较大下降，这可能是由于 2008 年初中国南方严重冰雪灾害所造成(曹坤芳等，2010；马泽清等，2010)。在 2000~2011 年，除了高郁闭度灌木 LAI 增加，农作物 LAI 基本保持不变，其他植被类型 LAI 均呈下降趋势，全省平均下降速率每年为 0.048，下降最多的为常绿针叶林，下降速率每年为 0.13。

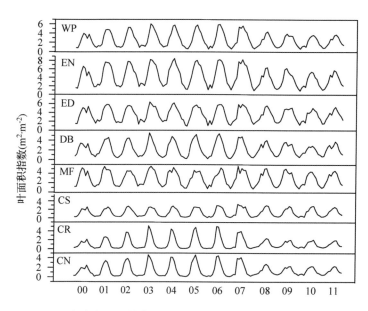

图 2-15　全省主要植被类型 2000～2011 年月平均 LAI 变化趋势

（WP. 全省植被；EN. 常绿针叶林；ED. 常绿阔叶林；

DB. 落叶阔叶林；MF. 混交林；CS. 高郁闭度灌木；

CR. 农作物；CN. 农作物/自然植被混合）

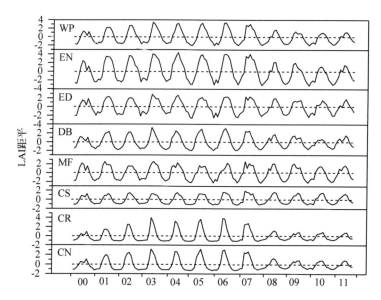

图 2-16　不同植被类型 2001～2011 年月平均 LAI 距平变化趋势

（WP. 全省植被；EN. 常绿针叶林；ED. 常绿阔叶林；DB. 落叶阔叶林；

MF. 混交林 Mixed Forest；CS. 高郁闭度灌木；CR. 农作物；

CN. 农作物/自然植被混合）

六、江西省植被 LAI 空间分布变化趋势

全省范围内植被 LAI 表现出明显的空间异质性(彩图 24)。2000~2011 年植被 LAI 平均值空间分布见彩图 24A。可以看出，总体上 LAI 在四周山区和中部丘陵比较高，中部的鄱阳湖平原比较低。LAI 比较高的有景德镇市、上饶的北部和南部、抚州地区的西南部、宜春市的西北部、吉安市的西部、以及赣州市的北部和中南部，LAI 比较低的地区有南昌市、九江市东部等。

植被 LAI 线性变化趋势空间分布见彩图 24(B、C)。2000~2007 年时间段，可以看出 LAI 增加和减少显著的地区，也是 LAI 值比较高的地区，这些地区主要植被类型为森林系统。总体上看，LAI 呈现出西北部、东北部、西部增加，东南部减少的变化，中部鄱阳湖平原地区主要以农作物为主，LAI 增加或减少趋势不显著。LAI 显著增加的地区有九江市西部的武宁、修水县，宜春市的靖安、奉新、铜鼓、宜丰等县，景德镇的浮梁县、乐平县，上饶市的广丰、玉山、婺源等县，吉安市的安福、遂川等县，赣州市的崇义、上犹等县。LAI 显著减小的地区主要有抚州市的南丰县，赣州市的宁都，南康、信丰、赣县、瑞金等县市。

彩图 24 中 A 可以看出，除中北部鄱阳湖平原等以农作物为主的植被类型 LAI 变化趋势不显著外，其他地区 LAI 都显著减少了，减少最显著的地区为：江西省东北部玉山县的怀玉山脉，西北部武宁县和奉新县境内的九岭山脉，东部的武夷山，西部的安福、芦溪县内的武功山，中部抚州市的雩山山脉，以及赣州南部的九连山等地区。可以看出，LAI 显著减少的地区主要集中在森林植被较好的山地、丘陵地带，这可能是由于 2008 年年初特大冰雪灾害对森林生态系统的损害较大有关(张建国等，2008)。

七、结论

以江西省为研究区，利用 4-尺度光学模型和 MODIS 反射率数据反演了 2000~2011 年江西省主要植被类型的叶面积指数(LAI)，分析了江西省陆地植被 2000~2011 年 LAI 的时空变化特征，以及 LAI 变化的可能原因，为以后估算江西省森林生态系统碳收支奠定了基础。此次研究的针叶林叶面积指数稍高于李轩然等(2007)在江西省千烟洲人工针叶林基于样地调查计算的叶面积指数，远低于任海等(1997)在南亚热带广东省鼎湖山自然保护区测定的森林 LAI(分层收割法测得厚壳桂群落、针阔混交林及针叶林 LAI 分别为 17.76、11.28 和 6.61)。

(1)江西省各植被类型叶面积指数(LAI)呈现出明显的季节变化趋势。1、2 月 LAI 值最低；3、4 月随着气温的升高，LAI 逐渐增加；6~8 月，LAI 达到全年的最大值；9 月以后，LAI 又逐渐下降。

(2)2000~2007 年，江西省植被 LAI 呈增加趋势，特别是 2000~2003 年，全省平均 LAI 由 2000 年的 3.1 增加到 2003 年的 4.1。1998 年长江流域特大洪水，造成严重的水土流失，1999 年开始在全国启动退耕还林(包括退耕还林、宜林荒山荒地造林和封山育林)工程(Song, Zhang, 2010)。江西省自 2001 年开始退耕还林试点工程，2002 年全面展开，这些退耕还林工程有效地恢复了林草植被。

（3）2008 年 1~2 月，中国南方发生特大冰雪灾害，使森林生态系统遭受严重破坏（曹坤芳等，2010）。有研究表明，冰雪灾害造成林木倒伏、折干、冠损等破坏，使森林郁闭度显著下降，但森林植被在受到冰冻灾害后林冠结构的恢复较快，林冠郁闭度的恢复也较迅速（Olthof et al.，2003；Beaudet et al.，2007）。受冰灾影响，2008 年江西省森林生长季 LAI 平均值显著下降，由 2007 年的 4.2 下降为 2008 年的 3.0，2009 年增长至 3.1，而 2010 年又下降至 2.92，2011 年时为 2.90。

（4）西省植被 LAI 在空间分布整体上呈现东北部、东部、西部及南部山区森林植被的较高，中北部鄱阳湖平原农作物的较低。在植被类型上，在生长季 LAI 平均值从大到小顺序为：常绿针叶林、常绿阔叶林、针阔混交林、落叶阔叶林、农作物/自然植被混合、高郁闭度灌木、农作物。

第四节　基于 HJ-1A/1B CCD 数据的区域尺度银杏生物量估测

通过处理和分析我国自主研制的环境与灾害监测预报小卫星（HJ-1A/1B）CCD 中等分辨率数据，结合样地调查进行银杏（*Ginkgo biloba*）生物物理特性反演，估算区域碳总量及碳密度空间分布。并且可为：①借助多元统计方法增强 HJ-1A/1B CCD 影像信息并筛选提取对银杏生物物理特性最为敏感的遥感因子；②探讨样地水平的单因素和多因素银杏蓄积回归模型并借助换算因子连续函数法获取泰兴银杏生物量总量及碳密度空间分布；③讨论这些模型的预测结果及影响预测精度的因素。

一、研究区概况

泰兴市位于江苏省中部，长江下游北岸，东经 119°54′05″~ 120°21′56″，北纬 31°58′12″~ 32°23′05″，地势东北高、西南低，由东北向西南渐次倾斜，总面积 1253km²。该地区属于北亚热带季风气候，四季分明，年平均气温 14.9℃，1 月最冷，平均气温 2.0℃，最低气温 –10℃；7 月最热，平均温度 27.6℃，最高气温 40℃。平均年降水量 1027mm，日照 2125h，无霜期 220 天。

泰兴是中国著名的银杏之乡，栽培历史悠久，百亩以上古银杏群落 20 多个，现存 100 年以上的银杏嫁接树 6186 株。全市银杏资源丰富，拥有定植银杏 630 万株，人均 5 株。银杏成片林 12 万亩，其中千亩以上连片的 16 个，百亩以上连片的 270 个。常年白果产量 4000t，约占全国总产量的 1/3。泰兴银杏又以家前屋后、大小四旁栽植为主，全市拥有银杏围庄林 20.2 万亩，约占村庄总面积的 50% 以上。

二、数据获取与处理

（一）数据获取

本研究使用 HJ-1A 星 CCD 传感器获取的影像（轨道号：450/76，获取时间：2010 年 7 月 31 日），影像完全覆盖整个泰兴市区（主城区及周边乡镇）。HJ-1A 星 CCD 相机空间分辨率为 30m；光谱范围覆盖蓝（0.43~0.52μm）、绿（0.52~0.60μm）、红（0.63~0.69μm）和近红外（0.76~0.90μm）四个波段；时间分辨率为 4 天（两台 CCD

相机组网后重访周期为2天）。

地面调查时间为2010年7月21～30日，样地和训练区布设采用银杏分布面积年龄权重分配法，根据当地林业局提供的2008年二类调查小班GIS数据及高分辨率影像数据，提取银杏数量（属性信息）及分布信息（空间信息），进而确定样地及训练区的数量和分布，如彩图25所示。其中，训练区143个，含水域、银杏、农田和建筑道路四个类别；异龄银杏纯林样地47个（部分样地虽为纯林，但属农林复合经营模式，林下作物主要为桑树、小麦黄豆和油菜等）。由于泰兴银杏除部分成片林外，大多以房前屋后为主，故采用大小较为适中的20m×20m样地。样地内进行每木调查，记录单株木的胸径、树高和枝下高、冠幅的两个主方向量，并使用GPS定位样地中心地理坐标（使用地方坐标7参数校正）。考虑到泰兴银杏以嫁接树为主，故采用"低分叉树"调查方法测量胸径，即分叉点低于1.3m时，每一个胸径（分叉点向上15cm位置）大于5cm的分叉计为一颗树。样地蓄积量则根据江苏省一元材积表（源于江苏省森林资源规划设计调查操作细则，2007年标准）计算每株调查木蓄积量并累加得出样地蓄积量。

（二）数据处理

1. 遥感影像预处理

（1）大气校正及几何校正。借助HJ-1A/1B星CCD相机的辐射定标参数将多光谱影像从DN值转化为辐亮度，再使FLASSH模型对影像进行大气校正。然后以外业调查时采集的西安80坐标控制点对影像进行几何精校正，保证校正误差小于半个像元的前提下，使用临近像元法重采样原影像（对应样地大小，重采样为20m×20m空间分辨率）。

（2）影像变换及植被指数。为了能够增强研究区内主要地物类型间差异的表达能力，同时也为了能够建立对研究区银杏蓄积数值变动表达能力更强的"诊断性图像"，对校正好的原始4个波段进行主成分（PC，Principal Components）变换、MNF变换以及植被指数（NDVI、TNDVI、RVI、PVI和MSAVI），生成11个新光谱波段（加原始4个波段，共15个特征），构成银杏蓄积量建模的遥感反演参数基础。

（3）银杏分布区提取。在原始图像波段与增强波段中筛选最佳分类组合，结合外业调查收集的训练区资料，使用最大似然法将影像分为水域、银杏、农田和建筑道路四个基本类型。其中，每个训练区应包含足量的像元数（即每个训练区中的像元数需要满足 $10～100n$ 个，n 为波段数），以满足监督分类的样本数量要求。

2. 构建模型估测生物量

本研究使用单因素和多因素2种建模方法，探讨基于HJ-1A/1B星CCD影像估测银杏生物物理信息的拟合效果和精度。首先利用GPS坐标点位置，提取47个异龄标准样地的中心位置像元组值，然后将其与对应的地面样地估测蓄积量进行回归分析。分别采用了指数函数、对数函数、线性函数和幂函数法构建单因素模型，根据决定系数和均方根误差（RMSE，Root Mean Square Error）选取最优拟合结果；多因素模型则采用多元逐步回归（$F_{in} = 0.05$，$F_{out} = 0.1$）对因子进行筛选，确定模型参数。在筛选出最优蓄积量回归模型的基础上，用交叉检验法（Cross-validation）对模型预测精度进行验证。最后结合亚热带硬阔树种生物量与蓄积量BEF转换模型，推算区域银杏生物量。其技术流程如图 2-17。

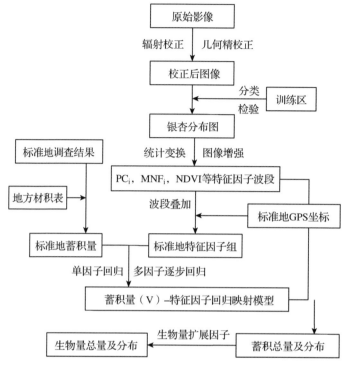

图 2-17 遥感估算生物量技术路线

三、图像增强及信息提取

将外业调查的 143 个训练区分成两部分，随机选取 100 个训练区进行最大似然分类。最大似然分类法为统计参数模型，综合考虑了已知训练样本的均值和方差，但在选取训练区时要认真筛选像元以保证样本的正态性，从而符合分类统计分析的前提。分类结果包括水域、银杏、农田和建筑道路四个类别。余下的 43 个训练区用以评价分类精度，最终得到总体分类精度为 89.32%，Kappa 系数为 0.87，较好地满足本次研究的需要。通过统计分类结果图中银杏像元数(彩图 26)，计算得到泰兴银杏总面积为 19872.94 hm^2。

主成分变换前三个分量所携带信息量是原始图像信息量的 99.97%，而 MNF 变换前三个分量所携带信息量也占到原始图像信息量的 98.18%，信息损失量分别只有 0.03% 和 1.82%(表 2-9)。本文在后续部分将从原始波段及 PC_1、PC_2、PC_3、MNF_1、MNF_2、MNF_3 六个特征中提取信息组合，用作参数建模。

表 2-9 主成分变换和 MNF 变换特征根及累积贡献率

波段	PC_1	PC_2	PC_3	PC_4	MNF_1	MNF_2	MNF_3	MNF_4
特征根	2889.18	183.71	4.81	0.91	11.08	3.66	0.39	0.28
累积贡献率(%)	93.85	99.81	99.97	100.00	71.90	95.65	98.18	100.00

四、银杏蓄积量建模

(一)单因素蓄积量建模

从外业调查的 47 个样地中随机选择 37 个用于建模，各光谱信息单元与银杏样地蓄积量间的回归分析结果见表 2-10。所有回归模型的决定系数均偏低，不超过 0.5，均方根误差也都在 0.2 以上；原始图像 4 个波段中第一波段决定系数最高，均方根误差最小，分别为 0.45 和 0.24，其他三个波段决定系数都低于 0.4，其中第二波段最低，只有 0.29；主成分变换和 MNF 变换的最大决定系数都在第二分量，分别为 0.47（PC_2）和 0.44（MNF_2），而第一分量决定系数都不到 0.1，第三分量决定系数也都较低（0.3 左右）；五个植被指数与银杏样地蓄积量的决定系数较相近，在 0.45 左右，其中 NDVI、TNDVI 和 MSAVI 相对较高，为 0.46，PVI 最低只有 0.44。

表 2-10　各特征波段与银杏蓄积量间回归分析结果（$n = 37$）

波段编号	光谱波段名	回归模型	决定系数	RMSE
1	B_1	$Y = 0.86e^{0.02X}$	0.45	0.24
2	B_2	$Y = 1.32e^{0.02X}$	0.29	0.27
3	B_3	$Y = 0.52X^{0.48}$	0.37	0.25
4	B_4	$Y = 21.77X^{-0.46}$	0.33	0.26
5	PC_1	$Y = -0.01X + 3.46$	0.08	0.31
6	PC_2	$Y = 2.88e^{0.01X}$	0.47	0.23
7	PC_3	$Y = 2.9e^{-0.03X}$	0.29	0.27
8	MNF_1	$Y = 0.03X + 3.33$	0.03	0.31
9	MNF_2	$Y = 2.87e^{0.01X}$	0.44	0.24
10	MNF_3	$Y = 2.91e^{0.02X}$	0.33	0.26
11	NDVI	$Y = -0.79\ln(X) + 2.08$	0.46	0.23
12	TNDVI	$Y = 2.63X^{-1.31}$	0.46	0.23
13	RVI	$Y = 3.7X^{-0.31}$	0.45	0.24
14	PVI	$Y = 6.39X^{-0.23}$	0.44	0.24
15	MSAVI	$Y = -1.07\ln(X) + 2.2$	0.46	0.23

(二)多因素蓄积量建模

以 37 个样地调查蓄积量与图像叠加生成的 15 个光谱波段值进行逐步回归（stepwise）。在确认每对因子残差分布满足独立、正态、等方差的前提下（确定模型无需进行参数转换），建立的回归模型（见下式）。模型共筛选出 6 个解释变量（即 B_1，B_2，B_4，PC_3，MNF_2，MNF_3），各参数 t 检验在显著性水平 0.05 水平上均显著相关；模型决定系数为 0.72，均方根误差为 0.18，F 检验值为 13.17（$P < 0.001$）（表 2-11），线性相关性极显著。与单因素蓄积回归模型相比，多因素蓄积回归模型可解释的变异占总变异的比例高（决定系数明显提高），均方根误差降至 0.2 以下，

拟合结果较好。

$$V = - 2761.76 - 12575.2 \times B_1 + 4083.52 \times B_2 + 6255 \times B_4 +$$
$$21367.2 \times PC_3 + 10278.1 \times MNF_2 + 24334.2 \times MNF_3$$

式中，B_1为蓝波段、B_2为绿波段、B_4为近红外波段、PC_3为主成分变换第三分量、MNF_2及MNF_3分别为最小噪声分类变换的第二和第三分量。

表 2-11　逐步回归模型方差分析表（$n = 37$）

方差来源	自由度	平方和	均方	F 值	P 值	决定系数	RMSE
回归平方和	6	2.584	0.4307	13.17	<0.001	0.72	0.18
残差平方和	30	0.9807	0.0327				
总方差	36	3.5647					

应用交叉检验法，通过外业调查的 10 个样地实测蓄积量进行外部检验，得到交叉检验决定系数 0.77，实测值与估测值的均方根误差为 0.19。可见模型估测的银杏样地蓄积量与实测推算的值有较好的对应关系，模型估算结果具有说服力。

五、估测生物量及碳密度制图

采用换算因子连续函数法借助估测出的遥感估算出的蓄积量值推算区域生物量总量，并借助植被含碳率和总生物量估测区域总碳储量和每公顷单位面积的含碳量（即碳密度）（叶金盛等，2010）。测定植物含碳率的方法主要有常数法、直接测定法、分子式推导法等，本研究采用国际上常用的转换系数 0.5（即每克干物质的碳储量）作为碳含量的计数值（表 2-12），并根据乡镇边界，对各乡镇的碳储量、碳密度进行空间划分及统计（图 2-18）。

表 2-12　区域蓄积量、生物量及碳密度计算结果

总蓄积量 （m^3）	单位蓄积量 （$m^3 \cdot hm^{-2}$）	总生物量 （t）	单位生物量 （$t \cdot hm^{-2}$）	总碳储量 （t）	碳密度 （$t \cdot hm^2$）
766782.19	38.58	745144.14	37.49	372572.07	18.75

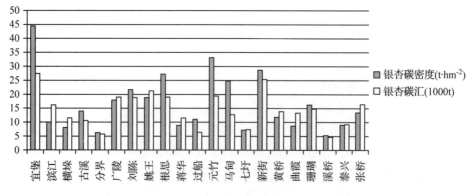

图 2-18　银杏碳储量及碳密度在泰兴各乡镇数量分布

综合图 2-18 及彩图 26 可见，银杏总碳汇及区域碳密度分布不均，且碳密度大都处于 $6 \sim 20$ t $\cdot$ hm^{-2}。这是由泰兴各乡镇的立地条件、银杏栽培历史、栽培面积和银杏产业发展态势不同所造成的。泰兴市银杏种植从 20 世纪 80 年代末开始呈较大规模发展，故全市现有银杏以中幼林龄为主，这与其碳密度总体偏低的估算结果相对应。泰兴市的北部地区（宣堡、新街、根思、元竹等）由于属典型的高沙土地区，土壤母质较沙。以宣堡为中心的林果种植业及与农作物间作历史悠久，庭院经济非常普遍，拥有千亩白果生产基地，故银杏区域碳密度和碳总量都很最高。泰兴市东部（黄桥、古溪、横垛、溪桥等），大多为高沙土地区，土壤肥力较低，水土流失较严重，银杏生长受到一定影响，生产力较差，故其碳密度也不高。其碳密度多在 $6.0 \sim 15.0$ t $\cdot$ hm^{-2} 之间，普遍低于全市总的平均碳密度（18.75 t $\cdot$ hm^{-2}）。南部的广陵、珊瑚等区域，地势平坦，土壤肥沃，历史上该区域以粮食生产为主，农业优势显著（以稻麦及蔬菜为主），故银杏的碳总储量不高。但是由于农田水利等基础条件较好，有长期施用有机肥的传统，农业生产建立了较好的农林复合经营的体系，一定程度上提高了这一地区银杏的生产力，提高了区域银杏碳密度。西南部沿长江地区，包括泰兴市区、过船、蒋华等城镇和沿江经济技术开发区。该区域有 229.88 km^2 的水域和长达 37.4 km 的沿江湿地，主要土壤为淤泥土，不适合银杏生长，故碳总量及碳密度都不高（耿土锁等，2010）。

六、讨论及结论

（一）讨论

研究中 HJ-1A/1B 卫星各光谱波段与蓄积量之间的决定系数均偏低，相关程度不高，表明前者对后者的独立解译能力不足，可见单因素蓄积回归模型并不合适本研究，这与洪奕丰在 CBERS-02B 影像上研究山东省森林蓄积量的结果一致（徐萍等，2008）。对多因素蓄积回归模型的研究近年较多，主要使用 TM 影像、ALOS 影像、IRS-P6 影像等，以光谱波段值、波段比值、地形因子、植被指数、郁闭度、图像变换等为自变量，采用逐步回归与蓄积建立相关关系，其中徐萍等在云南高黎贡山自然保护区筛选出决定系数为 0.51 的阔叶林最优蓄积估测模型（徐萍等，2008）；李亦秋等在山东省建立模型决定系数为 0.402（李亦秋等，2009）；董斌等在山东黄河流域模型决定系数为 0.439（董斌等，2010），与前人基于其他遥感源的结估测植被生物物理参数的结果相比，研究建立的多因素蓄积量回归模型拟合效果较好。

研究通过最大似然法分类后提取泰兴市银杏面积为 19872.94 hm^2，相当于整个地区有林地面积的 92.21%（据泰兴市 2008 年二类调查报告，其林地面积为 21550.91 公顷，此结果高于前人估算的 83% 左右（曹福亮，2007）。究其原因，一方面泰兴银杏种植面积逐年增大，发展规模空前；另一方面，此次研究使用的卫星遥感影像空间分辨率对散生银杏提取能力差，出现了不少混合像元，干扰了银杏信息的提取，使估测面积偏大。通过多元回归模型反演蓄积量，本研究在较高的决定系数下推算出了泰兴银杏总蓄积量为 766782.19m^3。据有关文献推测（袁觉等，2002）：至"十五"期末，全市银杏活立木蓄积量可达 487300m^3，至 2010 年，立木蓄积量达 886400 m^3。由此可见，本研究估测 2010 年泰兴银杏蓄积量与泰兴林业局的工作人员 2002 年的预期发展目标基本相符,这也表明泰兴银杏产业的发展基本达到了预期目标,但还有较大的努力空间。估测出银杏单位面积蓄积量 38.58m³·hm⁻²,低于全国平均银杏的单位面积蓄积量(57.18 m³·hm⁻²,2010);银杏碳密度为 18.75t·hm⁻²,小于江苏省的平均碳密度(约为 21.2 t·hm⁻²),但略高于整个泰州地区的平均碳密度(约 16.46 t·hm⁻²),这都归功于泰兴长期的银杏栽培传统及银杏产业的发展,增加了局部区域碳汇(王磊等,2010)。

研究中出现的混合像元增大估测银杏分布面积的问题,可以尝试通过混合像元分解算法,或通过与中巴资源卫星(CEBER2B)的高分辨率全色波段(HR2.36m)融合来进行校正(但也需注意,由于 CEBERS2B 某些波段空间位置上的"漂移",在波段叠加及数据处理前一定要先进行几何精校正)。另外,由于本次研究对象主要为嫁接的银杏,所以通过遥感对蓄积量的估测与传统的实生乔木相比,也会有偏差。鉴于本书是首次尝试用遥感手段估测县级尺度银杏的生物量,可以在未来的研究中采用实生银杏林进行蓄积量反演,以此构建回归模型来校正嫁接银杏的生物量。本书采用了"遥感影像→蓄积量→生物量(碳汇)"的推算方法,推算精度必然受到一元材积表精度、地区生物量转换系数及特定植被含碳率的影响,具体地区具体年龄段特定树种相应模型的使用,也会很大程度上有偏差,增加了估算误差。如果尝试"遥感影像→植被指数→叶面积指数(LAI)→生物量(碳汇)"的推算方法,或许会对估测精度有所提高(因为 LAI 与生物量及植被指数的相关度普遍较高),但是这又涉及增加建模中间过程及生物量异步转换模型的精度(高否)引入误差的问题。借助遥感获取的蓄积量反演信息,基于木材物理性质中的基本密度也可推算生物量,这或许是计算"嫁接"银杏生物量行之有效的方法(银杏基本密度为 0.451g·cm⁻³)(中国林业科学研究院木材工业研究所,1982)。但此方法也同样存在数据采样区域局限(代表性不强)的问题。

泰兴银杏中存在很多农林复合经营模式的林地,以遥感因子与林分蓄积量构建的回归模型只能获取地表植被的平面光谱信息,其往往是影像像元亮度的综合,不能获得垂直分布。激光雷达(LiDAR,Light Detection and Ranging)能够对森林三维结构进行准确测量。目前 Lidar 数据估测林分生物量和蓄积量的方法主要是根据树木生长的相关规律,树高和胸径、蓄积量等存在的相关关系,采用垂直信息构建统计回归模型(赵峰等,2008;赵立琼等,2010)。由此,如果将激光雷达和传统光学技术相结合,将为提取农林复合经营模式中乔木生物量信息提供新途径。

(二)结论

本研究探讨了利用 HJ-1A/1B 卫星多光谱影像,通过图像增强算法(如主成分变换、MNF 变换及植被指数)和多元统计模型,构建了特征因子和地面调查数据之间的映射关系,再利用换算因子连续函数法反演银杏蓄积量,进而推算出区域生物量、碳储量及碳密度。结果表明:多因素蓄积量回归模型比单因素回归模型具有更好的相关关系,预测决定系数达 0.72,P 值小于 0.001 极显著水平。交叉验证结果表明基于多因素回归模型估测的样地蓄积量与实测蓄积量间具有较好的对应关系,交叉验证决定系数为 0.77,均方根误差仅为 0.19。这都表明我国自主研制的 CCD 相机反演银杏蓄积量信息的效果较好(特别是 1,2,4 波段),完全能够满足训练模型参数及森林参数反演制图的要求。

从 20 世纪 70 年代中期开始，做为全球第一的人工林大国，我国人工林已经固定了大约 0.3Pg(Pg = 10^{15}g)碳。经济林是人工林中的重要组成部分，为全球陆地碳库做出了显著贡献(Fang J Y et al., 2001; Streets D G et al., 2001)。根据遥感估测结果，到 2010 年泰兴银杏林固碳量已达 290001.18t，碳密度为 18.75t·hm^{-2}，但与其他同为亚热带季风气候带的森林相比(如，江西泰和县的落叶常绿阔叶林碳密度为 26.31 t·hm^{-2})，碳密度也较低(吴丹等，2011)。根据 2009 年江苏省泰州市森林资源二类调查结果，泰兴森林覆盖率为 18.62%，银杏林平均年龄为 16 年，大多还处于中幼龄林阶段，说明通过扩大栽培面积，加强中幼龄林抚育，推广农林复合经营的新模式，银杏的碳储量在未来还有很大的提升潜力。

第五节 基于 CASA 模型瓦屋山林场植被净初级生产力的估算

利用野外调查、遥感数据和植被模型对其全球和区域格局以及年际和季节变化的 NPP 估算，一直是国际生态学和地学领域的研究热点(Scurlock et al., 1999; Cramer et al., 1999; Nemanir et al., 1999)。森林生态系统具有巨大的碳储量与碳生产能力，在全球碳循环中起着关键作用，但由于森林的空间异质性和复杂性，野外实地观测大尺度森林生产力的变化受到了很大限制，这就对区域和全球尺度上 NPP 的估算提出了挑战(董丹等，2011)。生态学碳循环模型对于大尺度估算 NPP 问题，提出了可行的解决方案。在众多的生态学碳循环模型中，由于遥感数据具有时间序列长和覆盖面广的特点，利用遥感数据驱动生态学模型在大尺度上模拟 NPP 是其中重要的方法之一，得到国内外学者的广泛应用(Potter et al., 1993; 赵传燕等，2009)。CASA(Carnegie Ames Stanford Approach model)模型是基于光能利用率 LUE(Light Use Efficiency)的过程模型，在全球以及区域生产力估算中有着广泛的应用(Potter et al., 1993; 高清竹等，2007)，模型通过设置不同植被光合作用率，考虑了水分、温度和太阳辐射的胁迫作用(Potter et al., 1993; Field et al., 1995)。在 GIS 和 RS 技术支持下，利用改进的 CASA 模型，并结合 Landsat TM 遥感影像、气象数据和林班数据，估算出瓦屋山林场 2008~2009 年的植被净初级生产力(NPP)，并通过实测植被生物量和生产力的关系，验证 CASA 模型在研究地区估算结果。

研究结果表明：CASA 模型估测植被 NPP 与实测结果有较好的一致性，能够适用于瓦屋山林场植被净生产力估算；CASA 模型估算结果主要植被类型年均 NPP 区别明显，从高到底依次是：杨树、麻栎、板栗、马尾松、湿地松、灌木、杉木和池杉；瓦屋山林场植被 NPP 季节变化显著，夏季贡献率最大，其次是春季和秋季，冬季最少，主要由于不同季节环境因素不同，其中又以太阳辐射最为重要。

瓦屋山林场地处中亚热带北缘(图 2-19)，气候温暖湿润，四季分明，热量充裕，无霜期长，日照充足，年平均温度 15°，雨量充沛，年平均降雨量 1150 mm，年平均日照时数为 2100 h，年平均无霜期 222 天，年蒸发量是 1509 mm，相对湿度 82%，有利于多种植物生长。

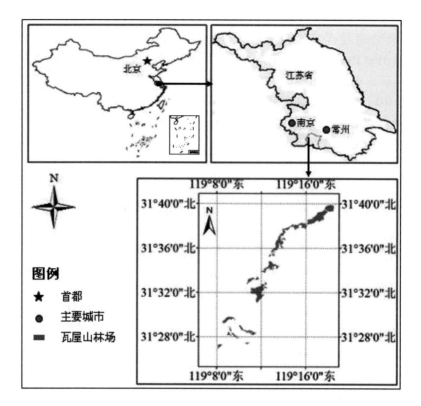

图 2-19 瓦屋山林场地理位置示意

一、CASA 模型介绍

随着计算机技术、遥感与地理信息系统等技术的不断发展，近年来世界范围内出现了很多估算植被净初级生产力的遥感过程模型，并成为大面积区域 NPP 和碳循环研究的主要手段之一（高清竹等，2007）。其中在 CASA 模型中，NPP 主要由植被所吸收的光合有效辐射和与光能转化率来确定（周广胜等，1996），具体计算公式如下（朱文泉等，2007）：

$$N_{pp}(x,t) = R_s(x,t) \times F_{PAR}(x,t) \times 0.5 \times T_{\xi_1}(x,t) \times T_{\xi_2}(x,t) \times W_{\xi}(x,t) \times \varepsilon_{max}$$

$$(2\text{-}1)$$

式中：$N_{pp}(x, t)$——像元 x 在 t 时间的净初级生产力（gC·m^{-2}·a^{-1}）；

$R_s(x, t)$——t 时间像元 x 处的太阳总辐射量（MJ·m^{-2}·month^{-1}）；

$F_{PAR}(x, t)$——植被层对入射光合有效辐射（PAR）的吸收比例，该值取决于植被类型和植被覆盖状况；

常数 0.5——植被所能利用的光合有效辐射（波长范围 0.4~0.7μm）占太阳总辐射的比例；

$T_{\xi_1}(x, t)$、$T_{\xi_2}(x, t)$——分别是低温和高温对光能利用率的胁迫作用；

$W_{\xi}(x, t)$——水分胁迫影响系数，反映水分条件的影响；

ε_{max}——理想条件下最大光能利用率（gC·MJ^{-1}）。

(一)FPAR 的确定

$FPAR$ 与 $NDVI$ 之间存在着一定线性关系(Ruimy,Saugier,1994),通过遥感数据得到的归一化植被指数($NDVI$)能很好地反映植被覆盖状况(Potter *et al.*,1993),某一植被类型 $NDVI$ 的最大值和最小值以及所对应的 $FPAR$ 最大值和最小值来确定;$FPAR$ 与 SR 也存在一定的线性关系(Field *et al.*,1995;Los *et al.*,1994),如下列公式所示:

$$FPAR(x,t) = \frac{[NDVI(x,t) - NDVI_{i,\min}] \times (FPAR_{\max} - FPAR_{\min})}{(NDVI_{i,\max} - NDVI_{i,\min})} + FPAR_{\min}$$

$$(2-2)$$

$$FPAR(x,t) = \frac{[SR(x,t) - SR_{i,\min}] \times (FPAR_{\max} - FPAR_{\min})}{(SR_{i,\max} - SR_{i,\min})} + FPAR_{\min} \quad (2-3)$$

式中,$NDVI_{i,\max}$ 和 $NDVI_{i,\min}$ 分别对应第 i 中植被类型的 $NDVI$ 最大值和最小值;$FPAR_{\max}$ 和 $FPAR_{\min}$ 的取值与植被类型无关,分别为 0.001 和 0.95;SR 由公式(4)确定,$SR_{i,\max}$ 和 $SR_{i,\min}$ 分别对应第 i 中植被类型 $NDVI$ 的 95% 和 5% 下侧百分位数;$SR(x,t)$ 由如下公式计算得到:

$$SR(x,t) = \left[\frac{1 + NDVI(x,t)}{1 - NDVI(x,t)} \right] \quad (2-4)$$

本研究最终将公式(2-2)和(2-3)组合起来,取其平均值作为 FPAR 的估算值:

$$FPAR(x,t) = \alpha FPAR_{NDVI} + (1 - a)FPAR_{SR} \quad (2-5)$$

式中,$FPAR_{NDVI}$ 和 $FPAR_{SR}$ 为公式(2-2)和(2-3)所求结果,α 为 2 种方法间的调整系数,研究中统一定为 0.5(取两者平均值)(朱文泉等,2007)。

(二)温度胁迫因子的估算

$T_{\varepsilon1}(x, t)$ 和 $T_{\varepsilon2}(x, t)$ 的估算公式如下:

$$T_{\varepsilon1}(x,t) = 0.8 + 0.02 \times T_{opt}(x) - 0.0005 \times [T_{opt}(x)]^2 \quad (2-6)$$

$$T_{\varepsilon2}(x,t) = \frac{1.184}{\{1 + \exp[0.2 \times (T_{opt}(x) - 10 - T(x,t))]\}} \times \frac{1}{\{1 + \exp[0.3 \times (-T_{opt}(x) - 10 + T(x,t))]\}}$$

$$(2-7)$$

式中,$T_{opt}(x)$ 为某一区域一年内 NDVI 值达到最高时的当月平均气温(单位:℃),当某一月平均温度小于或等于 -10℃ 时,$T_{\varepsilon1}(x, t)$ 取 0;$T_{opt}(x)$ 为最适温度;当某一月平均温度 $T(x, t)$ 比最适温度 $T_{opt}(x)$ 高 10℃ 或低于 13℃ 时,该月的 $T_{\varepsilon2}(x, t)$ 值等于月平均温度 $T(x, t)$,为最适温度 $T_{opt}(x)$ 时 $T_{\varepsilon2}(x, t)$ 值的一半。

(三)水分胁迫因子估算

本书使用区域实际蒸散量与区域潜在蒸散量的比值来模拟水分胁迫因子,反映土壤水分干湿程度,并定义其为区域湿润指数(周广胜和张新时,1996)。水分胁迫影响因子反映植被所利用的有效水分条件对光能利用率的影响,随着环境中有效水分的增加,它的取值也增加,从 0.5(极端干旱条件下)到 1(非常湿润条件下)(朴世龙等,2001),计算公式如下:

$$W_{\varepsilon}(x,t) = 0.5 + 0.5 \times E(x,t)/E_p(x,t) \quad (2-8)$$

式中:$E_p(x, t)$——区域实际蒸散量(周广胜,1995)建立的区域实际蒸散模型求取；

$E_p(x, t)$——潜在蒸散量（mm），参考 Boucher 提出的互补关系求取（张志明，1990）。

二、数据处理

NDVI 数据：本书使用的遥感数据来源于 2008~2009 年 Landsat 卫星 TM 影像，空间分辨率 30m×30m，选取研究区域无云或少云的遥感卫片，经过裁剪、波段叠加、几何校正、去薄云等操作，切割影像中道路、裸地、农用地、建筑用地和水体等非植被地类，对植被区域进行重新栅格化处理，对其中 3、4 波段进行波段运算，提取瓦屋山林场 2008~2009 年逐月 NDVI 数据；

气象数据：本文利用江宁、常州、溧阳、吴中、如皋、南通六个气象站点2008~2009 年逐月降水量(mm)、气温(℃)和太阳辐射(MJ·m⁻²)数据，进行克里格插值，获得气象栅格数据空间分布图；

植被生物量和含碳率数据：本书采用 2008~2009 年瓦屋山林场实地设计样方得到的调查数据，共调查了 26 个乔木样方，大小为 20m×20m，遇到特殊地形，样方大小设为 10m×10m，在乔木样方内均匀布设 3 个 2m×2m 的灌木样方，灌木样方内再取 1m×1m 的草本植物样方和 0.5m×0.5m 枯落物样方，采用相对生长法，即通过选择各径级标准木或有代表性的样木，砍伐称重，取样烘干，建立林木生物量与测树因子之间的相对生长关系式，根据样地密度或样地中林木测树因子的调查资料，估算林地的生物量；乔木、灌木经过实验室烘干(85℃)、粉碎，利用试烧法得到林分碳密度(路秋玲，2010)。

其他数据：瓦屋山林场林班数据；瓦屋山林场矢量边界图；瓦屋山林场植被类型图等。根据收集资料建立瓦屋山林场植被类型数据库，主要包括植被类型、面积、植被结构、平均年龄、平均胸径、平均树高、林分密度等属性。来源于瓦屋山林场。

研究范围内的所有栅格数据均处理为具有统一空间坐标系(Albers_ Equal_ Area _ Conic)和空间分辨率(30m×30m)。以上栅格、矢量数据处理工作在 ArcGIS 10 软件和 ENVI 4.8 遥感图像处理软件支持下完成。

三、NPP 估算结果和结果验证

利用改进型 CASA 模型出估算 2008~2009 年瓦屋山林场 NPP，叠加分析得到 2年平均 NPP，并出图(彩图 28、29)。通过计算得出瓦屋山林场平均 NPP 为 523.43 g·m⁻²·a⁻¹，其中常绿针叶林(主要包括杉木、湿地松)平均 453.62g·m⁻²·a⁻¹，落叶阔叶林(主要包括杨树、麻栎、板栗)平均为 732.83g·m⁻²·a⁻¹，落叶针叶林(主要为池杉)平均为 423.37 g·m⁻²·a⁻¹，灌木林(主要为茶树)平均 495.49 g·m⁻²·a⁻¹，瓦屋山林场面积为 1.45×10⁷m²，平均每年总 PNPP 为 7.59×10⁹g。

为了验证改进后 CASA 模型的适用性和精度，利用 2009 年江苏省溧阳县瓦屋山林场实测生物量数据验证 CASA 模型在苏南地区估算结果，测定瓦屋山林场杉木、池杉、马尾松、湿地松、麻栎、樟树、板栗、杨树等 8 种植被以及茶树灌木林的林分乔木层、灌草层、枯落物层的生物量。实测生物量根据方精云等(1996)推算得到的森林生物量与生产力关系，计算得到各种植被类型生产力，并与 CASA 模型估算得到 NPP 作对比（表 2-13、图 2-20）。

表 2-13 不同树种实测干重与模型模拟干重对比

植被类型	龄组	实测结果		模拟结果				
		生物量密度（t·hm⁻²）	公式计算 NPP（t·hm⁻²·a⁻¹）	2008 年（tC·hm⁻²·a⁻¹）	2009 年（tC·hm⁻²·a⁻¹）	2 年平均（tC·hm⁻²·a⁻¹）	默认含碳率	NPP（t·hm⁻²·a⁻¹）
杉木	中、成、过	108.990	7.097	4.190	4.220	4.205	0.475	8.853
水池杉	近、成	171.379	7.451	4.091	4.157	4.124	0.475	8.683
马尾松	中、近	144.050	12.144	5.126	5.280	5.203	0.475	10.954
湿地松	幼、中、近	109.693	9.972	4.970	5.290	5.130	0.475	10.800
板栗	成	44.606	11.114	5.954	6.437	6.195	0.475	13.043
杨树	中	77.753	18.009	7.913	8.384	8.148	0.475	17.155
麻栎	近	146.590	518*	7.324	7.511	7.417	0.475	15.616
樟树	幼、中	120.951	1041*	10.802	11.216	11.009	0.475	23.176
灌木		24.533	11.955	5.209	5.551	5.380	0.475	11.326

注："幼""中""近""成""过"分别代表幼龄林、中龄林、近熟林、成熟林、过熟林。

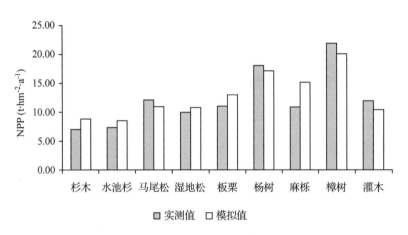

图 2-20 实测 NPP 与模型估算结果对比

从图 2-20 中可以得出，池杉、马尾松和中国山杨模拟值与实测值相比较小，主要由于本次试验选取的瓦屋山林场池杉、马尾松和中国山杨多为中龄林和近熟林，调查得到的植被生物量密度大，而 CASA 模型并没有考虑到树种年龄问题，模拟结果代表输入参数树种的平均 NPP，模拟结果较由生物量计算得到的 NPP 值偏低；相反，瓦屋山林场杉木、湿地松、麻栎、板栗多为幼龄林、近熟林和成熟林，调查得到的植被生物量密度小，由生物量计算得到的实测值比模拟值偏低。从总体来看，CASA 模型能较好用于瓦屋山林场植被 NPP 的模拟，瓦屋山林场主要植被类型实测 NPP 与 CASA 模型模拟结果总体比较吻合。

四、不同树种 NPP 比较

CASA 模型模拟瓦屋山林场主要树种 NPP 结果如图 2-21 所示，从图中可以看出，落叶阔叶林(主要包括杨树、麻栎、板栗)年均 NPP 在 603.23~815.41 $g \cdot m^{-2} \cdot a^{-1}$ 范围内变化，常绿针叶林(主要包括杉木、马尾松、湿地松)年均 NPP 在 441.33~520.31 $g \cdot m^{-2} \cdot a^{-1}$，落叶针叶林(主要包括水池杉)年均 NPP 为 423.42 $g \cdot m^{-2} \cdot a^{-1}$。瓦屋山林场主要植被 NPP 差异较大，从高到低依次为：杨树、麻栎、板栗、马尾松、湿地松、灌木、杉木、池杉，CASA 模型根据不同树种类型的生理条件不同而设定了不同的输入参数，这些参数主要包括 $NDVI_{max}$、$NDVI_{min}$、SR_{max}、SR_{min} 以及 ε_{max}，其中最大光能利用率对各种植被 NPP 最为重要，CASA 模型设置的最大光能利用率分别为：落叶阔叶林为 0.692，常绿针叶林为 0.389，落叶针叶林为 0.485，各植被结构输入参数来源于朱文泉等(2007)。

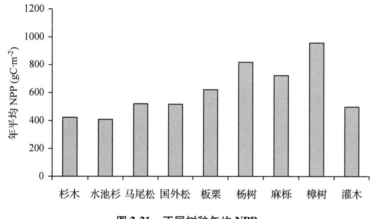

图 2-21　不同树种年均 NPP

五、不同植被类型 NPP 季节变化

瓦屋山林场植被组成主要包括常绿针叶林、落叶阔叶林、落叶针叶林和灌木。如图 2-22 所示，各植被结构月平均 NPP 在 1.19~161.87$g \cdot m^{-2}$ 变化，各植被结构季节变化显著：冬季降水量少，太阳辐射和气温偏低，植被 NPP 受光合作用限制，如 1、2 和 12 月三个月 NPP 占每年总 NPP 比例分别为常绿针叶林 7.41%、落叶阔叶林 3.63%、落叶针叶林 4.41%、灌木 3.45%；夏季降水量丰富，气温和太阳辐射偏高，有利于植物的生长和有机质的积累，2 年月平均 NPP 最大值都出现在 7 月，各植被结构 2 年平均 5~9 月 NPP 占每年总 NPP 比例分别为常绿针叶林 72.12%、落叶阔叶林 80.96%、落叶针叶林 77.14%、灌木 76.61%。

从图 2-23 中可以看出，均温、太阳辐射、植被 NDVI 各月变化有规律可循，三者变化规律总体一致(2009 年 5 月和 6 月除外)；降水虽波动变化，但总体表现为夏季降水量大于其他季节；在多种输入参数中，NPP 与太阳辐射变化规律最为接近，说明瓦屋山林场植被 NPP 对太阳辐射最为敏感，如 2009 年 5 月和 6 月相比，虽然 5 月均温、降水量以及植被 NDVI 均小于 6 月，但 5 月太阳辐射比 6 月高，其结果是 5

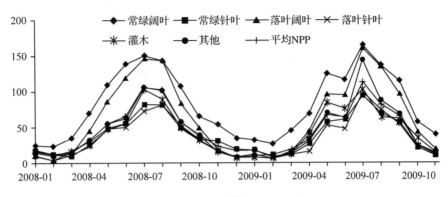

图 2-22　不同植被 NPP 月变化

月各植被结构 NPP 均比 6 月高。

总体而言，各植被结构受季节变化明显，而常绿树种受季节变化没有落叶树种明显，阔叶树种 NPP 主要集中在春末、夏季以及秋初，冬季树叶凋零，植被 NPP 趋向于 0；灌木林主要以茶叶为主，冬季叶片仍能进行光合作用，NPP 变化没有阔叶树种明显。

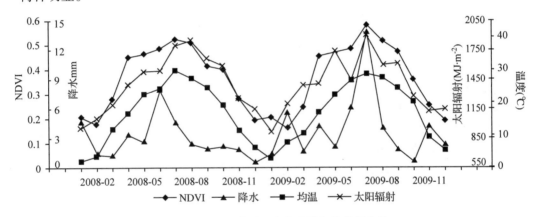

图 2-23　CASA 模型 4 类主要输入参数月变化

六、小结

生态学碳循环模型有多种类型，包括早期的气象参数模型、过程模型以及光能利用率模型。相对于其他模型，CASA 模型输入参数容易获取，适用于大范围植被 NPP 估测（董丹等，2011；Field，1995）。CASA 模型允许参数随时间和地点的变化而变化，并通过与之对应的温度和水分条件对参数进行校正（王莺等，2010）。由于 CASA 模型考虑了植被分类，相对于其他生态学模型，所估算得到的是实际植被 NPP，而非潜在 NPP（朱文泉等，2005）。选取江苏省溧阳市瓦屋山林场作为研究区域，剔除了水体、道路、裸地、建筑用地等非森林生态系统区域对模型结果的影响，利用同时期遥感影像和气象参数作为 CASA 模型输入参数，并结合实地调查数据，验证 CASA 模型在研究区域的可适用性。研究表明 CASA 模型对常绿阔叶林、落叶阔叶林有较好的估算结果，针叶林模拟结果偏差较大。

（1）CASA 模型中的多个输入参数是依据不同植被结构来设定的（如 CASA 模型中按照常绿阔叶、落叶阔叶等不同，来确定 $INDVI_{max}$、$INDVI_{min}$、最大光能利用率等参数），目前还不能充分细致到树种类型，这样会不可避免的造成估算精度下降。

（2）CASA 模型输入参数简单，便于宏观大尺度植被 NPP 估算，但同时由于不同年龄的相同植被类型，以及同一植被在一年不同环境中最大光能利用率是不同的，因此，估算结果跟实际值会有偏差。如何准确地依据植被类型、年龄、环境因素来确定某种植被最大光能利用率是未来 CASA 模型需要改进之处。

（3）CASA 模型默认的植被含碳率为 0.475，而不同植被、相同植被不同年龄结构含碳率是不同的（巨文珍等，2010；袁渭阳等，2009；肖春波等，2010），可以结合实地调查分析数据来取代模型默认的植被含碳率，进一步提升 CASA 模型精度。

（4）同一纬度不同坡位、坡度地形上的温度、降水以及植被接收到的太阳辐射不同，故同种植被在不同地形条件下生长情况存在差异（傅抱璞，1964；苏宏新等，2002）。本书使用的气象参数多为城市平原地区气象站观测数据，在二维层面插值求取每个栅格气象参数存在一定的误差。因此，如何利用三维地形数据精确插值各气象参数也是未来估算大尺度 NPP 生态学模型的发展方向。

（5）随着计算机技术的发展，基于 GIS 和 RS 技术，利用 CASA 模型并结合样地实测微观数据，建立区域尺度 NPP 空间数据库，实时地、动态地估测大范围 NPP，并实现数据共享，是未来生态学模型的发展方向。

参考文献

曹福亮. 中国银杏志［M］. 北京：中国林业出版社，2007：14

曹坤芳，常杰. 突发气象灾害的生态效应：2008 年中国南方特大冰雪灾害对森林生态系统的破坏［J］. 植物生态学报，2010（2）：123 - 124.

陈彦，吕新. 基于 GIS 和地统计学的土壤养分空间变异特征研究——以新疆农七师 125 团为例［J］. 中国农学通报. 2005（7）：389~405

董斌，冯仲科，杜林芳，唐雪海. 山东省黄河流域森林蓄积量遥感定量估测模型研究［J］. 遥感技术与应用，2010，（4）：520 - 524.

董丹，倪健. 利用 CASA 模型模拟西南喀斯特植被净第一性生产力［J］. 生态学报，2011，07：1855 - 1866.

方精云，刘国华，徐嵩龄. 我国森林植被的生物量和净生产量［J］. 生态学报，1996，16（5）：497 - 508.

方精云，朴世龙，贺金生，马文红. 近20年来中国植被活动在增强［J］. 中国科学（C 辑：生学），2003，06：54 - 565 + 578 - 579.

冯益明，唐守正，李增元. 空间统计分析在林业中的应用［J］. 林业科学，2004（3）：149 - 155.

冯益明，唐守正，李增元. 应用序列指示条件模拟算法模拟森林类型空间分布［J］. 生态学报，2004（5）：946 - 952.

傅抱璞. 山地气候要素空间分布的模拟［J］. 气象学报，1988（3）：319 - 326.

傅抱璞. 起伏地形中辐射平衡各分量的计算［J］. 气象学报，1964（1）：62 - 73.

耿土锁，张京祥，姜华. 江苏省泰兴市生态经济区划研究［J］. 江苏农业科学，2010（6）：626 - 628.

光增云. 河南森林生物量与生产力研究[J]. 河南农业大学学报, 2006, 40(5): 493 – 497.

郭旭东, 傅伯杰, 马克明, 等. 基于 GIS 和地统计学的土壤养分空间变异特征研究——以河北省遵化市为例[J]. 应用生态学报, 2000(4): 557 – 563

黄玫, 季劲钧. 中国区域植被叶面积指数时空分布——机理模型模拟与遥感反演比较[J]. 生态学报, 2010, 11: 3057 – 3064.

巨文珍. 不同年龄长白落叶松人工林生物量及碳储量研究[D]. 北京: 北京林业大学, 2010.

李博. 生态学[M]. 北京: 高等教育出版社, 1999.

李世华, 牛铮, 李壁成. NPP 过程模型遥感驱动因子分析[J]. 水土保持研究, 2005, (3): 120 – 122.

李显风, 居为民, 陈姝, 周艳莲. 地表覆盖分类数据对区域森林叶面积指数反演的影响[J]. 遥感学报, 2010(5): 974 – 989.

李晓兵, 史培军. 中国典型植被类型 NDVI 动态变化与气温、降水变化的敏感性分析[J]. 植物生态学报, 2000(3): 379 – 382.

李轩然, 刘琪璟, 蔡哲, 马泽清. 千烟洲针叶林的比叶面积及叶面积指数[J]. 植物生态学报, 2007(1): 93 – 101.

李亦秋, 冯仲科, 邓欧, 张冬有, 张彦林, 吴露露. 基于"3S"技术的山东省森林蓄积量估测[J]. 林业科学, 2009(9): 85 – 93.

路秋玲, 郑阿宝, 阮宏华. 瓦屋山林场森林碳密度与碳储量研究[J]. 南京林业大学学报(自然科学版), 2010(5): 115 – 119.

马泽清, 王辉民, 王绍强, 李庆康, 王义东, 汪宏清. 雨雪冰冻灾害对中亚热带人工林的影响——以江西省千烟洲为例[J]. 植物生态学报, 2010, 02: 204 – 212.

朴世龙, 方精云, 郭庆华. 利用 CASA 模型估算我国植被净第一性生产力[J]. 植物生态学报, 2001, 25(5): 603 – 608.

任海, 彭少麟. 鼎湖山森林群落的几种叶面积指数测定方法的比较[J]. 生态学报, 1997(2): 110 – 113.

苏宏新, 桑卫国. 山地小气候模拟研究进展[J]. 植物生态学报, 2002, S1: 107 – 114.

王磊, 丁晶晶, 季永华, 梁珍海, 李荣锦, 阮宏华. 江苏省森林碳储量动态变化及其经济价值评价[J]. 南京林业大学学报(自然科学版), 2010(2): 1 – 5.

王莺, 夏文韬, 梁天刚. 陆地生态系统净初级生产力的时空动态模拟研究进展[J]. 草业科学, 2010, 27(2): 77 – 88.

王遵娅, 任福民, 孙冷, 柳艳菊, 王朋岭, 唐进跃, 王东阡, 李多. 2011 年夏季气候异常及主要异常事件成因分析[J]. 气象, 2012(4): 448 – 455.

吴丹, 邵全琴, 刘纪远, 黄麟. 1985~2030 年江西泰和县森林植被碳储量的时空动态[J]. 应用生态学报, 2011(1): 41 – 46.

肖春波, 王海, 范凯峰, Xavier Becuwe, 韩玉洁, 康宏樟, 刘春江. 崇明岛不同年龄水杉人工林生态系统碳储量的特点及估测[J]. 上海交通大学学报(农业科学版), 2010(1): 30 – 34.

徐萍, 徐天蜀. 云南高黎贡山自然保护区森林碳储量估测方法的研究[J]. 林业资源管理, 2008(1): 69 – 73.

闰少锋, 陆茜, 张金池, 等. 江苏沿海地区 NDVI 的演变特征及其对区域气候变化的响应[J]. 南京林业大学学报: 自然科学版, 2012, 6(1): 43 – 47.

叶金盛, 佘光辉. 广东省森林植被碳储量动态研究[J]. 南京林业大学学报(自然科学版), 2010(4): 7 – 12.

袁觉，李群，肖国林，褚生华．浅谈银杏木材的利用与发展［J］．林业科技开发，2002（2）：
　　6－8．

袁渭阳，李贤伟，张健，荣丽．不同年龄巨桉人工林枯落物和细根碳储量研究［J］．林业科学研
　　究，2009（3）：385－389．

曾伟生．云南省森林生物量与生产力研究［J］．中南林业调查规划，2005（4）：3－5＋15．

张建国，段爱国，童书振，孙洪刚，邓宗富，张守攻．冰冻雪压对杉木人工林近成熟林分危害调
　　查［J］．林业科学，2008，11：18－22．

张志明．计算蒸发量的原理与方法［M］．成都：成都科技大学出版社，1990．

赵峰，李增元，王韵晟，庞勇．机载激光雷达（LiDAR）数据在森林资源调查中的应用综述［J］．
　　遥感信息，2008（1）：106－110＋53．

赵丽琼，张晓丽，孙红梅．激光雷达数据在森林参数获取中的应用［J］．世界林业研究，2010
　　（2）：61－64．

郑婧，胡菊芳，刘文英．江西省天气、气候特点及其影响评述（2010年4—6月）［J］．气象与减灾
　　研究，2010（3）：73．

周广胜，张新时．全球气候变化的中国自然植被的净第一性生产力研究［J］．植物生态学报，
　　1996（1）：11－19．

周广胜，张新时．中国气候—植被关系初探［J］．植物生态学报，1996（2）：113－119．

周广胜，张新时．自然植被净第一性生产力模型初探［J］．植物生态学报，1995（3）：193－200．

朱高龙，居为民，范文义，周艳莲，李显风，李明泽．帽儿山地区森林冠层叶面积指数的地面观
　　测与遥感反演［J］．应用生态学报，2010，（8）：2117－2124．

朱文泉，潘耀忠，张锦水．中国陆地植被净初级生产力遥感估算［J］．植物生态学报，2007（3）：
　　413－424．

朱文泉．中国陆地生态系统植被净初级生产力遥感估算及其与气候变化关系的研究［D］．北京：
　　北京师范大学，2005．

Beaudet M, Brisson J, Messier C, et al. Effect of a major ice storm on understory light conditions in an
　　old growth Acer-Fagus forest: pattern of recovery over seven years [J]. Forest Ecology and
　　Management, 2007, 242(2-3): 553-557.

Cao K F, Chang J. The ecological effects of an unusual climatic disaster: the destruction to forest
　　ecosystems by the extremely heavy glaze and snow storms occurred in early 2008 in southern China[J].
　　Chinese Journal of Plant Ecology, 2010, 34(2): 123-124.

Chen J M, Rich P M, Gower S T, et al. Leaf area index of boreal forests: Theory, techniques, and
　　measurements[J]. Journal of Geophysical Research, 1997, 102(24): 29429-29443.

Chen L J, Liu G. H, Li H G. Estimation net primary productivity of terrestrial vegetation in China using
　　remote sensing[J]. Journal of Remote Sensing, 2002, 6(2): 129-135.

Cramer W, Kicklighter D W, Bondeau A, et al. Comparing global models of terrestrial net primary
　　productivity(PNPP): overview and key results[J]. Global Change Biology, 1999, 5(1): 1-15.

Chen Y X, Gilzae Lee, Pilzae Lee, et al. Model analysis of grazing effect on above-ground biomass and
　　above-ground net primary production of a Mongolian grassland ecosystem[J] Journal of Hydrology, 2007
　　(333): 155-164.

Deng F, Chen J M, Plummer S, et al. Algorithm for global leaf area index retrieval using satellite imagery
　　[J]. IEEE Transactions on Geoscience and Remote Sensing, 2006, 44(8): 2219-2229.

Diner D J, Asner G P, Davies R, et al. New directions in Earth observing: Scientific application of multi angle remote sensing[J]. Bull Am Meteorol Soc, 1999, 80: 2209 – 2228.

Dixon R K, Solomon A M, Brown S, et al. Carbon pools and flux of global forest ecosystems [J]. Science(New York, NY), 1994, 263(5144): 185 – 190.

Fang J Y, Chen A P, Peng C. H, et al. Changes in forest biomass carbon storage in China between 1949 and 1998[J]. Science, 2001, 292(5525): 2320 – 2322.

Fang J Y, Piao S L, He J S, et al. Vegetation of China invigorated in last 20 years[J]. Science in China: Series C, 2003, 33(6): 554 – 565.

Field C B, Behrenfeld M. J, Randeson J. T, et al. Primary production of the biosphere: integrating terrestrial and oceanic components[J]. Science, 1998(281): 237 – 240.

Field C. B, Randerson J T, Malmstrm C M. Global net primary production combining ecology and remote sensing[J]. Remote Sensing of Environment, 1995, 51(1): 74 – 88.

Goetz S J, Bunn A G, Fiske G J, et al. Satellite-observed photosynthetic trends across boreal North America associated with climate and fire disturbance[J]. Proc Natl Acad Sci USA, 2005, 102(38): 13521 – 13525.

Hicke J A, Asner G P, Randerson J T, et al. Satellite-derived increases in net primary productivity across North America, 1982 – 1998[J].

Huang M, Ji J J. The spatial-temporal distribution of leaf area index in China: a comparison between ecosystem modeling and remote sensing reversion[J]. Acta Ecologica Sinica, 2010, 30(11): 3057 – 3064.

Huang N, Niu Z, Wu C Y, et al. Modeling net primary production of a fast-growing forest using a light use efficiency model[J]. Ecological Modelling, 2010, 221(24): 2938 – 2948.

Fang J Y, Piao S L, Christopher B Field, et al. Increasing net primary production in China from 1982 to 1999[J]. Frontiers in Ecology and the Environment, 2003, 1(6): 293 – 297.

Kerr J T, Ostrovsky M. From space to species: ecological applications for remote sens[J]. Trends Ecol Evol, 2003, 18(6): 299 – 305.

Liu J, Chen J M, Cihlar J, et al. Net primary productivity mapped for Canada at 1km resolutio[J]. Global Eeol Biogeogr, 2002, 11: 115 – 129.

Liu S, Liu R, Liu T. Spatial and temporal variation of global LAI during 1981—2006[J]. J Geogr Sci, 2010, 20(3): 323 – 332.

Liu R, Chen J M, Liu J, et al. Application of a new leaf area index algorithm to China's landmass using MODIS data for carbon cycle research[J]. Journal of Environmental Management, 2007, 85(3): 649 – 658.

Li X B, Shi P J. Sensitivity analysis of variation in NDVI, temperature and precipitation in typical vegetation types across China[J]. Acta Phytoecologica Sinica, 2000, 24(3): 379 – 382.

Li X F, Ju W M, Chen S, et al. Influence of land cover data on regional forest leaf area index inversion [J]. Journal of Remote Sensing, 2010, 14(5): 974 – 989.

Li X R, Liu Q J, Cai Z, et al. Specification leaf area and leaf area index of conifer plantations in Qianyanzhou station of subtropical China[J]. Journal of Plant Ecology, 2007, 31(1): 93 – 101.

Los S O. Linkages between global vegetation and climate: an analysis based on NOAA advanced very high resolution radiometer data[D]. USA: National Aeronautics and Space Administration(NASA), 199.

Ma Z Q, Wang H. M, Wang S. Q, et al. Impact of a severe ice storm on subtropical plantations at Qianyanzhou, Jiangxi, China[J]. Chinese Journal of Plant Ecology, 2010, 34(2): 204 – 212.

Myneni R B, Hoffman S, Knyazikhin Y, et al. Global products of vegetation leaf area and fraction absorbed par from year one of MODIS data[J]. Remote Sensing of the Environment, 2002, 83(1 – 2): 214 – 231.

Myneni R B, Keeling C. D, Tucker C. J, et al. Increased plant growth in the northern high latitudes from 1981 to 1991[J]. Nature, 1997, 386: 698 – 702.

Nemani R. R, Keeling C. D, Hashimoto H, et al. Climate-driven increases in global terrestrial net primary production from 1982 to 1999[J]. Science, 2003, 300(5625): 1560 – 1563.

Olth I, King D. J, Lautenschlager R. A. Overstory and understory leaf area index as indicators of forest response to ice storm damage[J]. Ecological Indicators, 2003, 3(1): 49 – 64.

Peng S S, Chen A P, Xu L, et al. Recent change of vegetation growth trend in China[J]. Environmental Research Letters, 2011, 6(4): 1 – 13.

Pettorelli N, Vik, Mysterud A, et al. Using the satellite-derived NDVI to assess ecological responses to environmental change[J]. Trends Ecol Evol, 2005, 20(9): 503 – 510.

Pisek J, Chen J M. Comparison and validation of MODIS and vegetation global LAI products over four Big Foot sites in North America[J]. Remote Sensing of Environment, 2007, 109(1): 81 – 94.

Pisek J, Chen J M, Deng F. Assessment of a global leaf area index product from SPOT-4 vegetation data over selected sites in Canada[J]. Canadian Journal of Remote Sensing, 2007, 33(4): 341 – 356.

Potter C S, RandersonJ T, Field C B, et al. Terrestrial ecosystem production—a process model based on global satellite and surface data[J]. Global Biogeochemical Cycles, 1993, 7(4): 811 – 841.

Ren H, Peng S L. Comparison of method of estimation leaf area index in Dinghushan fores[J]. Acta Ecologica Sinica, 1997, 17(2): 220 – 223.

Ruimy A, Saugier B, Dedieu G. Methodology for the estimation of terrestrial net primary production from remotely sensed data[J]. Journal of Geophysical Research, 1994, 99(D3): 5263 – 5283.

Ruimy A, Saugier B. Methodology for the estimation of terrestrial net primary production from remotely sensed data[J]. Journal of Geophysical Research, 1994, 97: 18515 – 18521.

Schlesinger W H, Raikes J A, Hartley A E. On the spatial pattern of soil nutrients in desert ecosystems [J]. Ecology, 1996, 77: 364 – 374

Scurlock J M O, Cramer W, Olson R J, et al. Terrestrial PNPP: towards a consistent data set for global model evaluation[J]. Ecological Applications, 1999, 9(3): 913 – 919.

Song C, Zhang Y. Forest cover in China from 1949 to 2006[C]Nagendra H, Southworth[J]. Reforesting landscapes: Linking pattern and process. Dordrecht: Springer, 2010.

Streets D G, Jiang K J, Hu X L, et al. Climate change-Recent reductions in China's greenhouse gas emissions[J]. Science, 2001, 294(5548): 1835 – 1837.

Xiao J, Moody A. Geographical distribution of global greening trends and their climatic correlates: 1982—1998[J]. International Journal of Remote Sensing, 2005, 26(11): 2371 – 2390.

Wang Z Y, Ren F. M, Sun L, et al. Analysis of climate anomaly and causation in summer 2011[J]. Meteorological Monthly, 2012, 38(4): 448 – 455.

Yan S F, Lu Q, Zhang J C, et al. The spatio-temporal evolution characteristics and response of regional climate change of NDVI at Jiangsu coastal areas[J]. Journal of Nanjing Forestry University: Natural Sciences Edition, 2012, 36(1): 43 – 47.

Zhang J G, Duan A G, Tong S. Z, et al. Harm of frost and snow suppress to near mature stands of Cunninghamia lanceolata plantations[J]. Scientia Silvae Sinicae, 2008, 44(11): 18 – 22.

Zhang K, Kimball J S, Hogg E. H, et al. Satellite-based model detection of recent climate-driven changes in northern high-latitude vegetation productivity[J]. J Geophys Res, 2008, 113: 30－31.

Zhao M, Running S W. Advances in Land Remote Sensing: System, Modeling, Inversion and Application[M]. New York: Springer, 2008.

Zheng Q, Hu J F, Liu W Y. Review of weather, climate and effect of Jiangxi province (April to June 2010)[J]. Meteorology and Disaster Ruduction, 2010, 33(3): 73.

Zhu G L, Ju W M, Chen J M. Forest canopy leaf area index in Maoershan mountain: ground measurement and remote sensing retrieval[J]. Chinese Journal of Applied Ecology, 2010, 21(8): 2117－2124.

第三章
中国森林生产力监测网络查询平台构建

第一节 开发研究背景

一、开发技术背景

ArcGIS Server 是 ESRI 公司最新推出的服务器端产品，是一个基于 Web 的企业级 GIS 解决方案，是一套用于开发基于网络的企业级服务器端程序的组件集，服务器端包括 Web Service 和 Web 应用程序等，它为创建和管理基于服务器的 GIS 应用程序提供一个高效的平台。ArcGIS Server 充分利用了 ArcGIS 产品的核心组件库 ArcObjects（简称 AO），并基于工业标准提供 GIS 服务。它将两项功能强大的技术——地理信息系统（GIS）和网络技术（Web）结合在一起：GIS 擅长于空间相关的查询、定位、分析和处理，Web 技术则提供全球互连，促进信息共享。这两项技术协同合作，构成了 ArcGIS Server 的主旋律。ArcGIS Server 提供了创建和配置 GIS 应用程序和服务的框架和丰富的 GIS 功能，例如地图、定位器和用在中央服务器应用中的软件对象（马张宝等，2009）。

Silverlight 是微软提供的一个跨浏览器的、跨平台的插件，是微软所发展的 Web 前端应用程序开发解决方案，是微软丰富型互联网应用程序（Rich Internet Application）策略的主要应用程序开发平台质疑。它为网络带来下一代基于 NET Framework 的媒体体验和丰富的交互式应用程序。Silverlight 提供灵活的编程模型，并可以方便、快捷地集成到现有的网络应用程序中。Silverlight 可以运行在目前主流浏览器上，提供高质量图片、视频信息的快速、低成本的传递（王天宝等，2010）。

ArcGIS Server WPF/Silverlight API 是 ESRI 公司推出的一套基于微软最新 WPF/Silverlight 技术的应用程序开发接口，它充分综合了 ArcGIS Server 强大的地图发布能力和微软 WPF 技术带来的绝佳的用户体验，从而把地图数据浏览和应用的用户体验带到了一个新的高度，同时，它提供的大量的控件和丰富的对象模型也加快了开发人员应用程序构建的效率（陆亚刚等，2012）。

ENVI for ArcGIS Server 专为实现 B/S 影像分析而设计，将为 ArcGIS Server 的企业级用户带来 ENVI 的专业图像处理功能。可以将预先定义好的 ENVI/IDL 开发工具和工作流程部署到 ArcGIS Server 中执行，允许 GIS 用户同时使用服务器上的资源，提高海量数据量的处理和流程化分析速度。也可以包含在地理过程模型中并且应用于桌面端用户，进行分批次的分析，在各种客户端通过互联网进行网络服务。在对时间周期要求较高且要求宏观精度的情况下，此技术拥有非常大的应用优势。

二、植被净初级生产力模型

1. 气候相关模型（统计模型）

在自然环境条件下，植被群落的生产能力除受植物本身的生物学特性、土壤特性等限制外，主要受气候因子的影响。因此，可以通过对气候因子（如气温、降水、光照等条件）与植物干物质生产的相关性分析来估计植被的净第一性生产力。气候相关模型就是根据植物生长量与环境因子相关原理，用建立起的数学模型估算植物净第一性生产力，此类模型估算的结果是潜在植被生产力。此类模型代表包括 Miami 模型、Thornthwaite 纪念模型和后来的 Chikugo 模型。这些气候相关统计模型的特点是输入参数简单，可以估算并预测不同的陆地生态系统净初级生产力（陶波等，2001）。其中，Miami 模型计算 NPP 的公式为：

$$NPP = \min(NPPT,\ NPPP)$$
$$NPPT = 3000\left[1 + \exp(1.315 - 0.119 \times T) - 1\right]$$
$$NPPP = 3000\left[1 - \exp(-0.000664) \times P\right]$$

这类模型在设计上也存在两个不足：①由于受取样密度的影响，从有限的点测量外推到面甚至是区域（几千平方千米）的尺度转换问题会导致模型不能很好地反映出 NNP 空间格局异质性；②由于模型使用的决定 NPP 的因子十分简单，导致模型忽略了其他环境因子的作用以及异常气候条件对 NPP 的影响，从而影响了模型的估算精度或者只能对潜在 NPP 进行预测（朱文泉，2005）。

2. 生态系统过程模型

生物地球化学循环模型以气候、土壤条件和植被类型为输入变量，模拟生态系统光合作用、呼吸作用和土壤微生物分解过程，计算植物—土壤—大气之间碳和养分循环以及温室气体交换通量，主要用来模拟 3 个关键循环：碳、水和营养物质循环。最常用的生态系统过程模型有 BIOME 模型、DOLY 模型、BEPS 模型和 CENTURY 模型等。由于过程模型往往设计比较复杂，要求输入参数多，这也会因数据的可获取性而导致模型受到实用性的限制。以北部生态系统生产率模型 BEPS 为例，该模型需要每天计算的变量有：土壤水平衡，叶片气孔传导率，阳光照射和遮蔽叶面指数，阳光照射和遮蔽叶片光合作用总量，植被冠层光合作用总量，叶、茎和根部维持以及植被的生长吸收量，才能计算出 NPP。另一个问题则是模型过程中的时空尺度转化问题，由于此类模型的输入参数多为样地尺度观测数据，在推广到宏观尺度不可避免会产生尺度转化问题，尤其在面积较大、空间分辨率较高的条件下更为突出（朱文泉，2005）。

3. 光能利用率模型

随着全球变化研究的深入和卫星遥感技术的飞速发展，NPP 的研究进入了一个崭新的发展阶段。基于遥感技术所获数据来实现 NPP 估算的参数模型成为主要研究方法之一。该类模型典型的主要有 GLO-PEM、CASA、C-Fix 等。光能利用率模型又被称为生产效率模型，此类模型的原理都建立在植物光合作用过程和 Monieith 提出的光能利用(ε)概念上。Monteith 通过对多种农作物生物量的实验，发现这些植物的 NPP 随可吸收的光合有效辐射 APAR(波长范围 $0.4 \sim 0.7\mu m$)的增加而呈线性增加趋势，因此认为植被累积的生物量实际上是太阳入射辐射能被植冠截获、吸收和转化的一系列光合作用过程的结果，并提出了用光能利用率 ε(即植被将 APAR 转化为有机碳或干物质的效率)和 APAR 估算 NPP 的公式(高清竹等，2007)。该类模型意味着 NPP 与 APAR 的年(或生长季)累积值之间存在一定的线性关系。GLO-PEM 模型是植被通过光合作用对光合有效辐射的吸收和利用原理估算 NPP 的模型，是一个完全由遥感模型驱动的生产力效率模型，它应用的太阳辐射数据和气候数据都是来自卫星遥感观测数据。CASA 模型是以遥感和地理信息系统为技术手段，用植被 NDVI 资料、太阳总辐射以及气象资料(温度、降水量)的区域 NPP 估算模型。该模型被认为是当前对区域乃至全球 NPP 估算最为精确的方法之一(Potter *et al.*，1993；Field *et al.*，1995)。

第二节　系统概述

一、系统实现目标

借助 Visual Studio 2010 sp1、ArcGIS Server 10.0 (ArcGIS API for Microsoft Silverlight ™/WPF ™)、IDL 8.0 和 ENVI for ArcGIS Server 4.8 作为开发工具和开发平台，采用富客户端技术，构建了基于 B/S 构架的可视化、操作便利的中国森林生态系统净初级生产力查询系统。该系统可以直观地在线计算、查询、统计、显示和导出中国森林生态系统净初级生产力结果，为科研工作者和政府决策者提供了一个友好交互式的工具。

二、系统开发环境

系统开发环境具体内容见表3-1。

表 3-1　系统开发环境

项目	开发环境
体系结构	富客户端技术(RIA)
开发工具	ArcGIS Server 10.0，ArcGIS API for Silverlight V3.0，Silverlight 5 Tools
开发语言	C#，xml，Python，IDL
运行环境	Windows XP，Windows 2003，Windows 7
数据库	File Geodatabase
其他(可扩充)	IE 6.0 以上浏览器

三、客户端运行硬件环境

客户端为常规 PC 机、服务器，最低要求：

(1)CPU 主频：2.0GHz 及以上；

(2)硬盘容量：160GB 及以上；

(3)内存：4GB 及以上；

(4)浏览器：Internet Explorer 6.0 或者 Firefox 1.5 及以上。

四、系统数据

系统数据来源见表 3-2。

表3-2　系统数据

数据名称	数据特征	数据格式
全国植被类型图	栅格	.img
全国月平均 NDVI 图(2006 年)	栅格	.img
全国月平均太阳辐射图(2006 年)	栅格	.img
全国月平均降水图(2006 年)	栅格	.img
全国月平均气温图(2006 年)	栅格	.img
全国行政区划图	矢量	.shp

五、系统用户特点

本系统用户分为一般使用人员、管理人员和维护人员，各类人员具备的特点如下：

(1)对于一般使用人员，需要了解基本的 Windows 平台下软件使用常识，具备一定的地理信息系统、遥感和碳汇方面知识；

(2)对于管理人员，需要熟悉系统运行情况，管理相关系统功能模块的访问权限；

(3)对于维护人员，需要对系统软件和数据库定期维护，以及有对软件故障做出分析的能力。

第三节　系统功能模块

一、系统主要功能模块

本系统收集和整理了全国植被分类数据、MODIS NDVI 数据、气象数据(包括月均气温、月降水和月太阳辐射)、基础地理信息数据，将光能利用率模型 CASA 作为 NPP 估算模型，结合 ArcGIS Server 提供企业级 GIS 应用服务的优势和 ENVI/IDL 高效、灵活地读取数据的特点，利用 Python 脚本工具和 ArcGIS Server GP (GeoProcessing)服务技术，将 IDL 语言编写的 .sav 程序发布为 ArcGIS Server 在线服务工具，实现基于 B/S 构架的栅格影像在线处理功能，构建中国森林净初级生产力在线查询系统。

主要功能模块介绍如下：

（1）地图的常规操作功能模块：包括地图漫游、缩放、导航、比例尺、测量（长度、面积和半径）、放大镜、鹰眼、全屏、图层控制和书签等功能。

（2）基于 CASA 模型的 NPP 估算模块：在 ArcGIS server GP（Geoprocessing Services）调用服务和 ENVI for ArcGIS Server 技术支持下，将 IDL 语言编写的 CASA 模型 .sav 程序，通过 Python 脚本工具编译为 ArcGIS 工具，并与 ArcGIS Desktop 工具箱中其他相关工具一并发布到服务器，实现遥感影像的在线处理功能，在线估算出中国森林净初级生产力。

（3）查询与统计功能模块：包括属性查询和空间查询。属性查询可以利用类似于 SQL 语句的多种数学和逻辑运算符号对属性字段进行条件查询。空间查询可以满足用户在地图上绘制多种几何图形，来查询感兴趣区域内的 NPP 结果；为方便用户更直观查看查询结果，利用 Visifire 控件技术将查询得到的结果以柱状图等形式在地图上显示出。

（4）用户管理模块：管理注册用户的系统使用权限。用户分为 3 类：①未注册用户，可以使用系统中除"导出属性表"和"导出地图"功能外的其他常规功能；②普通注册用户，可以使用除"导出地图"功能外的其他功能；③高级用户，可以使用系统提供的所用功能服务。

（5）专题图渲染和出图功能模块：实现唯一值渲染和分级 2 种渲染方式，分别对"非数值型"和"数值型"字段进行渲染；系统高级用户还可以导出感兴趣的矢量图层和属性表。

二、系统功能架构图

中国森林生态系统净初级生产力在线查询系统功能架构见图 3-1。

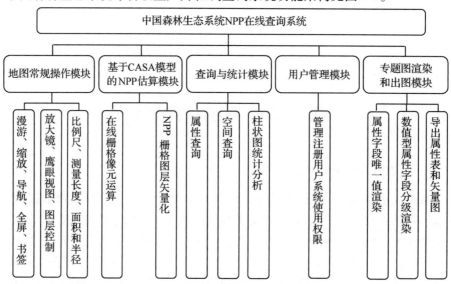

图 3-1　中国森林生态系统净初级生产力在线查询系统功能架构

第四节　系统主要实现技术

一、总体界面

（一）界面布局

系统主界面以蓝色为主色调，最上方是 Logo 图案和系统名称，往下是地图常规导航栏、底图切换栏和主工具栏，中间部分为地图显示区域，左下角显示地图比例尺和指北针控件，系统各功能模块设在主工具栏下，以保证最大化利用屏幕空间，使得整个界面简洁、美观。

（二）主要实现步骤

（1）在 Microsoft Expression 4 中设计系统整体框架，采用 < Grid > 标签布局。

（2）使用 < Grid >、< StackPanel > 和 < Canvas > 等标签设计各功能窗体，使用 < esri：ArcGISTiledMapServiceLayer > 标签添加系统所需底图图层。利用镶嵌数据集，将栅格数据发布到 ArcGIS Server，在主界面 < esri：ArcGISImageServiceLayer > 标签中添加系统所需栅格服务图层，< esri：FeatureLayer > 标签添加系统所需矢量图层，< esri：GraphicsLayer > 标签生成系统临时查询图层。

（三）界面效果图（图 3-2）

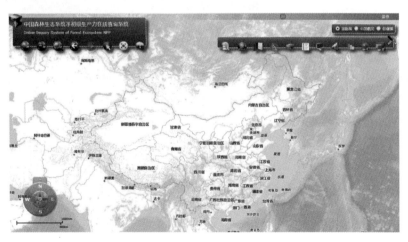

图 3-2　主界面

二、地图常规功能

（一）地图常规功能内容

地图常规功能包括：放大、缩小、漫游（这三类常规地图操作直接用鼠标左键和滚轮控制），以及全景视图 、鹰眼视图 、局部放大镜 、前一视图 、后一视图 、切换地图 和全屏显示 等功能。

(二)主要实现步骤

在开发平台中，主页面(Home. xmal)中设计常规地图显示栏，采用 <Grid> 和 <StackPanel>标签布局，利用 <i：EventTrigger> 标签的 EventName 属性在前台设置相关功能，其余事件在后台文件(Home. xmal. cs)中编写功能代码触发，实现前台主页面上相应按钮操作功能。

(三)界面效果图(图 3-3)

图3-3　常规功能界面

(四)主要实现代码

```
#region 前一视图/后一视图
privatevoid btnToggleMapview_ Click(object sender，RoutedEventArgs e)
        {
if(sender = = btnTogglePreview)// Previous Extent
            {
if(_ currentExtentIndex ！ =0)
                {
                    _ currentExtentIndex - - ;
if(_ currentExtentIndex = =0)
                    {
                        btnTogglePreview. Opacity =0. 3 ;
                        btnTogglePreview. IsHitTestVisible =false ;
                    }
                    _ newExtent =false ;
                    Map. IsHitTestVisible =false ;
Map. ZoomTo(_ extentHistory[_ currentExtentIndex]) ;
if(btnToggleNextView. IsHitTestVisible = =false)
                    {
                        btnToggleNextView. Opacity =1 ;
```

```
                            btnToggleNextView. IsHitTestVisible = true;
                        }
                    }
                }
else// Next Extent
                {
if( _ currentExtentIndex < _ extentHistory. Count − 1 )
                    {
                            _ currentExtentIndex + + ;
if( _ currentExtentIndex = = ( _ extentHistory. Count − 1 ) )
                        {
                            btnToggleNextView. Opacity = 0. 3 ;
                            btnToggleNextView. IsHitTestVisible = false;
                        }
                            _ newExtent = false;
                        Map. IsHitTestVisible = false;
Map. ZoomTo( _ extentHistory[ _ currentExtentIndex ] ) ;
if( btnTogglePreview. IsHitTestVisible = = false )
                        {
                            btnTogglePreview. Opacity = 1 ;
                            btnTogglePreview. IsHitTestVisible = true;
                        }
                    }
                }
            }
    #endregion
```

三、地图基本要素

(一)地图基本要素内容

(1)比例尺:添加自带比例尺控件,以千米和海里为单位。

(2)导航工具:实现放大、缩小、显示全图、地图旋转和滑动杆等操作。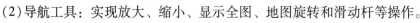

(二)主要实现步骤

(1)在 userControls 下设计比例尺类,主界面中添加 < userControls:ScaleBar > ,实现地图比例尺的显示。

(2)在 Home. xmal 中添加 < esri:Navigation >标签实现导航功能。

四、地图工具栏——地图基本功能模块

(一)地图工具栏——地图基本功能内容

(1)图层列表功能 : 显示界面中各地图显示。

(2)显示图例功能 : 显示地图图例。

(3)地图量测功能 : 包括测量地图长度 、面积 和半径 。

(4)地图书签功能 : 添加或删除地图书签。

(二)主要实现步骤

在开发平台中,主页面(Home. xmal)中设计工具栏常用功能,采用 < Grid > 和 < StackPanel > 标签布局,将 < userControls:WindowPanel > 的 IsOpen 属性绑定到对应工具的 ToggleButton,点击工具栏各功能从而触发窗口界面弹出。图层列表和地图书签功能使用开发工具自带控件,自定义添加地图测量功能和显示图例功能。

(三)界面效果图(图3-4)

图3-4　工具栏地图基本功能界面

(四)主要实现代码

```
<!—地图测量功能 – – >
< userControls:WindowPanel x:Name = " panelMeasure" Width = " Auto" Height
```

= " Auto" Visibility = " Visible"

IsOpen = " ｛ Binding IsChecked， ElementName = btnToggleMeasures， Mode = TwoWay｝"

Effect = "｛StaticResource dropShadow｝"

Background = "｛StaticResource CommonBackgroundBrush｝"

VerticalContentAlignment = " Stretch" HorizontalContentAlignment = " Stretch"

HorizontalAlignment = " Right" VerticalAlignment = " Top" Margin = " 0， 130， 350， 0" >

＜userControls：WindowPanel. ContentTitle ＞

＜StackPanel Orientation = " Horizontal" ＞

＜Image Source = "/SilverlightApplication；component/images/i_ measure. png"

HorizontalAlignment = " Left" VerticalAlignment = " Top" Stretch = " Fill"

Width = "20" Height = "20" Margin = "5， 2， 0， 0" / ＞

＜TextBlock Foreground = " White" FontSize = "12"

Text = " 测量工具" Margin = "5， 3， 0， 0" / ＞

＜/StackPanel ＞

＜/userControls：WindowPanel. ContentTitle ＞

＜StackPanel Orientation = " Horizontal" ＞

＜Button Margin = "0， 0， 0， 5" Cursor = " Hand" ToolTipService. ToolTip = " 测量长度" VerticalAlignment = " Center" HorizontalAlignment = " Center" Padding = "5， 10， 5， 10" Tag = "0" ＞

＜i：Interaction. Triggers ＞

＜i：EventTrigger EventName = " Click" ＞

＜esri：MeasureAction

AreaUnit = " SquareMiles"

DisplayTotals = " True"

DistanceUnit = " Meters"

MapUnits = " Meters"

MeasureMode = " Polyline"

LineSymbol = "｛StaticResource DefaultLineSymbol｝"

TargetName = " Map" / ＞

＜/i：EventTrigger ＞

＜/i：Interaction. Triggers ＞

＜Grid HorizontalAlignment = " Left" VerticalAlignment = " Top" Margin = "0" ＞

＜Image Source = "/SilverlightApplication；component/images/i_ ployline. png"

Height = "22" / ＞

＜/Grid ＞

＜/Button ＞

```
< Button Margin = "0，0，0，5" Cursor = "Hand" ToolTipService. ToolTip = "测量
面积" VerticalAlignment = "Center" HorizontalAlignment = "Center" Padding = "5，10，
5，10" Tag = "1" >
    < i：Interaction. Triggers >
    < i：EventTrigger EventName = "Click" >
    < esri：MeasureAction
    AreaUnit = "SquareMiles"
    DisplayTotals = "True"
    DistanceUnit = "Meters"
    MapUnits = "Meters"
    MeasureMode = "Polygon"
    FillSymbol = "｛StaticResource DefaultFillSymbol｝"
    TargetName = "Map"/ >
    </i：EventTrigger >
    </i：Interaction. Triggers >
    < Grid HorizontalAlignment = "Left" VerticalAlignment = "Top" Margin = "0" >
    < Image Source = "/SilverlightApplication；component/images/i _ ploygen. png"
Height = "22" / >
    </Grid >
    </Button >
    < Button Margin = "0，0，0，5" Cursor = "Hand" ToolTipService. ToolTip = "测量
半径" VerticalAlignment = "Center" HorizontalAlignment = "Center" Padding = "5，10，
5，10" Tag = "2" >
    < i：Interaction. Triggers >
    < i：EventTrigger EventName = "Click" >
    < esri：MeasureAction TargetName = "Map"
    AreaUnit = "SquareMiles"
    DistanceUnit = "Meters"
    MeasureMode = "Radius"
    MapUnits = "Meters"
    FillSymbol = "｛StaticResource DefaultFillSymbol｝"/ >
    </i：EventTrigger >
    </i：Interaction. Triggers >
    < Grid HorizontalAlignment = "Left" VerticalAlignment = "Top" Margin = "0" >
    < Image Source = "/SilverlightApplication；component/images/i _ Radius. png"
Height = "22" / >
    </Grid >
    </Button >
    </StackPanel >
```

90

```
</userControls：WindowPanel>
<！—显示图层列表--->
<userControls：WindowPanel x：Name="MapLegendPanel"
IsOpen="{Binding IsChecked，ElementName=btnToggleMapLegend，Mode=
TwoWay}"
HorizontalAlignment="Right" VerticalAlignment="Top" Width="212" Height="
231"
Margin="0，305，10，-610">
<userControls：WindowPanel. ContentTitle>
<StackPanel Orientation="Horizontal">
<Image Source="/SilverlightApplication；component/images/i_ legend. png"
HorizontalAlignment="Left" VerticalAlignment="Top" Stretch="Fill"
Width="20" Height="20" Margin="5，2，0，0"/>
<TextBlock Foreground="White" FontSize="12"
Text="图层列表" Width="100" TextWrapping="NoWrap" Height="Auto"
HorizontalAlignment="Left" Margin="5，3，0，0"/>
</StackPanel>
</userControls：WindowPanel. ContentTitle>
<esri：Legend x：Name="Legend" Map="{Binding ElementName=Map}"/>
</userControls：WindowPanel>

<userControls：WindowPanel x：Name=" SelectRenderTypePanel" Height="
Auto" IsOpen="{Binding IsChecked，ElementName=btnToggleRender，Mode=
TwoWay}" Effect="{StaticResource dropShadow}" Background="{StaticResource
CommonBackgroundBrush }" VerticalContentAlignment=" Stretch"
HorizontalContentAlignment="Stretch" HorizontalAlignment="Right" VerticalAlignment
="Top" Margin="0，130，100，0">
<userControls：WindowPanel. ContentTitle>
<StackPanel Orientation="Horizontal">
< Image Source="/SilverlightApplication；component/images/Render. png"
HorizontalAlignment="Left" VerticalAlignment="Top" Stretch="Fill" Width="20"
Height="20" Margin="5，2，0，0"/>
<TextBlock Foreground="White" FontSize="12" Text="图层渲染" Margin="
5，3，0，0"/>
</StackPanel>
</userControls：WindowPanel. ContentTitle>
<StackPanel Width="200" Margin="5">
<Button x：Name="ClassifyRenderButton" Content="分级渲染" Height="40"
Margin="5">
```

```
< i：Interaction. Triggers >
< i：EventTrigger EventName = " Click" >
< actions：ToggleCollapseAction TargetName = " ClassifyRenderPanel" / >
</i：EventTrigger >
</i：Interaction. Triggers >
</Button >
< Button x：Name = " UniqueValueRenderButton" Height = " 40" Margin = " 5，0，
5，5" Content = "分类渲染" >
< i：Interaction. Triggers >
< i：EventTrigger EventName = " Click" >
< actions：ToggleCollapseAction TargetName = " UniqueValueRenderPanel" / >
</i：EventTrigger >
</i：Interaction. Triggers >
</Button >
</StackPanel >
</userControls：WindowPanel >
```

五、地图主工具栏——估算 NPP 功能模块

（一）估算 NPP 功能模块介绍及实现步骤

NPP 计算功能![icon]：实现栅格图像在线处理，计算得到全国 NPP 的功能。

利用 IDL 语言强大的分析和处理数据能力，编写出 CASA 模型运行程序（. sav 格式），再利用 Python 脚本语言将 IDL 构建的程序作为 ArcGIS 工具，最后利用 GP 服务将 ArcGIS 工具发布到 Server，实现栅格数据的网络化处理。系统可以根据用户选择的时间和地理位置（如省份）统计出具体的 NPP，并在地图上显示出来。

系统 GP 服务主要的建模流程如图 3-5 所示。

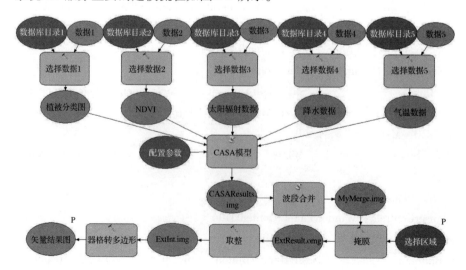

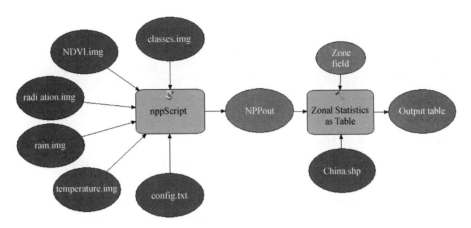

图 3-5 GP 服务建模流程

(二) 界面效果图 (图 3-6)

图 3-6 NPP 在线估算结果

(三) 主要实现代码

CASA 模型-IDL 语言主要代码如下:

PROfpar, psate

FORWARD_ FUNCTIONENVI_ GET_ data

ENVI_ OPEN_ FILE, (∗psate). ndvi_ file, r_ fid = f1_ fid, /NO_ REALIZE

　　ndvi_ var = FLTARR ((∗psate). col_ num, (∗psate). row_ num, (∗psate). layer_ num)

　　FOR i = 0, (∗psate). layer_ num − 1dobegin

　　　　ndvi_ var [∗, ∗, i] = ENVI_ GET_ data (FID = f1_ fid, DIMS = (∗psate). DIMS, POS = i)

　　ENDFOR

　; to compute the simple ratio (SR)

　　sr1 = (1.0 + ndvi_ var)/(1.0 − ndvi_ var + 1E − 6)

　; 返回类别数

93

```
        class_ num = ( * psate). class_ num
        col_ num = ( * psate). col_ num
        row_ num = ( * psate). row_ num
        layer_ num = ( * psate). layer_ num
```

; 按照类别统计逐年的 sr 四列分别代表每一年每一类的 SR 和 NDVI98% 和 2% 的最小值和最大值

```
    value = FLTARR(4, class_ num + 1, layer_ num)
    sr1 = REFORM ( sr1, ( * psate). col_ num * ( * psate). row_ num, ( * psate). layer_ num)
    ndvi_ var = REFORM( ndvi_ var, ( * psate). col_ num * ( * psate). row_ num, ( * psate). layer_ num)
    fpar1 = FLTARR( col_ num, row_ num)
    fpar2 = FLTARR( col_ num, row_ num)
    min_ max = FLTARR(4, class_ num)
FOR i = 0, layer_ num - 1 DOBEGIN
ndvi = ndvi_ var[ *, i]
    FOR j = 1, class_ num DOBEGIN
index = WHERE(( * psate). classEQ j AND ndvi NE0)
array = HISTOGRAM( sr1[ index, i], BINSIZE = 0. 0001, $
        OMIN = omin, OMAX = omax, LOCATIONS = bin)
percent = TOTAL( array, /CUMULATIVE)/TOTAL( array)
percent = percent * 1000
        idx1 = WHERE( percent LE950)
        idx2 = WHERE( percent GE950)
        idx1 = MAX( idx1)
        idx2 = MIN( idx2)
        idx3 = ( idx1 + idx2)/2. 0
value[ 1, j, i] = omin + ( 0. 0001 * idx3)
        idx1 = WHERE( percent LE1)
        idx2 = WHERE( percent GE1)
        idx1 = MAX( idx1)
        idx2 = MIN( idx2)
idx3 = ( idx1 + idx2)/2. 0
value[ 0, j, i] = omin + ( 0. 0001 * idx3)
value[ 3, j, i] = MAX( ndvi_ var[ index, i])
value[ 2, j, i] = MIN( ndvi_ var[ index, i])
ENDFOR
    min_ max = MAX( value, DIMENSION = 3, MIN = min)
    min_ max[ 0, *] = min[ 0, *]
```

```
        min_ max[2, *] = min[2, *]
    FOR j = 1, class_ num DOBEGIN
    index = WHERE((*psate). classEQ j AND ndvi NE0)
    ; to confirm that the sr should be between sr min and sr max
            sr1[index, i] = min_ max[0, j] * (sr1[index, i] LT min_ max[0, j])
+ $
                sr1[index, i] * ((sr1[index, i] GE min_ max[0, j]) AND (sr1
[index, i] LE min_ max[1, j])) + $
            min_ max[1, j] * (sr1[index, i] GT min_ max[1, j])
    ; to confirm that the ndvi should be between ndvi min and ndvi max
            ndvi_ var[index, i] = min_ max[2, j] * (ndvi_ var[index, i] LT min_
max[2, j]) + $
                ndvi_ var[index, i] * ((ndvi_ var[index, i] GE min_ max[2, j])
AND(ndvi_ var[index, i] LE min_ max[3, j])) + $
            min_ max[3, j] * (ndvi_ var[index, i] GT min_ max[3, j])
    ; to compute the originvar
    fpar1[index] = (sr1[index, i] - min_ max[0, j])/(min_ max[1, j] - min_
max[0, j] + 0. 0000001) * 0. 949 + 0. 001
    ; to define the maximum ndvi(the 98% ndvi)(unitless)as obtained from the BPLUT
    fpar2[index] = (ndvi_ var[index, i] - min_ max[2, j])/(min_ max[3, j] -
min_ max[2, j] + 0. 0000001) * 0. 949 + 0. 001
    ENDFOR
        Fpar3 = ((fpar1 + fpar2)/2. 0)
        (*psate). fpar3[*, *, i] = Fpar3
    ;       imageout, fpar1, (*psate). output + '\ fpar_ 1. img'
    ;       imageout, fpar2, (*psate). output + '\ fpar_ 2. img'
    imageout, Fpar3, (*psate). output + '\ fpar. img'
    ENDFOR
      data_ type = SIZE(Fpar3, /TYPE)
    ENVI_ SETUP_ HEAD, fname = (*psate). output + '\ fpar. img', $
    ns = (*psate). col_ num, nl = (*psate). row_ num, nb = (*psate). layer_
num, $
        data_ type = data_ type, INTERLEAVE = 0, $
        MAP_ INFO = (*psate). map_ info, $
    offset = 0, /write
    END
    ; 3 AFAR 估算
    FUNCTIONreApar, psate, i
    FORWARD_ FUNCTIONENVI_ GET_ data
```

ENVI_ OPEN_ FILE, (* psate). radi_ file, r_ fid = f4_ fid, /NO_ REALIZE

radi_ var = ENVI_ GET_ data (FID = f4_ fid, DIMS = (* psate). DIMS, POS = i)

fpar1 = (* psate). fpar3[* , * , i]

radi = radi_ var * (radi_ var GE0. 0) ; to make the minimum radiation as zero

apar_ value = radi * fparl * 0. 50

ENVI_ FILE_ MNG, id = f4_ fid, /remove

RETURN, apar_ value

END

; 7 温度胁迫因子估算

functionreTemperature, psate, i, t_ opt

FORWARD_ FUNCTIONENVI_ GET_ data

ENVI_ OPEN_ FILE, (* psate). ndvi_ file, r_ fid = f1_ fid, /NO_ REALIZE

ENVI_ OPEN_ FILE, (* psate). temp_ file, r_ fid = f2_ fid, /NO_ REALIZE

ndvi_ var = ENVI_ GET_ data (FID = f1_ fid, DIMS = (* psate). DIMS, POS = i)

temp_ var = ENVI_ GET_ data (FID = f2_ fid, DIMS = (* psate). DIMS, POS = i)

t1_ temp = 0. 8 + 0. 02 * t_ opt − 0. 0005 * t_ opt^2

t1_ temp1 = t1_ temp * (temp_ var GT − 10. 0)

t1 = t1_ temp1 * ((t1_ temp1 GE0. 0) AND (t1_ temp1 LE1. 0)) + 1. 0 * (t1_ temp1 GT1. 0)

t2_ temp = 1. 1814/ ((1 + EXP (0. 2 * (t_ opt − temp_ var − 10. 0))) * \$

(1 + EXP (0. 3 * (temp_ var − t_ opt − 10. 0))))

t2_ temp1 = 0. 495612 * (temp_ var LE (t_ opt − 13. 0)) + t2_ temp * ((temp_ var GT (t_ opt − 13. 0)) \$

AND (temp_ var LT (t_ opt + 10. 0))) + 0. 495612 * (temp_ var GE (t_ opt + 10. 0))

t2 = t2_ temp1 * ((t2_ temp1 ge0. 0) AND (t2_ temp1 LE1. 0)) + 1. 0 * (t2_ temp1 GT1. 0)

t = t1 * t2

ENVI_ FILE_ MNG, id = f1_ fid, /remove

ENVI_ FILE_ MNG, id = f2_ fid, /remove

RETURN, t

END

; 8 水分胁迫因子估算

FUNCTIONreWater, psate, i, i2

FORWARD_ FUNCTIONENVI_ GET_ data

ENVI_ OPEN_ FILE, (* psate). rain_ file, r_ fid = f3_ fid, /NO_ REALIZE

```
ENVI_ OPEN_ FILE, ( * psate). temp_ file, r_ fid = f2_ fid, /NO_ REALIZE
    rain_ var = ENVI_ GET_ data( FID = f3_ fid, DIMS = ( * psate). DIMS, POS
= i)
    temp_ var = ENVI_ GET_ data( FID = f2_ fid, DIMS = ( * psate). DIMS, POS
= i)
    i1 = 0. 0001 * ( ( temp_ var LE0. 0 ) OR ( temp_ var GE26. 5 ) ) + temp_ var *
( ( temp_ var GT0. 0) $
    AND( temp_ var LT26. 5))
    a = ( 0. 675 * i2^3 - 77. 1 * i2^2 + 17920. 0 * i + 492390. 0) * 0. 000001
    temp_ var1 = temp_ var * ( ( temp_ var ge26. 5 ) and( temp_ var le50. 0 ) )
    ep = 16. 0 * ( 10. 0 * i1/i2 )^a * ( ( temp_ var gt0. 0 ) and( temp_ var LT26. 5 ) ) +
16. 0 * $
        ( 10. 0 * temp_ var1 )^0. 5 + 360. 0 * ( temp_ var gt50. 0 )
    rain = rain_ var * ( rain_ var gt0. 0 ) + 0. 0001 * ( rain_ var le0. 0 )
    rn = ( ep * rain )^0. 5 * ( 0. 369 + 0. 598 * ( ep/rain )^0. 5 )
    eet1 = ( rain * rn * ( rn^2 + rain^2 + rn * rain ) )/( ( rn + rain ) * ( rn^2 + rain^2 ) )
    pet = 0. 5 * ( ep + eet1 )
    eet = eet1 * ( eet1 le pet ) + pet * ( eet1 gt pet )
    w = 1. 0 * ( rain ge pet ) + ( 0. 5 + 0. 5 * ( eet/( pet + 0. 0001 ) ) ) * ( rain lt pet )
ENVI_ FILE_ MNG, id = f3_ fid, /remove
ENVI_ FILE_ MNG, id = f2_ fid, /remove
RETURN, w
END
FUNCTIONWater_ p, psate
FORWARD_ FUNCTIONENVI_ GET_ data
ENVI_ OPEN_ FILE, ( * psate). temp_ file, r_ fid = f2_ fid, /NO_ REALIZE
    temp_ var = FLTARR( ( * psate). col_ num, ( * psate). row_ num, ( *
psate). layer_ num)
    FOR j = 0, ( * psate). layer_ num - 1dobegin
        temp_ var[ * , * , j] = ENVI_ GET_ data( FID = f2_ fid, DIMS = ( *
psate). DIMS, POS = j)
    ENDFOR
    i1 = 0. 0001 * ( ( temp_ var LE0. 0 ) OR ( temp_ var GE26. 5 ) ) + temp_ var *
( ( temp_ var GT0. 0) $
    AND( temp_ var LT26. 5))
        i1 = ( i1/5. 0)^1. 514
        i2 = TOTAL( i1, 3)
    ENVI_ FILE_ MNG, id = f2_ fid, /remove
    return, i2
```

```
END
FUNCTIONTemp_ p, psate
FORWARD_ FUNCTIONENVI_ GET_ data
ENVI_ OPEN_ FILE, ( ∗psate). ndvi_ file, r_ fid = f1_ fid, /NO_ REALIZE
ENVI_ OPEN_ FILE, ( ∗psate). temp_ file, r_ fid = f2_ fid, /NO_ REALIZE
ndvi_ var = FLTARR(( ∗psate). col_ num, ( ∗psate). row_ num, ( ∗psate).
layer_ num)
    temp_ var = FLTARR(( ∗psate). col_ num, ( ∗psate). row_ num, ( ∗psate).
layer_ num)
    t_ opt1 = FLTARR(( ∗psate). col_ num, ( ∗psate). row_ num)
FOR j = 0, ( ∗psate). layer_ num − 1DOBEGIN
    ndvi_ var[ ∗, ∗, j] = ENVI_ GET_ data( FID = f1_ fid, DIMS = ( ∗
psate). DIMS, POS = j)
    temp_ var[ ∗, ∗, j] = ENVI_ GET_ data( FID = f2_ fid, DIMS = ( ∗
psate). DIMS, POS = j)
ENDFOR
    ndvi_ max = MAX( ndvi_ var, index, DIMENSION = 3)
    Result = ARRAY_ INDICES( temp_ var, index)
    t_ opt1 = temp_ var[ result[0, ∗], result[1, ∗], result[2, ∗]]
ENVI_ FILE_ MNG, id = f1_ fid, /remove
ENVI_ FILE_ MNG, id = f2_ fid, /remove
return, t_ opt1
END
```

利用 Python 脚本语言调用 . sav 程序的代码如下:

```
#Python Code example for calling an ENVI DOIT Routine
import envipy, arcpy
class_ file = arcpy. GetParameterAsText(0)
ndvi_ file = arcpy. GetParameterAsText(1)
radi_ file = arcpy. GetParameterAsText(2)
rain_ file = arcpy. GetParameterAsText(3)
temp_ file = arcpy. GetParameterAsText(4)
cfg_ file = arcpy. GetParameterAsText(5)
output = arcpy. GetParameterAsText(6)
toolname = ´Npp_ C_ sharp´
envipy. RunTool( toolname, class_ file, ndvi_ file, radi_ file, rain_ file, temp_
file, cfg_ file, output, Library = r´Npp_ C_ sharp. sav´)
```

调用 GP 服务主要代码如下:

```
/// < summary >
///调用 GP 服务，参数输入
/// </summary>
/// < param name = "sender" > </param >
/// < param name = "e" > </param >
privatevoid NPPCasa_ Click(object sender, RoutedEventArgs e)
        {
if( b_ dataname)
            {
                //不可下载
                hyperlinkButton1. Visibility = Visibility. Collapsed;
if( check)
                {
                    //运算
                    _ processingTimer. Start( );
progressing. Show( );
//初始化 GP 对象，以及时间委托
gphdf = newGeoprocessor ( " http: //" + IP_ Address + "/" + ArcGIS + "/rest/
services/" + GP_ Name + "/GPServer/NPPModel");
    //事件委托
                                    gphdf. JobCompleted + = newEventHandler <
JobInfoEventArgs > ( gphdf_ JobCompleted);
                                    gphdf. Failed + = newEventHandler <
TaskFailedEventArgs > ( gphdf_ Failed);
    HttpWebRequest. RegisterPrefix            (            "            http: //",
System. Net. Browser. WebRequestCreator. ClientHttp);
    //参数输入
List < GPParameter > aodparameters = newList < GPParameter > ( );
Nppparameters. Add ( newGPString ( " sql_ Classes "," Name = ′" + listBox1.
SelectedItem. ToString( ) + "′"));
Nppparameters. Add ( newGPString ( " sql_ radiation "," Name = ′" + listBox1.
SelectedItem. ToString( ) + "′"));
Nppparameters. Add ( newGPString ( " sql_ rain "," Name = ′" + listBox1.
SelectedItem. ToString( ) + "′"));

Nppparameters. Add ( newGPString ( " sql_ temperature "," Name = ′" + listBox1.
SelectedItem. ToString( ) + "′"));

Nppparameters. Add ( newGPString ( " sql_ NDVI "," Name = ′" + listBox1.
```

99

```
SelectedItem. ToString( ) + " " ) ) ;
    //异步调用
    gphdf. SubmitJobAsync( aodparameters) ;
                    }
    else
                {
    if( featureset ！ = null)
                    {
    //开始运算
                            _ processingTimer. Start( ) ;
    progressing. Show( ) ;
    gphdf = newGeoprocessor ( " http： //" + IP _ Address + "/" + ArcGIS + "/rest/
services/" + GP_ Name + "/GPServer/Rectangle_ NPP" ) ;
                            gphdf. JobCompleted + = newEventHandler <
JobInfoEventArgs > ( gphdf_ JobCompleted) ;
                                gphdf. Failed + = newEventHandler <
TaskFailedEventArgs > ( gphdf_ Failed) ;
    HttpWebRequest. RegisterPrefix ( " http： //" , System. Net. Browser.
WebRequestCreator. ClientHttp) ;
    List < GPParameter > parameters = newList < GPParameter > ( ) ;
    parameters. Add( newGPString( " sql_ Classes" ," Name = " + listBox1. SelectedItem.
ToString( ) + " " ) ) ;
    parameters. Add ( newGPString ( " sql _ radiation " ," Name = " + listBox1.
SelectedItem. ToString( ) + " " ) ) ;
    parameters. Add( newGPString ( " sql_ rain" ," Name = " + listBox1. SelectedItem.
ToString( ) + " " ) ) ;

    parameters. Add ( newGPString ( " sql _ temperature " ," Name = " + listBox1.
SelectedItem. ToString( ) + " " ) ) ;

    parameters. Add( newGPString ( " sql_ NDVI" ," Name = " + listBox1. SelectedItem.
ToString( ) + " " ) ) ;

    parameters. Add( newGPFeatureRecordSetLayer( " China_ edge" , featureset) ) ;
    gphdf. SubmitJobAsync( parameters) ;
                    }
    else
                {
    MessageBox. Show( " 请绘制 NPP 估算区域!" ) ;
```

100

```
return;
                                }
                        }
                }
        else
                {
MessageBox. Show( " 非 常 抱 歉！目 前 没 有 符 合 的 数 据，请 重 新 选 择 查 询
日期!" )；
        return;
                }
        }
```

六、地图工具栏——地图查询和统计功能模块

(一)地图查询功能模块内容及实现方式

(1)属性查询功能：选择需要查询的图层和属性字段，按查询要求，在属性查询窗口中选择相关字段和数学符号，创建符合规则的字段查询表达式，查询该图层对应字段的结果，以表格窗口形式呈现出查询结果，并在图上显示对应位置，如 NPP；在

Home. xaml 主界面中设计的属性查询窗口为 。

(2)空间查询功能：在地图中自定义多种几何图案，例如点选、折线选择、自由线段选择、矩形框选、多边形选择、椭圆选择，查询出区域内字段值，以及取消选择。在 Home. xaml 主界面中设计的空间查询窗口

为 。

(3)字段统计功能：实现某字段柱状图、折线图、散点图等统计效果；在

Home. xaml 主界面中设计的字段统计窗口为 。

(二)界面效果图(图 3-7 至图 3-9)

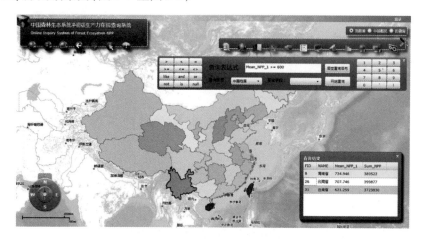

图 3-7　属性查询界面

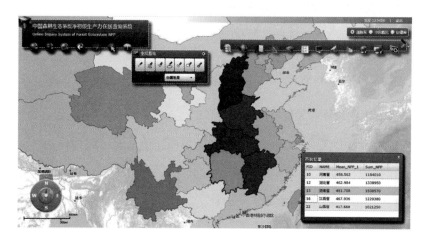

图 3-8　空间查询界面

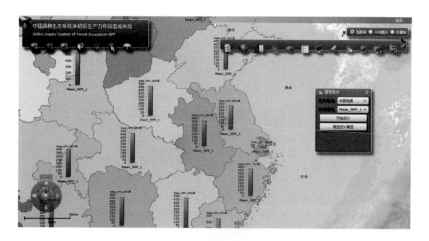

图 3-9　柱状图统计界面

(三)主要实现代码

```
#region 属性查询
private void btnToggleQueryButton_ Click(object sender, RoutedEventArgs e)
        {
layerModel = new List < LayersAndAttributesModel > ();
layerModel = Functions. GetMapFeatureLayerOrGraphicsLayer(Map);
List < string > layersName = new List < string > ();
foreach(LayersAndAttributesModel layer in layerModel)
            {
if(layer. IsFeatureLayer = = true)
layersName. Add(layer. LayersName);
              }
                AttributesQueryLayerCombox. ItemsSource = layersName;
                AttributesQueryLayerCombox. SelectedIndex = 0;
                    AttributesQueryFiledsCombox. ItemsSource   =   layerModel
[AttributesQueryLayerCombox. SelectedIndex].  AttributesNames;
        }
    private void AttributesQueryLayerCombox _ SelectionChanged (object sender,
SelectionChangedEventArgs e)
          {
if(layerModel. Count > 0)
            {
if(AttributesQueryLayerCombox. SelectedIndex > = 0)
                        AttributesQueryFiledsCombox. ItemsSource = layerModel
[AttributesQueryLayerCombox. SelectedIndex].  AttributesNames;
              }
          }
    private void AttributesQueryFiledsCombox _ SelectionChanged (object sender,
SelectionChangedEventArgs e)
          {
try
            {
                ComboBox comb = sender as ComboBox;
if(comb. SelectedIndex ! = - 1)
                {
int index = comb. SelectedIndex;
                      ExpressionTextBox. Text = string. Format ( " {0} {1}",
ExpressionTextBox. Text, comb. SelectedItem. ToString());
                }
```

```
                              comb. SelectedIndex = -1;
                    }
        catch( Exception ex)
                    {
        MessageBox. Show( "出现异常:" + ex. ToString( ) ) ;
                    }
                }
        private void ExpressionButton_ Click( object sender, RoutedEventArgs e)
                {
        string pattern = @ "^[0 -9] * $";
        Button button = sender as Button;
        Match m = Regex. Match( button. Content. ToString( ) , pattern) ;
        if( m. Success)
                        ExpressionTextBox. Text = string. Format ( "{0} {1}",
ExpressionTextBox. Text, button. Content) ;
        else
                            ExpressionTextBox. Text = string. Format ( "{0} {1} ",
ExpressionTextBox. Text, button. Content) ;
                }
        private void QoutButton_ Click( object sender, RoutedEventArgs e)
                {
        Button button = sender as Button;
                        ExpressionTextBox. Text = string. Format ( "{0} {1}",
ExpressionTextBox. Text, button. Content) ;
                }
        private void NoButton_ Click( object sender, RoutedEventArgs e)
                {
        Button button = sender as Button;
                        ExpressionTextBox. Text = string. Format ( "{0} {1}",
ExpressionTextBox. Text, button. Content) ;
                }
        private void ExpressionQueryButton_ Click( object sender, RoutedEventArgs e)
                {
        QueryServices queryservices = new QueryServices ( layerModel
[ AttributesQueryLayerCombox. SelectedIndex]. FeatureLayerUrl) ;
        queryservices. StartQueryBySQL( ExpressionTextBox. Text, Map. SpatialReference) ;
                    queryservices. OnQueryCompleted + = new EventHandler( queryservices
_ OnQueryCompleted) ;
                }
```

```
private void queryservices_ OnQueryCompleted(object sender, EventArgs e)
        {
QueryServices queryservice = sender as QueryServices;
FeatureSet featureSet = queryservice. QueryResult;
if(featureSet. Features. Count < 0)
            {
                    MessageBox. Show("没有查询到目标要素!");
return;
            }
            GraphicsLayer graphicslayer;
if( Map. Layers["MyGraphicsLayer"] ! = null)
            {
graphicslayer = Map. Layers["MyGraphicsLayer"] as GraphicsLayer;
graphicslayer. Graphics. Clear();
            }
else
            {
graphicslayer = new GraphicsLayer()
                {
                    ID = "MyGraphicsLayer",
                    DisplayName = "查询结果图层"
                };
Map. Layers. Add(graphicslayer);
            }
foreach(Graphic g in featureSet. Features)
            {
if(g. Geometry is ESRI. ArcGIS. Client. Geometry. MapPoint)
                {
                    g. Symbol = simplemarkSymbol;
graphicslayer. Graphics. Add(g);
                }
else if(g. Geometry is ESRI. ArcGIS. Client. Geometry. Polygon)
                {
                    g. Symbol = fillsymbol;
graphicslayer. Graphics. Add(g);
                }
else if(g. Geometry is ESRI. ArcGIS. Client. Geometry. Polyline)
                {
                    g. Symbol = simplelineSymbol;
```

```
graphicslayer. Graphics. Add( g) ;
                }
            }
            Graphic ZoomGraphic = graphicslayer. Graphics[ 0] ;
// Zoom to selected feature( define expand percentage)
            ESRI. ArcGIS. Client. Geometry. Envelope selectedFeatureExtent =
ZoomGraphic. Geometry. Extent;
    double expandPercentage =30;
    double widthExpand = selectedFeatureExtent. Width ∗ ( expandPercentage / 100) ;
    double heightExpand = selectedFeatureExtent. Height ∗ ( expandPercentage / 100) ;
            ESRI. ArcGIS. Client. Geometry. Envelope displayExtent = new ESRI.
ArcGIS. Client. Geometry. Envelope(
            selectedFeatureExtent. XMin − ( widthExpand / 2) ,
            selectedFeatureExtent. YMin − ( heightExpand / 2) ,
            selectedFeatureExtent. XMax + ( widthExpand / 2) ,
            selectedFeatureExtent. YMax + ( heightExpand / 2) ) ;
    Map. ZoomTo( displayExtent) ;
            }
    private void ClearExpressionButton_ Click( object sender, RoutedEventArgs e)
            {
            ExpressionTextBox. Text = " " ;
            }
        #endregion


        #region 空间查询
    private void btnToggleSpatialQueryButton_ Click( object sender, RoutedEventArgs e)
            {
    try
                {
    layerModel = new List < LayersAndAttributesModel > ( ) ;
    layerModel = Functions. GetMapFeatureLayerOrGraphicsLayer( Map) ;
    List < string > layersName = newList < string > ( ) ;
    foreach( LayersAndAttributesModel layer in layerModel)
                {
    layersName. Add( layer. LayersName) ;
                }
            SpatialQueryLayerCombox. ItemsSource = layersName;
    spatialQueryModel = new SpatialQueryModel( ) ;
            SpatialQueryLayerCombox. SelectedIndex =0;
```

106

```
                FeatureLayer featureLayer = Map. Layers[layerModel[SpatialQueryLayerCombox.
SelectedIndex]. LayerIndex] as FeatureLayer;
                        spatialQueryModel. QueryUrl = featureLayer. Url;
        spatialQueryModel. QueryOutFields. Clear();
        spatialQueryModel. QueryOutFields. AddRange(new string[]{"*"});
        //清除 GraphicLayer 的 Render 格式
        GraphicsLayer graphicslayer = Map. Layers["MyGraphicsLayer"] as GraphicsLayer;
                        graphicslayer. Renderer = null;
                        spatialQueryModel. QueryLayerID = "MyGraphicsLayer";
                        SpatialQueryPanel. DataContext = spatialQueryModel;
                    }
        catch(Exception ex)
                    {
        MessageBox. Show(ex. Message);
                    }
                }

        private void SpatialQueryLayerCombox _ SelectionChanged (object sender,
SelectionChangedEventArgs e)
                {
        if(layerModel. Count > 0)
                    {
        if(SpatialQueryLayerCombox. SelectedIndex > =0)
                        {
                            FeatureLayer featureLayer = Map. Layers[layerModel
[SpatialQueryLayerCombox. SelectedIndex]. LayerIndex] as FeatureLayer;
                        spatialQueryModel. QueryUrl = featureLayer. Url;
                        }
                    }
                }
            #endregion


    #region 地图统计
    private void btnToggleClass_ Click(object sender, RoutedEventArgs e)
            {
        //统计图层加载完毕
        if(Map. Layers["ChinaMap"]. IsInitialized)
                {
                    StatisticsWindow. IsOpen = ! StatisticsWindow. IsOpen;
        layerModel = new List < LayersAndAttributesModel >();
```

```
layerModel = Functions. GetMapFeatureLayerOrGraphicsLayer( Map) ;
List < string > layersName = newList < string > ( ) ;
foreach( LayersAndAttributesModel layer in layerModel)
            {
layersName. Add( layer. LayersName) ;
            }
                SelectedLayer. ItemsSource = layersName;
                SelectedLayer. SelectedIndex = 0 ;
        }
else
        {
                MessageBox. Show( "正在加载图层!" ) ;
        }
        }
private void StatisticsButton_ Click( object sender, RoutedEventArgs e)
        {
Layer layer = Map. Layers[ layerModel[ SelectedLayer. SelectedIndex]. LayerIndex] ;
List < Graphic > statisticaGraphics = Functions. GetLayerGraphics ( layer,
SelectedAttributes. SelectedItem. ToString( )) ;
Statistics statistical = new Statistics( ) ;
ElementLayer elementLayer = new ElementLayer( )
        {
                ID = "StatisticLayer" ,
                DisplayName = "统计图层"
        } ;
//生成统计图层
// * * * * * * * * * * * * * * * * * * * * * * * *
elementLayer = statistical. CreateChart ( statisticaGraphics, SelectedAttributes.
SelectedItem. ToString( ) ,
                SelectedAttributes. SelectedItem. ToString ( ) , string. Format ( "
{0}统计图" , SelectedAttributes. SelectedItem. ToString( ) )) ;
//
if( Map. Layers[ "StatisticLayer" ] ! = null)
        {
Map. Layers. Remove( Map. Layers[ "StatisticLayer" ]) ;
        }
Map. Layers. Add( elementLayer) ;
        }
private void SelectedLayer _ SelectionChanged ( object sender,
```

108

SelectionChangedEventArgs e)

    {

ComboBox layerComBox = sender as ComboBox;

//选择图层 * * * * * * * * * * * * * * * * * * *

if(layerComBox. SelectedIndex > =0)

    SelectedAttibutes. ItemsSource = layerModel [layerComBox.
SelectedIndex]. NumericAttributesName;

    }

private void SelectedAttibutes _ SelectionChanged (object sender,
SelectionChangedEventArgs e)

    {

if(SelectedAttibutes ! = null)

    _ SelectedAttibutesIndex = SelectedAttibutes. SelectedIndex;

    }

private void ClearStatisticsButton_ Click(object sender, RoutedEventArgs e)

    {

if (MessageBox. Show (" 确定清空统计图层吗?"," 提醒",
MessageBoxButton. OKCancel) = = MessageBoxResult. OK)

    {

if(Map. Layers["StatisticaLayer"] ! = null)

    {

Map. Layers. Remove(Map. Layers["StatisticaLayer"]);

Map. UpdateLayout();

    }

    }

    }

    #endregion

(四)地图工具栏——地图用户管理模块

1. 地图用户管理模块介绍

(1)用户注册:如果用户没有账号,可以即时申请一个账号,点击 登录 ,页面会弹出用户登录和注册两页窗口,选择注册,根据提示填写相关个人信息,注册账号(图3-10);

图3-10 注册用户密码输入要求

（2）用户登录 登录 ：主页面的右上方登陆功能，为区别用户的权限，在数据库中设置了普通注册用户和高级用户，普通注册用户不能下载属性表格，属性表格输出功能按钮为灰色、不可用状态 ，高级用户可以操作地图发布的所有功能。当普通注册用户被管理员授权后，可以进行地图和属性表格的下载；管理员还可以在后台对注册用户管理，也可以对用户的权限进行管理（图3-11、图3-12）。

图3-11　用户或密码输出错误提示

Active	User name				Roles
☐	12345	Edit user	Delete user	Edit roles	Add " **123456** " to roles:
☑	123456	Edit user	Delete user	Edit roles	☐ Gusers
☐	njfu	Edit user	Delete user	Edit roles	☐ Manager
					☑ Registered Users

图3-12　管理员修改注册用户操作权限

2. 界面效果图（图3-13）

图3-13　系统登录页面

110

(五)地图工具栏——地图渲染和导出功能模块

1. 地图渲染和导出功能模块介绍和实现方式

(1)地图渲染功能 ▣：包括分类渲染和分级渲染效果，前者可以实现非数值型字段的渲染，后者只能对数值型字段进行渲染；

(2)地图输出功能 ▣：实现所需地图的下载功能；

(3)地图属性表输出 ▣：实现地图部分属性表的下载功能，将属性表保存到本地(.CSV 格式)。当普通注册用户被管理员授权后，就成为高级用户，此时系统工具栏的 ▣ 会变为白色、可用状态，用户可以下载部分地图属性表到本地。

2. 界面效果图

界面效果图见图 3-14 至图 3-17。

图 3-14　分级渲染界面

图 3-15　分类渲染界面

111

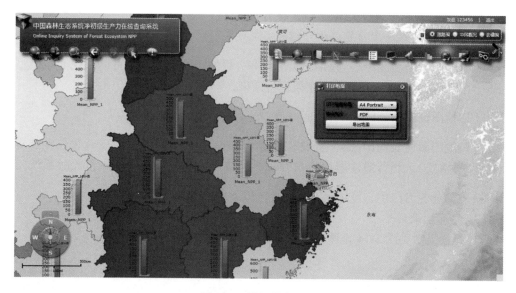

图 3-16 地图输出界面

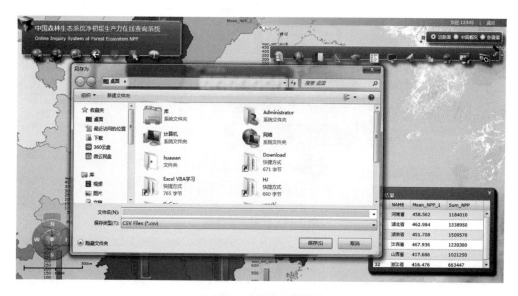

图 3-17 属性表输出界面

3. 主要实现代码

```
#region 分类渲染
private void UniqueValueRenderButton_ Click(object sender, RoutedEventArgs e)
    {
List < string > layersName = new List < string > ( );
//重新获取,以防止添加图层
layerModel = new List < LayersAndAttributesModel > ( );
layerModel = Functions. GetMapFeatureLayerOrGraphicsLayer( Map) ;
foreach( LayersAndAttributesModel layer in layerModel)
```

```
                    {
    layersName. Add(layer. LayersName);
                    }
                        UniqueLayerCombox. ItemsSource = layersName;
                        UniqueLayerCombox. SelectedIndex = 0;
                {
    private void StartUniqueRenderButton_ Click(object sender, RoutedEventArgs e)
                    {
    List < Graphic > graphicList = new List < Graphic > ();
    Layer layer = Map. Layers [layerModel [UniqueLayerCombox. SelectedIndex].
LayerIndex];
    graphicList = Functions. GetLayerGraphics (layer, UniqueValueCombox.
SelectedItem. ToString());
    graphicList = UniqueValeRender. RenderGraphicByUniqueValue (graphicList,
UniqueColorCombox. SelectedIndex, UniqueValueCombox. SelectedItem. ToString());
    UniqueValueRenderer render = new UniqueValueRenderer();
                    render. Field = UniqueValueCombox. SelectedItem. ToString();
    foreach(Graphic g in graphicList)
                        {
    render. Infos. Add(new UniqueValueInfo()
                        {
                            Symbol = g. Symbol,
                                                Value = g. Attributes
[UniqueValueCombox. SelectedItem. ToString()]
                        });
                        }
    UniqueValeRender. RenderLayer(layer, render);
                                        UniqueValueTextBlock. Text =
UniqueValueCombox. SelectedItem. ToString();
                                UniqueRenderColorListBox. ItemsSource =
UniqueValeRender. RenderModels;
                        UniqueColorPanel. IsExpanded = true;
                {
    private void UniqueLayerCombox _ SelectionChanged (object sender,
SelectionChangedEventArgs e)
                {
    ComboBox layerComBox = sender as ComboBox;
    if(UniqueLayerCombox. SelectedIndex > =0)
                                    UniqueValueCombox. ItemsSource = layerModel
```

[UniqueLayerCombox. SelectedIndex]. StringAttibutesName;

```
            }

                #endregion


    #region 字段分级渲染
    privatevoid ClassifyRenderButton_ Click(object sender, RoutedEventArgs e)
                {
    //统计图层加载完毕
    if(Map. Layers["ChinaMap"].  IsInitialized)
                    {
    layerModel = new List < LayersAndAttributesModel > ();
    layerModel = Functions. GetMapFeatureLayerOrGraphicsLayer(Map);
    List < string >  layersName = new List < string > ();
    foreach(LayersAndAttributesModel layer in layerModel)
                    {
    layersName. Add(layer. LayersName);
                        }
                        ClassifiyLayerCombox. ItemsSource = layersName;
                        StartClassifiyRenderButton. IsEnabled = true;
                    }
    else
                    {
                        MessageBox. Show("正在加载图层!");
                    }
                }
    private    void    ClassifiyLayerCombox   _    SelectionChanged   (  object    sender,
SelectionChangedEventArgs e)
                {
    ComboBox layerComBox = sender as ComboBox;
    if(layerComBox. SelectedIndex  > =0)
                                        ClassifiyFieldCombox. ItemsSource   =   layerModel
[ClassifiyLayerCombox. SelectedIndex]. NumericAttributesName;//选择图层
                }
    private void RenderButton_ Click(object sender, RoutedEventArgs e)
                {
    if(ClassifyCountCombox. Items. Count  < 0)
    return;
                    //构造颜色
    ComboBoxItem item = ClassifyCountCombox. SelectedItem as ComboBoxItem;
```

```
            int count = Convert. ToInt32 ( item. Content ) ;
            Layer  layer  =  Map. Layers [ layerModel [ ClassifiyLayerCombox. SelectedIndex ].
LayerIndex ] ;
            double    ValueRange    =    Functions. FindRangeOfAtributeValue   ( layer,
ClassifiyFieldCombox. SelectedItem. ToString ( ) ) ;
            double ValueStep = ValueRange / count;
            List < ClassifyModel > classifyModel = ClassifyRender. CreateClassifyModel
( ClassifiyFieldCombox. SelectedItem. ToString ( ),
            count, ValueStep, ClassifiyColorBlendCombox. SelectedIndex ) ;
                        ClassifyListBox. ItemsSource = classifyModel;
                            ClassifyAttributesTextBlock. Text  =  ClassifiyFieldCombox.
SelectedItem. ToString ( ) ;
            ClassifyRender. CreateRender   ( layer,  classifyModel,  ClassifiyFieldCombox.
SelectedItem. ToString ( ) ) ;
                        ClassifyColorPanel. IsExpanded = true;
            }
                #endregion


    #region 地图下载
    private void hyperlinkButton1_ Click ( object sender, RoutedEventArgs e )
            {
    ////下载结果
    if ( jobID ! = null )
                {
                        Uri uri = new Uri ( " http: //" + " tm. arcgisonline. cn: 8038 "
+ "/arcgisjob/" + GP_ Name + "_ gpserver/" + jobID + "/scratch/NPP. zip" ) ;
                        hyperlinkButton1. NavigateUri = uri;
                }
        else
                {
                    MessageBox. Show ( "没有可供下载的数据!" ) ;
                }
            }
    #endregion
    #region 地图打印触发事件
                        btnToggleExportMap. Click + = new RoutedEventHandler
( btnToggleExportMap_ Click ) ;
                PrintButton. Click + = new RoutedEventHandler ( PrintButton_ Click ) ;
    ////导出地图属性数据
```

115

```
private void btnExportTable_ Click( object sender, RoutedEventArgs e)
        {
if( QueryDetailsDataGrid. ItemsSource = = null)
            {
                    MessageBox. Show("没有数据源!");
return;
            }
int itemsCount = 0;
foreach( object obj in QueryDetailsDataGrid. ItemsSource)
            {
if( obj ! = null)
itemsCount + +;
            }
if( itemsCount > 0)
            {
ExportDataGrid. ExportData( QueryDetailsDataGrid);
            }
else
            {
                    MessageBox. Show("没有数据源!");
            }
        }
            #endregion
```

(六) 系统特点

1. 实现海量空间数据和属性数据的一体化管理

WebGIS 系统相对于其他网络在线查询系统的最大特点在于对空间数据和属性数据的一体化管理，充分体现了信息化社会给用户带来的方便、快捷。其中空间数据包括海量遥感数据、气象数据和基础地理数据，属性数据主要包括对空间数据进行定量说明的相关表格数据。

2. 充分发挥多种开发语言的优势，开发高效 WebGIS 查询系统

C#是一种最新的、面向对象的编程语言。它使得程序员可以快速地编写各种基于 Microsoft . NET 平台的应用程序，Microsoft . NET 提供了一系列的工具和服务来最大程度地开发利用计算与通讯领域；IDL 语言是完全面向矩阵的，因此它具有快速分析超大规模数据的能力。IDL 具有强大的数据分析能力，带有完善的数学分析和统计软件包，提供强大的科学计算模型。本系统充分结合 2 种语言特点，发挥两种语言的优势，开发出高效的 WebGIS 查询系统。

3. 真正意义上实现遥感数据在线查询、处理功能

在 ArcGIS Server 支持下，在网络上发布本地地图数据；在 ArcGIS GP 服务支持下，利用 Python 脚本语言和 ENVI for ArcGIS Server 将用 IDL 编写的程序发布到网

上，本系统真正意义上实现了遥感和地理信息系统数据和功能模块的网络化。

4. 构建中国森林生态系统净初级生产力在线查询系统

本系统结合遥感、地理信息系统技术和 NPP 光能利用率模型，实现对全国范围森林生态系统净初级生产力在线估算和查询功能，展现了中国森林生态系统净初级生产力的时空变化格局，提高了用户对净初级生产力知识的认识，在政府、科研等单位解释事件、预测结果、提出决策、规划战略等方面具有实用价值。

参考文献

Ruimy A，Saugier B，Dedieu G. Methodology for the estimation of terrestrial net primary production from remotely sensed data［J］. Journal of Geophysical Research，1994，99（D3）：5263 – 5283.

Field C B，Randerson J T，Malmstr M C M. Global net primary production：Combining ecology and remote sensing［J］. Remote Sensing of Environment，1995，51（1）：74 – 88.

马张宝，董慧君. 基于 ArcGIS Server 的 WebGIS 研究与开发［J］. 测绘科学，2009（S1）：141 – 142.

王天宝，王尔琪，卢浩，黄跃峰. 基于 Silverlight 的 WebGIS 客户端技术与应用试验［J］. 地球信息科学学报，2010（1）：69 – 75.

陆亚刚，邱知，游先祥，张红梅，陈丽. 基于 SilverLight 和 REST 的富网络地理信息系统框架设计［J］. 地球信息科学学报，2012（2）：192 – 198.

陶波，葛全胜，李克让，邵雪梅. 陆地生态系统碳循环研究进展［J］. 地理研究，2001（5）：564 – 575.

朱文泉. 中国陆地生态系统植被净初级生产力遥感估算及其与气候变化关系的研究［D］. 北京：北京师范大学，2005.

高清竹，万运帆，李玉娥，林而达，杨凯，江村旺扎，王宝山，李文福. 基于 CASA 模型的藏北地区草地植被净第一性生产力及其时空格局［J］. 应用生态学报，2007（11）：2526 – 2532.

下 篇

各 论

第四章

华北区主要森林生产力估测

第一节 主要树种的生物量及 NPP 实测

以华北落叶松（*Larix gmelinii* var. *principis-rupprechtii*）人工林、油松（*Pinus tabuliformis*）人工林、白桦（*Betula platyphylla*）天然林、山杨（*Populus davidiana*）天然次生林和蒙古栎（*Quercus mongolica*）天然次生林为研究对象，采用典型样地测定；乔木层各器官生物量测定采用平均标准木法。

一、华北落叶松人工林生产力估测

（一）华北落叶松林木器官生物量的分配

1. 华北落叶松不同林木器官生物量的分配比

树木各器官生物量的分配情况受树木本身特性、树龄、林木密度、立地条件、气候变化、经营措施等多方面因素的影响，在生长过程中处于波动性变化中，但各器官生物量总值均表现出随树龄、胸径增加而增长的趋势。树干对树木起支撑作用，其生物量是多年积累而来，分配比例最大；各器官生物量分配表现为干 > 根 > 枝 > 叶，其中树干分配平均值为 59.02%（26.85%~72.23%），树根平均值为 17.57%（11.79%~26.15%），树枝平均值 15.82%（7.19%~31.99%），树叶平均值 7.59%（2.11%~26.10%）。林木不同器官生物量的分配比变化较大，幼树期树干的比重随树龄、胸径的增长而迅速升高，当树龄达 15 年或胸径达 6.5cm 后，则呈缓慢升高的趋势；树叶、树枝的比重表现出相反的趋势；树根的比重保持相对稳定的状态，各器官生物量分配情况随树龄、胸径变化见图 4-1 和图 4-2。

2. 华北落叶松地上、地下生物量关系（根茎比）

根茎比（RSR）或称根冠比即地上、地下生物量的比值。树木地上部分生物量具有测定方便的优势而研究较多，根由于测定、取样的困难而研究成果较少。研究树木的根茎比可利用已有地上生物量数据对地下生物量进行推算，因而有着重要的意义。根茎比在林木生长过程中受树龄、胸径、立地、经营措施、气候变化等因素的影响而波动。本次研究结果显示，华北落叶松的根茎比变化在 0.134~0.355，根茎比表现为随树龄、胸径增加而趋于缓慢上升的趋势（图4-3、图4-4）。在幼树期（树龄7~15a或胸径1.7~6.6cm）根茎比较低，平均为0.159；当树龄超过15a或胸径大于6.6 cm时，此时已进入成林阶段，根茎比则处于较稳定的阶段，根茎比平均值为0.236，这同罗云建等提出的华北落叶松人工林的根茎比平均值（0.2511）较接近。

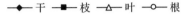

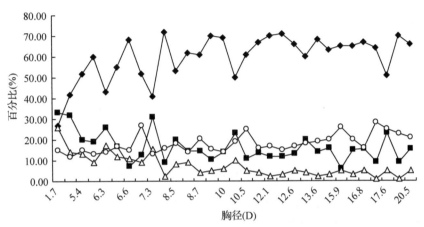

图4-1 华北落叶松林木器官生物量分配随胸径变化关系

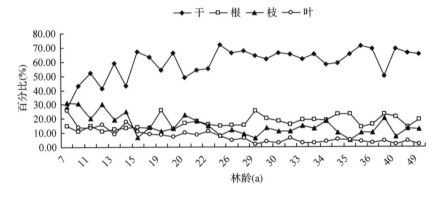

图4-2 华北落叶松林木器官生物量分配随林龄变化关系

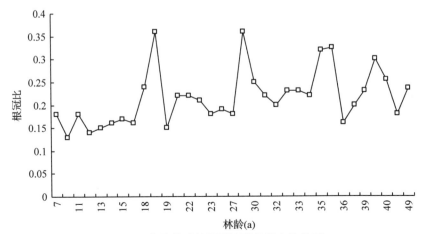

图4-3 华北落叶松根冠比随林龄变化关系

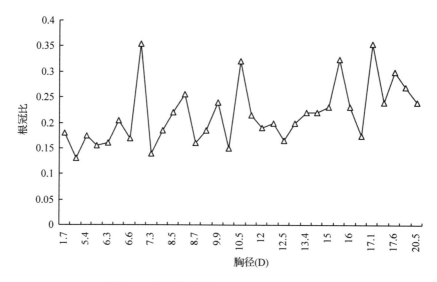

图 4-4　华北落叶松根冠比随胸径变化关系

根茎比（RSR）为因变量，采用逐步回归的方法建立估测模型 4-1：

$$RSR = 0.092473 + 0.018896A - 0.0279356D + 0.003253A^2 - 0.001608AD$$

$$(4\text{-}1)$$

$$R^2 = 0.74933,\ F = 8.0031 > F_{0.01}(3,33) = 4.44,\ n = 33$$

上述模型在 0.01 水平上，经 F 值检验相关性显著，可用于华北落叶松人工林根茎比的估测。

（二）华北落叶松林木单株生物量模型

根据已有研究，选择生产上易于测量的 D、D^2H（其中 D 为胸径、H 为树高）为自变量，以林木器官生物量（W）为因变量，建立林木总生物量及器官生物量的回归估测模型（表 4-1）。回归结果表明，D 和 H 能够较好用于预测生物量的积累情况，尤其是对于全株、树干和树根的生物量预测；树枝、树叶的生长除受 D 和 H 的影响外，在很大程度上受冠长、冠幅等因素的影响，因此与 D、H 的相关关系较差，但仍有较高的适用性。林木全株及器官生物量与 D、D^2H 多呈 Logstic 函数、指数函数、直线回归或幂函数关系等。

表 4-1 中所列各生物量回归模型，在 0.01 水平上经 F 值检验，因变量和自变量间相关均达到极显著或显著水平，用于预测华北落叶松的单株生物量及器官生物量有较强的适用性。

表 4-1　华北落叶松林木单株生物量回归模型

林木器官	回归模型	决定系数（R^2）	F 值
林木全株	$W_{总} = -1.2362.0724 + 8897.3988e^{15.7237D}$	0.9737	518.0209
	$W_{总} = 54.1404D^{2.7219}$	0.9691	972.2941
	$W_{总} = 4865.3511e^{18.5359D}$	0.9699	933.8707
	$W_{总} = 5279.5652 + 267694.9797D^2H$	0.9773	1246.9424
	$W_{总} = 258848.0578(D^2H)^{0.890157}$	0.9807	1474.8521

（续）

林木器官	回归模型	决定系数（R^2）	F 值
树干	$W_{干} = 2803.2861e^{19.1411D}$	0.9494	544.2970
	$W_{干} = 26.0845D^{2.8225}$	0.9486	571.5773
	$W_{干} = 2045.0843 + 175989.9749(D^2H)$	0.9743	1100.5477
	$W_{干} = 171528.9882(D^2H)^{0.926574}$	0.9762	1187.3290
树枝	$W_{枝} = 1381961.1552/(1 + e^{7.4272-16.9981D})$	0.7889	52.3210
	$W_{枝} = 17.2873D^{2.4056}$	0.7962	121.1174
	$W_{枝} = 833.0779e^{16.8548D}$	0.7890	108.4099
	$W_{枝} = -1422.1109 + 1381.2646e^{14.5232D}$	0.7910	52.9855
	$W_{枝} = -2778052.8495 + 2771539.26e^{0.011371(D^2H)}$	0.7681	46.3631
	$W_{枝} = 30224.7558(D^2H)^{0.791557}$	0.7741	91.3764
树叶	$W_{叶} = 14.20409 \cdot D^{1.1528}$	0.6836	62.6515
	$W_{叶} = 4947.6900/(1 + e^{2.6563-0.226017D})$	0.6893	31.0578
	$W_{叶} = 3902.7373/(1 + e^{1.1612-11.4159D^2H})$	0.6286	23.6960
	$W_{叶} = 5006.4670(D^2H)^{0.372603}$	0.6072	44.8365
树根	$W_{根} = 1033596.5622/(1 + e^{5.4163-24.7171D})$	0.9704	459.5680
	$W_{根} = 5.2648D^{2.9746}$	0.9742	1091.4826
	$W_{根} = 791.7757e^{19.7043D}$	0.9658	818.5441
	$W_{根} = 346.5306 + 55123.9740D^2H$	0.9534	592.7075
	$W_{根} = 53620(D^2H)^{0.94171}$	0.9551	617.4929

注：本表模型适用范围为树龄 7～49 年、胸径 1.7～20.5cm、树高 2.3～20.5m。

（三）华北落叶松林木单株生产力

生物量是林木同化生长的积累，随着树龄的增加，林木的生物量与生产力通常呈增加趋势，林木生产力的高低决定了其储存有机碳的能力的大小。林木生产力受树龄、立地、人为经营措施、气候变化等多项因素影响，通过对林木生物量测定结果的比较，不同树龄、立地、经营措施下林木个体间生产力有较大差异，同一林分中由于自然生长特性、在林层中所处位置的不同，生产力间差异。以标准木树龄（A）为自变量、生物量（W）为因变量建立模拟方程 4-2。

$$W = 4.8139A^{2.207573} \tag{4-2}$$

$$R^2 = 0.8010, \ F = 124.7465 > F_{0.01}(2,33) = 5.42, n = 33$$

模型 4-2 在 0.01 水平下相关关系显著，可用于林木生物量的估测。

本次调查结果显示，华北落叶松树龄 7～49 年林木单株多年平均生产力变化在 211.258～4512.804 g·a^{-1}，在幼树期较低，随树龄增长而迅速提高（图 4-5）。

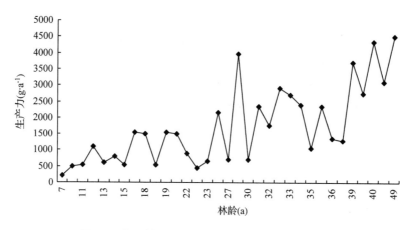

图 4-5　华北落叶松林木单株多年平均生产力变化

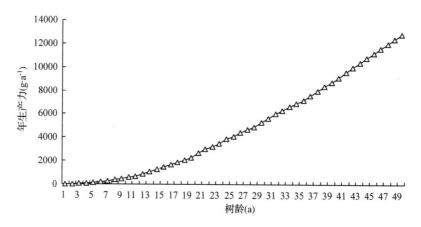

图 4-6　华北落叶松林木单株年平均生产力变化

利用方程 4-2，进行林木生产力变化情况模拟（图 4-6）。可见，幼树期（1~5 年）生产力水平较低（81.4 g·a^{-1}），树龄为 6~15 年时生产力有所提高，但增长不多，15 年生时生产力不足 1500 g·a^{-1}；16 年以后生产力水平迅速提高，此时进入速生期，直至 49 年时生产力仍保持很高的水平，这说明华北落叶松林较适合中长期种植管理。不同树龄期年生产力平均水平见表 4-2。

表 4-2　华北落叶松林木单株不同树龄期年均生产力

树龄期（a）	1~5	6~10	11~15	16~20	21~30	31~40	41~50
年平均生产力（g·a^{-1}）	81.4	469.2	1133.5	2038.6	3831.9	6891.8	10699.4

落-22、落-13 两株典型木的年生产力变化见图 4-7，其中落-22 当树龄达 49 年时，年生产力水平为 10800 g·a^{-1}，是本次调查的最高值。由于本次调查树龄所限，树龄 50 年以后的生产力变化有待进一步研究；其次由于生产上通常采用下层疏伐的作业方式，30 年以上林分中保留木多为生长较好的优势木，生长不良木基本已伐除，40 年以后一些生长不良的劣质林分经过低改也已伐除，这使得树龄 40~50 年生林木单株生产力水平估计结果有可能偏高。

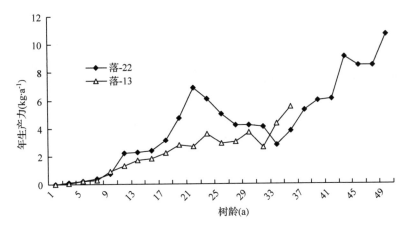

图4-7 华北落叶松典型林木生产力变化

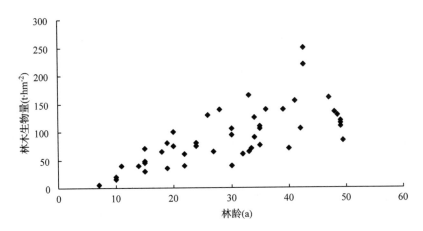

图4-8 林木层生物量随林龄变化关系

(四)华北落叶松人工林的生物现存量

1. 不同林分组分生物现存量的分配

华北落叶松人工林生物现存量主要存在于林木层、灌草植被层、枯落物层、木质残体(主要为根桩)中,其中林木层作为森林植被的主体部分,通常是生物量储存最多的部分。本次测定结果表明:林分生物现存量变化范围为15.0076~209.1130 t·hm^{-2},平均值为100.4476 t·hm^{-2};其中林木层生物量变化范围为5.9785~165.7144 t·hm^{-2},平均值为83.2994 t·hm^{-2};枯落物层生物现存量变化范围为1.9470~30.0770 t·hm^{-2},平均值为14.5480 t·hm^{-2};灌木层生物量变化范围为0~4.5780 t·hm^{-2},平均值为0.2114 t·hm^{-2};草本植物层生物量变化范围为0~6.8996 t·hm^{-2},平均值为0.9195 t·hm^{-2};根桩生物量变化范围为0~7.2435 t·hm^{-2},平均值为1.4695 t·hm^{-2}。

同时各林分组分所占生物量的分配比表现为林木层平均值为81.0%(39.84%~93.04%)、灌木层平均值为1.15%(0~30.50%)、草本层平均值为1.54%(0~16.68%)、枯落物层平均值为15.06%(6.28%~28.84%)、根桩平均值为1.26%(0~5.62%)。

由以上林分组分生物现存量的变化可知，林木层生物量和枯落物层生物现存量是林分生物量的主体部分；灌木层和草本层通常情况下所占比例较小。当幼龄期林分尚未郁闭时灌草植被由于光照充足，生长繁茂，而此时由于林木较小，林木层和枯落物层的生物现存量较低，灌草层植被则占有较大的比重，但随着林龄的增加，林木层与枯落物层积累的生物现存量所占比重逐渐加大；根桩等木质残体多出现在林分抚育后的前1~2年，随着时间的推移，木质残体逐渐分解而比例降低。生物量分配比总体上表现为林木层＞枯落物层＞草本层＞根桩层＞灌木层，但对于某一具体林分，则又表现出一定的差异。

2. 林分生产力

林木层作为森林生态系统的主体，是森林生产力的主要贡献者；从不同林分组分生物量的分配情况可知，林分郁闭后灌草生长量相对较小，在测算中可忽略不计，因此以林木层的生物量与生产力代替林分生物量与生产力。华北落叶松人工林中林分生物量随林龄增加、同化物质积累而增大，图4-8为反映林分生物量随林龄变化的散点趋势图；同时林分生物量的大小又受到林木密度、立地条件、经营措施等多方面因素的影响。利用本次调查获得标准地材料，以林龄(A)为自变量、每公顷林分生物量(W)为因变量，进行数据拟合见模型4-3两者表现为负指数的函数形式。

$$W = 217.5583e^{(-23.6509/A)} \tag{4-3}$$

$$R^2 = 0.5143, F = 47.6543 > F_{0.01}(2,47) = 5.07, n = 47$$

上述模型在0.01水平上经F检验相关性显著，可用于林龄7~50年生华北落叶松人工林林分生物量的估测。

利用此模型对华北落叶松人工林的林分生物量积累过程模拟，可得不同林龄期的年平均生产力变化情况见表4-3。

表4-3　华北落叶松人工林不同林龄林分年均生产力

树龄期(a)	1~5	6~10	11~15	16~20	21~30	31~40	41~50
年平均生产力(t·hm^{-2})	0.3840	3.7035	4.9042	4.3445	3.2218	2.1546	1.5120

由表4-3可知，华北落叶松人工林，林分年均生产力在10~20年的中龄期为最高，这一阶段林木已占据林分的主导地位，林木密度高，个体生长旺盛；而随后林分生产力逐渐下降，但林木单株的生产力并没有下降，主要是由于多次抚育活动疏除了部分林木，林木密度随林龄增加而降低，同时抚育过程也带走了大量的生物量，使得年平均生产力测定结果呈现降低的趋势。

二、油松人工林生产力估测

(一)油松林木器官生物量的分配

1. 油松林木各器官生物量的分配

树木全株生物量一般随着树龄、胸径增长而增加，但不同林木的器官生物量分配比通常受树木本身生长特性、树龄、立地、气候、林木密度与经营措施等因素影响而表现出较大的波动。树干对树木起支撑固定作用，其生物量是多年的积累，所占比重最大；树枝、树根、树叶在生长过程中部分生物量会枯损，尤其是树叶的生命周期最短，因而所占比例最小。油松各器官生物量分配情况表现为干＞枝＞根＞叶，其中树干的平均值为 49.77%（19.47%～62.40%），树枝平均值 l9.71%（12.42%～33.91%），树根平均值为 16.04%（11.87%～22.66%），树叶平均值 14.48%（7.90%～38.70%）。各器官生物量分配情况见图 4-9。

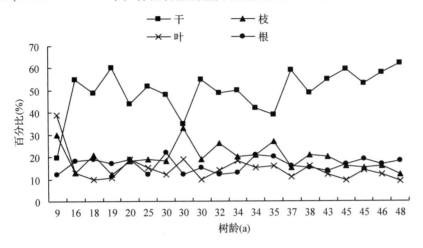

图 4-9　油松林木器官生物量分配比变化

2. 油松地上、地下生物量关系（根茎比）的研究

根茎比在林木生长过程中受树龄、胸径、立地、经营措施、气候变化等因素的影响而波动。本次研究结果显示，油松的根茎比变化在 0.135～0.293，平均值为 0.193，波动性变化见图 4-10；这一结果低于方精云提出的北京东灵山油松人工林中根茎比为 0.22 的值，但本区油松生长情况好于北京地区，因而有较多的生物量储存于树干，根茎比也相应会降低。本次研究中根茎比同林龄、胸径等林分因子的变化相关性较差，已有研究表明在天然林状态下多个树种的根茎比表现出与林龄、胸径等林分因子相关性较强，形成以上情况可能是由于本区人工林较天然林受到较多的人为干扰，尤其是较大的抚育强度改变了林木本身的生长规律，因而林木的根茎比也表现出较大的不确定性。

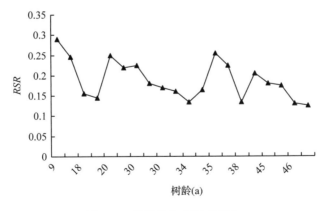

图 4-10　油松林木 *RSR* 的变化

（二）油松林木生物量模型

根据对油松标准木全株及各器官生物量的测定结果，选择 D、D^2H 为自变量，以林木器官生物量(W)为因变量，建立林木总生物量与器官生物量的回归估测模型见表4-4。回归结果表明，D 和 H 分别从横向和纵向反映了树木的生长情况，因而能够较好地用于预测生物量的积累情况，尤其是对于全株、树干和树根的生物量预测；树枝、树叶的生长除受 D 和 H 的影响外，在很大程度上又受到冠长、冠幅、林木密度等因素的影响，因此与 D、H 的相关关系较差，但回归结果仍有较高的适用性。林木全株及器官生物量与 D 多呈指数函数、幂函数或 Logstic 函数，与 D^2H 呈直线回归、负指数函数或二次曲线的关系。

表4-4 中所列各生物量回归模型，在 0.01 水平上经 F 值检验，因变量和自变量之间相关关系均达到极显著或显著水平，因此以上模型可用于油松林木单株生及器官生物量的预测，有较高的适用性。但各模型在不同的林龄期预测精度各有差别，实际运用中应选择最佳模型。

表4-4　油松林木单株生物量回归模型

林木器官	回归模型	决定系数(R^2)	F 值
林木全株	$W_{总} = 327611.2066 / \left[1 + e^{(4.7954 - 0.245375D)} \right]$	0.9730	310.8245
	$W_{总} = 71.01370D^{2.6021}$	0.9744	686.2228
	$W_{总} = 6151.4745e^{(0.16714D)}$	0.9674	534.1139
	$W_{总} = 10944.2186 + 27.9697(D^2H)$	0.9605	437.5032
	$W_{总} = 1879.9041 + 38.4625D^2H - 0.00158D^2H$	0.9686	262.1287
	$W_{总} = 139.9855(D^2H)^{0.820349}$	0.9681	546.1770
树干	$W_{干} = 2104.3218e^{(0.194113D)}$	0.9766	752.4494
	$W_{干} = 9.6661D^{3.0907}$	0.9762	738.7727
	$W_{干} = 427000.7663 / \left[1 + e^{(5.6391 - .2241D)} \right]$	0.9773	365.6727
	$W_{干} = 982.7522 + 17.2413D^2H$	0.9879	1465.2185
	$W_{干} = 22.4591(D^2H)^{0.970433}$	0.9880	1079.9148
树枝	$W_{枝} = 29759.4259 / (1 + e^{4.2609 - 0.299165D})$	0.8119	36.6857
	$W_{枝} = 2240.3132e^{0.12305D}$	0.7762	62.4361
	$W_{枝} = 103.9687D^{1.8424}$	0.8060	74.7789
	$W_{枝} = 1044.9331 + 8.1531(D^2H) - 0.000672(D^2H)^2$	0.7857	31.1684
	$W_{枝} = 29888.2715e^{-1199.94737/D^2H}$	0.7978	31.0233
	$W_{枝} = 163.8826 \times (D^2H)^{0.583288}$	0.7777	62.9704
树叶	$W_{叶} = 69.483D^{1.8482}$	0.8125	40.0976
	$W_{叶} = 20407.9944 / (1 + e^{4.3256 - 0.301623D})$	0.8251	40.0976
	$W_{叶} = 20276.232 / (1 + e^{-1207.691D^2H})$	0.7779	63.0405
	$W_{叶} = 121.0963(D^2H)^{0.572477}$	0.7576	56.2553

(续)

林木器官	回归模型	决定系数(R²)	F 值
树根	$W_{根} = 42149.4449/(1 + e^{5.51339 - 0.291717D})$	0.9432	141.0199
	$W_{根} = 9.94466D^{2.6536}$	0.9407	285.7665
	$W_{根} = 960.4470e^{0.16930D}$	0.9299	238.7883
	$W_{根} = 1580.0228 + 4.5925D^2H$	0.9192	204.7048
	$W_{根} = -214.3815 + 6.6697D^2H - 0.000313(D^2H)^2$	0.9305	113.7746
	$W_{根} = 20.5312(D^2H)^{0.832483}$	0.9268	227.8153

注：上述模型适用范围为树龄7~48年、胸径5.0~20.3cm、树高2.85~16.2m。

(三) 油松单株生产力

油松林木随着树龄增加，生物量积累增多，但生物量积累不仅受树龄的影响，同时还受立地条件、经营措施、气候变化等多方面因素影响，这使得不同林木单株间的生产力有较大差异。对油松林木单株生物量的测定结果为，树龄9~48年生油松多年平均生产力变化在569.8~3955.5g·a^{-1}，其波动变化情况见图4-11。以树龄(A)为自变量、多年累计生物量(W)为因变量建立数学模型如4-4。

$$W = 2.1558A^{2.9296} \tag{4-4}$$

$$R^2 = 0.8409, F = 95.1486, n = 26$$

根据模型4-4对油松林木单株年生产力进行估测，各树龄年生产力见图4-12，不同树龄期年平均生产力变化见表4-5。

表4-5　油松林木单株不同树龄期年平均生产力

树龄期(a)	1~5	6~10	11~15	16~20	21~30	31~40	41~50
年平均生产力(g·a^{-1})	48.1	318.3	835.1	1589.1	3180.6	6052.2	9804.9

表4-5的估测结果表明，在树龄50年范围内，随树龄的增加，林木单株年生产力呈升高的趋势；同样树龄30年以上林木，处于近熟龄或成熟龄由于择伐等原因，此时保留木或林分均为生长较好的情况，这使得估测结果有可能偏高，但考虑到这通常是生产上的普遍经营措施，因此以此做为生产力水平的估测是可行的。同表4-2的华北落叶松林木单株生产力水平相比较，油松林木单株生产力水平相对较低，树龄20年以下为华北落叶松的60%~75%，30年以上为80%~90%。这主要是由于华北落叶松相较于油松的速生性所决定的，表明了华北落叶松同油松相比生物量积累速度快。

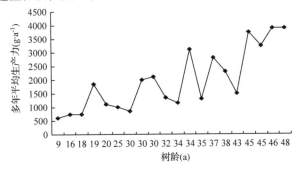

图4-11　油松林木单株多年平均生产力随树龄的变化

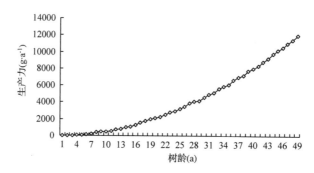

图 4-12   油松林木单株年生产力水平变化

（四）油松人工林林分组分生物量分配

林龄 14~48 年油松人工林，林分生物现存量变化为 40.0396~137.5250 t·hm^{-2}，平均值为 99.6859 t·hm^{-2}；林木层生物量变化为 18.1280~130.0565 t·hm^{-2}，平均值为 94.3546 t·hm^{-2}；枯落物层生物现存量变化为 3.4357~10.085 t·hm^{-2}，平均值为 3.4357 t·hm^{-2}；灌木层生物量变化为 0~1.264 t·hm^{-2}，平均值为 0.2114 t·hm^{-2}；草本植物层生物量变化为 0~6.8996 t·hm^{-2}，平均值为 0.1051 t·hm^{-2}；根桩生物现存量变化为 0~4.7174 t·hm^{-2}，平均值为 0.8184 t·hm^{-2}。各林分组分生物现存量的分配情况为林木层平均值 94.58%（86.48%~98.95%）、枯落物层平均值 3.58%（0.72%~10.47%）、草本植物层平均值 1.02%（0~4.65%）、灌木层平均值 0.11%（0~0.92%）、根桩平均值 0.71%（0~3.43%），分配次序为林木层 > 枯落物层 > 草本层 > 根桩 > 灌木层。

由以上可知，油松人工林中各组分的生物现存量有较大的变化，但林木通常是林分生物量最主要部分，其次枯落物也占有较高比重，其他组分所占的比重通常很小。幼龄期由于林木生物量积累较少，而灌草植被在尚未郁闭的林地内能获得充足的光照、水分与营养，生长繁茂，因而有较高的生物量；根桩等木质残体仅在林分抚育后短期内有较高的生物现存量。

（五）油松人工林林分生产力

在油松人工林中，随林龄增加，林木个体生物量积累增多，林分的生物量也增加，同样以林木层生物量代替林分生物量。林分生物量增加不仅受到林龄的影响，同时还受林木密度、立地条件、经营措施等方面因素的影响，尤其是经营措施的影响较大。目前在整个生长期内，林木通常经过 3~5 次的抚育间伐，大量的生物量随间伐而带走，这使得林分生物量经常处于较大的变动；但由于生产上采用较近似的经营技术，使得林分生物量与林龄间仍有较高的相关性。利用本次调查获得的标准地材料，经散点趋势图（图 4-13）分析，以林龄（A）为自变量、林分每公顷生物量（W）为因变量建立数学模型（表 4-6）。

模拟结果表明在林龄 14~48 年期间，林分生物量与林龄间呈直线、幂函数、负指数函数等函数形式。

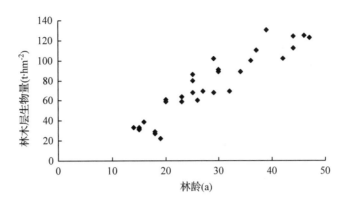

图4-13　油松人工林林木层生物量随林龄变化关系

表4-6　油松人工林林分生物量估测模型

NO.	函数形式	数学模型	决定系数	F 值
1	直线	$W = -3.8959 + 2.8509A$	0.8775	207.7750
2	幂函数	$W = 2.5317A^{1.0213}$	0.8760	204.9068
3	Logstic	$W = 129.46 / (1 + e^{2.7054 - 0.114427A})$	0.8956	120.0524
4	负指数函数	$W = 229.7648 \cdot e^{-29.2979/A}$	0.8962	250.3599

　　上述4种函数形式的数学模型在0.01水平上经 F 检验,相关性显著,可适用于林龄14~48年油松人工林林分生物量的估测。

　　利用幂函数形式的模型(NO.-2)进行不同林龄期林分年平均生产力的估测结果见表4-7。

　　经对1~50年林龄的林分生物量的实际检验,幂函数、直线回归与 Logstic 函数形式的模型在幼龄期估测结果偏高,而负指数函数估测结果有可能偏低;而随着林龄的增加,林木接近成熟龄后,其生产力的增长趋缓,此时直线回归与幂函数的估测结果偏高,以负指数与 Logstic 函数为有限增长函数估测结果较好。

表4-7　油松人工林不同林龄期林分年平均生产力

树龄期(a)	1~5	6~10	11~15	16~20	21~30	31~40	41~50
年平均生产力 $(t \cdot hm^{-2} \cdot a^{-1})$	0.1310	2.2323	4.0628	4.1027	3.3428	2.3928	1.7426

　　由表4-7可知,油松人工林分生产力在初期较低,此时林木幼小,个体发育尚不充分;随着林龄增加,乔木层在林分中的主体地位确立,林木生长迅速,再加上未经抚育林木密度较高,在11~20年处于林分生产力增长的高峰期;进入中龄后,林分生产力较前期有所下降;但并不是林木单株个体生产力下降,而是随着抚育间伐等经营过程带走了部分生物量,且林木密度随抚育而降低,使得林分生物量的增长趋缓。

三、白桦天然次生林生产力估测

（一）白桦林木器官生物量的分配

1. 白桦林木器官生物量

白桦林木全株与器官生物量总值通常情况下会随着树龄增加，胸径、树高的生长而增加；但不同林木单株器官生物量分配比在生长过程中又受到树种生长特性、立地条件、经营密度、人为干扰、气候变化等方面的影响而变化。通常在幼树期树干所占比重较小，但随着树龄的增加与有机物质的积累，树干生物量在全株生物量中逐渐占有较高的比例。本次调查树龄 16~54 年的林木器官生物量分配变化情况为树干的平均值为 56.46%（47.66%~62.85%），树枝平均值 16.01%（10.20%~20.82%），树根平均值为 24.03%（17.34%~31.73%），树叶平均值 3.11%（1.98%~5.20%），即总体表现为干>根>枝>叶。

2. 白桦林木的根茎比

根茎比在林木生长过程中受树龄、胸径、立地、经营措施、气候变化等因素的影响而波动。本次研究结果显示，白桦林木的根茎比变化在 0.210~0.465，平均值为 0.320，波动性变化见图 4-14。

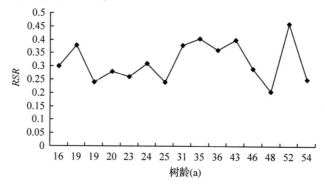

图 4-14　白桦林木的根茎比变化

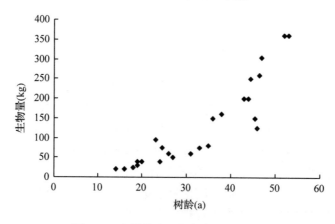

图 4-15　白桦林生物量与树龄的关系

本次研究中根茎比表现出较大的不确定性，同林龄、胸径等林分因子的变化相关性较差。这可能是白桦次生林为天然林破坏后通过萌蘖中发育而来，原有的根桩有一定的生物量，同时林木密度疏密不均，生长空间差异较大，使得根茎比存在较大的不确定性。白桦较油松、落叶松根系相对较深、根幅大，生物量积累较多，因而根茎比较前两者较高。

（二）白桦林木的生物量模型

同样选择生产上易于测量的 D、D^2H 为自变量，以林木器官生物量为因变量，建立林木总生物量与器官生物量的回归估测模型见表 4-8。回归结果表明，D 和 H 能够很好用于全株、树干和树枝的生物量预测，而树叶、树根的预测精度相对较低，但总体效果要好于华北落叶松与油松，这应是白桦天然次生林较人工林人为干扰较少的原因造成的；但另一方面由于林木密度变化较大，使得其生长空间存在较大的不同，造成树叶、树根的预测精度较低，尤其是树根，这是由于白桦根系的延伸能力强，调查中发现根系越过其他树木的情况较普遍。同时白桦天然次生林中，林木多为萌蘖而来，往往由同一树墩发育多个树干，单一树干的情况较少，这一情况在未经抚育的幼龄期非常普遍，这使得生物量的估测存在较大的难度。本次调查根据传统的森理经理调查规程，1.3m 以下有分枝的计作不同的单株，这同样使得根量的计算存在较大的误差。

林木全株及器官生物量与 D 多呈指数函数、幂函数或 Logstic 函数关系，与 D^2H 呈线性函数、幂函数的关系。

上述回归模型在 0.01 水平经 F 检验相关关系显著，可用于树龄 16～54 年生白桦林木单株及器官生物量的估测。

表 4-8　白桦林木生物量估测模型

林木器官	回归模型	决定系数(R^2)	F 值
全株	$W_{总} = 990634.0559/(1 + e^{8.2923 - 0.1645D})$	0.9680	181.5771
	$W_{总} = 32.9970D^{2.9314}$	0.9609	319.7301
	$W_{总} = 7602.7082e^{0.1635D}$	0.9680	393.8469
	$W_{总} = 15.2539(D^2H)^{1.0855}$	0.9859	911.4786
	$W_{总} = -4309.73 + 33.5712D^2H$	0.9837	786.2796
树干	$W_{干} = 87429408.1423/(1 + e^{9.9754 - 0.1650D})$	0.9692	188.4971
	$W_{干} = 18.0021D^{2.9350}$	0.9554	278.3812
	$W_{干} = 4079.5842e^{0.164855 \cdot D}$	0.9692	408.9091
	$W_{干} = 9.4056(D^2H)^{1.0731}$	0.9765	539.2068
	$W_{干} = -1292.9582 + 18.3500D^2H$	0.9746	498.8986
树枝	$W_{枝} = 14425528.6585/(1 + e^{9.8309 - 0.190448D})$	0.9789	278.4357
	$W_{枝} = 0.94871D^{3.5330}$	0.9703	425.3341
	$W_{枝} = 780.5978e^{0.19004D}$	0.9789	603.7889
	$W_{枝} = 0.527414(D^2H)^{1.2699}$	0.9821	714.8153
	$W_{枝} = -3375.5685 + 6.5035D^2H$	0.9712	438.5384

（续）

林木器官	回归模型	决定系数(R^2)	F 值
树叶	$W_{叶} = 13820.9062/(1 + e^{3.7569 - 0.168560D})$	0.8442	32.5029
	$W_{枝} = 18.5678D^{1.9057}$	0.8405	68.4839
	$W_{叶} = 569.5721e^{0.111521D}$	0.8375	66.9892
	$W_{叶} = 10.1661(D^2 H)^{0.717109D}$	0.8528	75.3766
	$W_{叶} = 967.5761 + 0.666849D^2 H$	0.8536	75.8028
树根	$W_{根} = 122492.7458/(1 + e^{5.1558 - 0.2469D})$	0.8087	25.3582
	$W_{根} = 15.924D^{2.7047}$	0.8050	53.6788
	$W_{根} = 2393.3131e^{0.1510D}$	0.7969	50.9975
	$W_{根} = -5.6422(D^2 H)^{1.0383}$	0.8406	68.5446
	$W_{根} = -608.7852 + 8.0509D^2 H$	0.8402	68.3582

（三）白桦林木的生产力

林木生物量随树龄增加而增加，由于受树木个体差异、立地条件、林木密度等多方面因素所影响，不同林分、不同林木单株的生物量积累不同；但白桦树种本身与林分的生长、发育特性决定了其生物量的积累仍与树龄有较大的相关性（图 4-15）。因此以树龄（A）为自变量、生物量（W）为因变量，进行回归模拟，结果显示 Logstic 函数、幂函数、指数函数、负指数函数具有较好的模拟结果（表 4-9）。

表 4-9　林木生物量与树龄的函数关系

NO.	函数形式	数学模型	决定系数(R^2)	F 值
1	Logstic	$W = 15235272/(1 + e^{7.2795 - 0.666901A})$	0.9079	59.1161
2	幂函数	$W = 10.6065A^{2.6166}$	0.8928	108.2522
3	指数幂函数	$W = 10748.9639e^{0.066076A}$	0.9080	128.2868
4	负指数函数	$W = 2422447.9374e^{-105.0961/A}$	0.8597	79.6732

上述回归模型在 0.01 水平经 F 检验相关性显著，可用于林木单株生物量的估测，适用于树龄 16～54 年或胸径 7.2～23.2cm 的白桦林木单株。需要指出的是上述

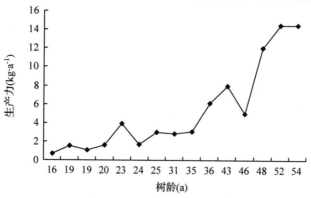

图 4-16　白桦林单株多年平均生产力变化

各模型在不同的树龄期估测精度各有区别，实际运用时要根据树龄、胸径选择最佳的模型；其中指数函数形式的模型外延性相对较好，尤其是在树龄较小时估测精度较其他模型明显较高且适用性较好。

根据对标准木的统计结果，多年平均生产力水平变化为 $694.5 \sim 14606.8 \mathrm{g} \cdot \mathrm{a}^{-1}$，不同标准木多年平均生产力变化见图4-16。以幂函数形式的数学模型（No-2）为基础，可得不同树龄期的生物量，进而求得年平均生产力见表4-10。

表4-10 白桦林木年平均生产力

树龄期（a）	1~5	6~10	11~15	16~20	21~30	31~40	41~50	51~60
年平均生产力（$\mathrm{g} \cdot \mathrm{a}^{-1}$）	143.0	734.0	1658.0	2846.0	5083.0	8728.0	13085.0	18087.0

（四）白桦天然次生林林分生物现存量的分配

对白桦天然次生林标准地的测定结果表明，林分生物现存量变化范围为 $77.3916 \sim 158.4734 \mathrm{~t} \cdot \mathrm{hm}^{-2}$，平均值为 $118.2951 \mathrm{~t} \cdot \mathrm{hm}^{-2}$；其中林木层生物量变化范围为 $67.1009 \sim 144.7879 \mathrm{~t} \cdot \mathrm{hm}^{-2}$，平均值为 $105.9138 \mathrm{~t} \cdot \mathrm{hm}^{-2}$；枯落物层生物现存量变化范围为 $2.18 \sim 15.44 \mathrm{~t} \cdot \mathrm{hm}^{-2}$，平均值为 $7.8347 \mathrm{~t} \cdot \mathrm{hm}^{-2}$；灌木层生物量变化范围为 $0 \sim 6.3238 \mathrm{~t} \cdot \mathrm{hm}^{-2}$，平均值为 $3.4544 \mathrm{~t} \cdot \mathrm{hm}^{-2}$；草本植物层生物量变化范围为 $0.0930 \sim 1.8410 \mathrm{~t} \cdot \mathrm{hm}^{-2}$，平均值为 $0.7758 \mathrm{~t} \cdot \mathrm{hm}^{-2}$；木质残体生物量变化范围为 $0 \sim 2.0210 \mathrm{~t} \cdot \mathrm{hm}^{-2}$，平均值为 $0.3164 \mathrm{~t} \cdot \mathrm{hm}^{-2}$。各林分组分生物现存量的分配情况为林木层平均值89.32%（83.36%~96.87%）、枯落物平均值6.81%（1.84%~12.08%）、草本植物平均值0.72%（0.08~1.97%）、灌木平均值2.90%（0~5.28%）、木质残体平均值0.25%（0~1.32%）；即总体表现为林木层>枯落物层>灌木层>草本植物层>木质残体。

由以上可知，白桦次生林中各林分组分生物量存在较大的变化，但林木层是林分生物量最主要的部分，其次枯落物层也占有较高的比重，其他组分所占的比重较小；但灌木的生物量较华北落叶松、油松人工林相比要多一些，木质残体在林分充分郁闭后伴随林木的分化开始出现，主要由枯死的林木和枝桠构成而不是采伐剩余物（根桩）。

利用本次调查所获得的标准地材料，以林龄（A）为自变量，白桦林每公顷林分生物量（W）为因变量，建立回归模型，研究发现两者呈 Logstic 函数、线性关系或指数函数关系，回归模型见表4-11。各回归模型在0.01水平 F 检验相关关系显著，可用于林龄16~54年的白桦天然次生林林分生物量的估计。

表4-11 白桦天然次生林林分生物量模型

No.	函数形式	数学模型	决定系数	F 值
1	线性	$W = 54.5191 + 1.4755A$	0.8268	38.1812
2	Logstic	$W = 9550.0168/(1 + e^{5.0087 - 0.01433A})$	0.8398	18.2320
3	幂函数	$W = 20.9364A^{0.462212}$	0.8155	35.3535
4	指数函数	$W = 63.4589e^{0.01417A}$	0.8391	41.7292

四、山杨天然次生林生产力估测

（一）林木全株及器官生物量

林木生物量是林木同化生长的积累，主要储存于树干、树枝、树叶、树根等林木器官中，不同林木器官生物量分配比例主要受树种特性、树龄、生长环境、人为经营措施等多因素的影响，山杨林木器官生物量分配情况见图4-17。

在山杨林木各器官中，树干生物量所占比重最大；同时山杨是一种深根性树种，因而树根生物量相较于树枝所占比例较高；各器官生物量所占比重依次为树干＞树根＞树枝＞树叶（图4-17）。

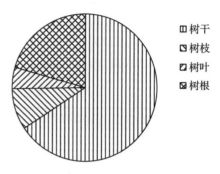

图4-17　山杨林木器官生物量的分配

（二）根茎比

根茎比是地下生物量与地上生物量的比值，由于实际操作中地下生物量调查困难程度较高，可利用地上生物量对地下生物量进行推测。根茎比在不同的树种、林分及单株之间均有差异，主要受树种本身生长特性、经营措施、立地条件、树龄、气候等多方面的因素影响，本次调查山杨林木的根茎比变化为0.258～0.295，波动幅度较小，平均值为0.281。山杨生长迅速，地上生物量尤其是树干生物量远远大于地下生物量，因此根茎比相较于白桦（0.320）较小。

（三）山杨天然次生林林分生物量

林分生物现存量主要储存于林木层、地被植物层（草本、灌木植物）、地表枯落物层、木质残体等林分组分中，由于林龄、立地条件、人为干扰等因素的影响，不同林分组分储存的生物量是不同的，因此其分配比例各有不同。山杨天然次生林不同林分组分生物现存量分配情况见图4-18。

由图4-18可知，在山杨天然次生林中生物现存量主要储存于林木层，通常占80%以上；其次枯落物层也有较高的比重，其储量变化在4%～8%；山杨林中灌木的

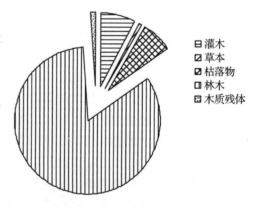

图4-18　山杨林林分组分生物现存量的分配

平均生物存量约占6%，有着较高的比重，这是由于山杨林生长于阴坡，且郁闭度多在0.6～0.8，灌木层发育较好。

五、蒙古栎天然次生林生产力估测

（一）林木器官生物量的分配

林木生物量主要储存于树干、树枝、树叶、树根等林木器官中，不同林木器官生物量分配比例主要受树种特性、树龄、生长环境、人为经营等因素的影响，本次调查获得的蒙古栎不同器官生物量分配情况如图4-19所示。

从图 4-19 可知，在蒙古栎林木中，各器官生物量所占比重依次为树干＞树根＞树枝＞树叶，其中以树干生物量所占比重最大，但相较于山杨、白桦等树种树干所占比例较小，而树根所占比例较大。这符合生长于阳坡的蒙古栎生长相对缓慢，但根系发达的特点，显示出有着更强大的水土保持功能和抗干旱耐瘠薄的特性。

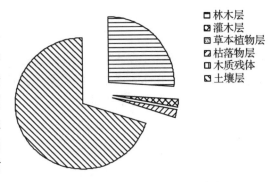

图 4-19　蒙古栎林木器官生物量的分配

(二)林木根茎比

根茎比是地下生物量与地上生物量的比值，根茎比在不同树种、林分及单株之间均有差异，主要受树种本身生长特性、经营措施、立地条件、树龄、气候等多方面因素影响。本次调查蒙古栎林木的根茎比有着较大的不确定性，变化为 0.226～0.524，平均值为 0.404，远高于白桦和山杨两个树种。

(三)蒙古栎天然次生林林分生物量

林分生物现存量主要储存于林木层、地被植物层(草本、灌木)、地表枯落物层、木质残体等林分组分中，由于林龄、立地与人为干扰等方面因素的影响，不同林分组分储存的生物量是不同的，因此其分配比例也有较大变化。蒙古栎天然次生林不同林分组分生物现存量分配情况见图 4-20。

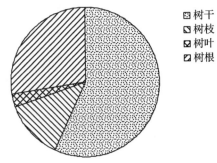

图 4-20　蒙古栎林林分组分生物量的分配

蒙古栎天然次生林的生物现存量主要储存于林木层，通常占 90% 以上；其次枯落物层也有较高比重，其储量在 5%～6%；蒙古栎林中灌草植被的存量较少，主要是由于生长环境为阳坡、土壤瘠薄不利于灌草的生长，因而其生物存量较低(图 4-20)。

第二节　内蒙古森林主要树种生产力估测

在赛罕乌拉森林生态站、黑里河天然油松林国家级自然保护区、大青沟国家级自然保护区、内蒙古大兴安岭莫尔道嘎国家级森林公园、内蒙古大兴安岭森林生态站、内蒙古大兴安岭满归林业局、库都尔林业局等地，研究山杨、白桦、蒙古栎、油松、樟子松(*P. sylvestris* var. *mongolica*)、大果榆(*Ulmus macrocarpa*)、兴安落叶松(*L. dahurica*)树种的生物量和生产力。

一、回归关系建立

利用数学模型来估测森林生态系统中乔木层各器官的干重，进而估测林分生物量的方法是当今世界上普遍采用的一种简单而可靠的方法，通常也称为维量分析法。

根据样木胸径和树高资料，建立内蒙古东部山地主要树种的森林乔木层各器官干重回归方程，其中干、皮、枝、全株根据公式 $W = aD^2Hb$ 建立，叶和根用 $W = a(D^2H)^2 + bD^2H + c$ 建立（表4-12）。结果表明所配置的干、皮、枝、叶和根的回归方程相关系数 R^2 基本在0.8以上，经检验达到显著水平，说明 D 和 H 能够很好的用于预测乔木各器官和全株的生物量。

表4-12　主要树种的相对生长方程

树种	器官	回归方程	相关系数(R^2)
白桦	干	$W_干 = 422.03(D^2H)^{1.9683}$	0.7839
	皮	$W_皮 = 25.568(D^2H)^{0.8182}$	0.8489
	枝	$W_枝 = 31.461(D^2H)^{0.5394}$	0.7255
	叶	$W_叶 = -327.95(D^2H)^2 + 262.94D^2H - 44.018$	0.8179
	根	$W_根 = -517.28(D^2H)^2 + 421.55D^2H - 50.558$	0.8581
	总	$W_总 = 404.01(D^2H)^{1.2881}$	0.7947
山杨	干	$W_干 = 210.34(D^2H)^{1.1058}$	0.9797
	皮	$W_皮 = 53.058(D^2H)^{1.0927}$	0.8798
	枝	$W_枝 = 12.112(D^2H)^{0.7064}$	0.9265
	叶	$W_叶 = 2.0146(D^2H)^2 + 4.4661D^2H - 0.1418$	0.9047
	根	$W_根 = -24.983(D^2H)^2 + 41.304D^2H + 1.2511$	0.97671
	总	$W_总 = 134.85(D^2H)^{0.7392}$	0.9393
油松	干	$W_干 = 133.1(D^2H)^{0.9726}$	0.9734
	皮	$W_皮 = 23.362(D^2H)^{0.8703}$	0.8834
	枝	$W_枝 = 30.313(D^2H)^{0.9697}$	0.8967
	叶	$W_叶 = 119.56(D^2H)^2 - 37.551D^2H + 3.4825$	0.9720
	根	$W_根 = -7.0972(D^2H)^2 + 37.485D^2H + 0.6129$	0.9906
	总	$W_总 = 240.44(D^2H)^{0.9545}$	0.9993
兴安落叶松	干	$W_干 = 95.256(D^2H)^{0.3114}$	0.8890
	皮	$W_皮 = 13.707(D^2H)^{0.3438}$	0.8095
	枝	$W_枝 = 9.651(D^2H)^{0.7864}$	0.8454
	叶	$W_叶 = 0.1173(D^2H)^2 - 0.3806D^2H + 5.8519$	0.8367
	根	$W_根 = 1.2229(D^2H)^2 + 0.1532D^2H + 18.612$	0.9068
	总	$W_总 = 138.39(D^2H)^{0.2903}$	0.8668

（续）

树种	器官	回归方程	相关系数(R^2)
蒙古栎	干	$W_干 = 103.61(D^2H)^{0.7306}$	0.9746
	皮	$W_皮 = 30.273(D^2H)^{0.7846}$	0.9536
	枝	$W_枝 = 5.8754(D^2H)^{-0.3191}$	0.8113
	叶	$W_叶 = 55.376(D^2H)^2 - 6.8179D^2H + 2.1188$	0.8318
	根	$W_根 = 978.38(D^2H)^2 - 259.1D^2H + 22.511$	0.8716
	总	$W_总 = 170.07(D^2H)^{0.6205}$	0.8897
大果榆	干	$W_干 = 101.9(D^2H)^{0.7735}$	0.9687
	皮	$W_皮 = 21.018(D^2H)^{0.5751}$	0.9089
	枝	$W_枝 = 21.503(D^2H)^{0.1749}$	0.8734
	叶	$W_叶 = -308.92(D^2H)^2 + 129.32D^2H - 4.4428$	0.8138
	根	$W_根 = -357.69(D^2H)^2 + 219.77D^2H - 3.7139$	0.9768
	总	$W_总 = 257.54(D^2H)^{0.8487}$	0.9703
樟子松	干	$W_干 = 73.756(D^2H)^{0.7062}$	0.9100
	皮	$W_皮 = 9.5849(D^2H)^{0.3275}$	0.7915
	枝	$W_枝 = 9.0917(D^2H)^{-0.1106}$	0.9512
	叶	$W_叶 = 0.6605(D^2H)^2 + 4.982D^2H + 0.578$	0.8733
	根	$W_根 = -45.03(D^2H)^2 + 63.663D^2H + 2.3619$	0.8278
	总	$W_总 = 95.924(D^2H)^{0.5628}$	0.8784

二、白桦林生物量和生产力

白桦林生物量和净初级生产力的分配见表 4-13，白桦各器官总平均生物量为 171.946 t·hm^{-2}，从大到小依次为干 > 根 > 枝 > 皮 > 叶，其中干的平均生物量最大，为 92.347 t·hm^{-2}，所占比例为 53.71%，叶的平均生物量最低，为 5.538 t·hm^{-2}，占白桦总平均生物量的 3.22%，表明该地区白桦林以近熟林为主，出材率较高，生物量的积累，随着林龄的增加，生物量的分配也由枝、叶、根转移到以树干为主，树干积累的干物质占主要部分。白桦林各器官的净初级生产力平均为 6.366 t·hm^{-2}·a^{-1}，干的净初级生产力最大为 3.783 t·hm^{-2}·a^{-1}，所占比例为 59.43%，叶的最小为 0.28 t·hm^{-2}·a^{-1}，仅占白桦总平均初级生产力的 4.40%，各器官的平均净初级生产力从大到小依次为干 > 枝 > 根 > 皮 > 叶，表明白桦生产力还是以树干积累为主。

表 4-13　白桦林生物量和净初级生产力的分配

	干	皮	枝	叶	根	总
生物量(t·hm^{-2})	92.347	14.693	24.845	5.538	34.523	171.946
所占比例(%)	53.71	8.55	14.45	3.22	20.08	100.00
初级净生产力(t·hm^{-2}·a^{-1})	3.783	0.656	0.969	0.280	0.677	6.366
所占比例(%)	59.43	10.31	15.22	4.40	10.64	100.00

三、蒙古栎林生物量和生产力

由相对生长法求得的不同年龄蒙古栎林乔木层生物量及其分配见表4-14，蒙古栎各器官总平均生物量平均为62.391 t·hm^{-2}，从大到小依次为干>根>皮>枝>叶，其中干的平均生物量为27.334 t·hm^{-2}，所占比例为43.81%，叶的平均生物量最低，为2.937 t·hm^{-2}，占蒙古栎总平均生物量的4.71%，干和枝生物量所占的比例随着林龄的增大而增加，根、叶则刚好相反。蒙古栎林各器官的净初级生产力平均为1.995 t·hm^{-2}·a^{-1}，干的净初级生产力最大为1.014 t·hm^{-2}·a^{-1}，所占比例为50.82%，叶的最小为0.105 t·hm^{-2}·a^{-1}，仅占总平均初级生产力的5.27%，各器官的平均净初级生产力从大到小依次为干>枝>皮>根>叶。

表4-14　蒙古栎林生物量和净初级生产力的分配

	干	皮	枝	叶	根	总
生物量(t·hm^{-2})	27.334	7.815	7.523	2.937	16.783	62.391
所占比例(%)	43.81	12.53	12.06	4.71	26.90	100.00
初级净生产力(t·hm^{-2}·a^{-1})	1.014	0.284	0.313	0.105	0.279	1.995
所占比例(%)	50.82	14.24	15.68	5.27	14.00	100.00

四、山杨林生物量和生产力

山杨林的乔木层生物量和生产力分配见表4-15，各器官总平均生物量为98.347 t·hm^{-2}，从大到小依次为干>根>皮>枝>叶，其中干的平均生物量为57.15 t·hm^{-2}，所占比例能达到58.11%，叶的平均生物量最低，为1.92 t·hm^{-2}，占山杨总平均生物量的1.95%，表明该地区山杨林出材率较高，生物量的积累和分配以树干为主，树干积累的干物质占主要部分。山杨林各器官的总净初级生产力平均为5.459 t·hm^{-2}，干的净初级生产力最大为3.4 t·hm^{-2}，所占比例为62.27%，叶的最小为0.156 t·hm^{-2}，仅占山杨总平均初级生产力的2.86%，各器官的平均净初级生产力从大到小依次为干>枝>皮>根>叶。

表4-15　山杨林生物量和净初级生产力的分配

	干	皮	枝	叶	根	总
生物量(t·hm^{-2})	57.150	14.613	7.412	1.920	17.251	98.347
所占比例(%)	58.11	14.86	7.54	1.95	17.54	100.00
初级净生产力(t·hm^{-2}·a^{-1})	3.400	0.676	0.683	0.156	0.545	5.459
所占比例(%)	62.27	12.39	12.51	2.86	9.98	100.00

五、油松林生物量和生产力

油松林的乔木层生物量和生产力分配见表4-16，各器官总平均生物量为65.319 t·hm^{-2}，从大到小依次为干>叶>枝>根>皮，其中干的平均生物量29.536 t·hm^{-2}，所占比例为45.22%，皮的平均生物量最低，为4.873 t·hm^{-2}，占油松总平均生物量的7.46%。油松林各器官的总净初级生产力平均为4.62 t·hm^{-2}·a^{-1}，干的净初级生产力最大为2.237 t·hm^{-2}·a^{-1}，所占比例为48.42%，皮的最小为0.426 t·hm^{-2}·a^{-1}，占总平均初级生产力的9.21%，各器官的平均净初级生产力从大到小依次为干>叶>枝>皮>根，从总平均生物量和总平均初级生产力来看，油松林正处于生产力增长的高峰期。

表4-16 油松林生物量和净初级生产力的分配

	干	皮	枝	叶	根	总
生物量(t·hm^{-2})	29.536	4.873	10.393	12.474	8.043	65.319
所占比例(%)	45.22	7.46	15.91	19.10	12.31	100.00
初级净生产力(t·hm^{-2}·a^{-1})	2.237	0.426	0.772	0.901	0.284	4.620
所占比例(%)	48.42	9.21	16.71	19.50	6.15	100.00

六、兴安落叶松林生物量和生产力

兴安落叶松林的乔木层生物量和生产力分配见表4-17，兴安落叶松各器官总平均生物量为256.569 t·hm^{-2}，从大到小依次为干>根>枝>皮>叶，其中干的平均生物量为159.498 t·hm^{-2}，所占比例能达到62.17%，叶的平均生物量最低，为8.109 t·hm^{-2}，占兴安落叶松总平均生物量的3.16%，该地区兴安落叶松林以成熟林为主，出材率高，生物量的积累和分配，随着林龄的增加由枝、叶、根转移到以树干为主，树干积累的干物质占主要部分，是主要用材树种。兴安落叶松林各器官的净初级生产力平均为6.366 t·hm^{-2}·a^{-1}，干的净初级生产力最大为3.78 t·hm^{-2}·a^{-1}，所占比例为59.43%，叶的最小为0.28 t·hm^{-2}·a^{-1}，占兴安落叶松总平均初级生产力的4.40%，各器官的平均净初级生产力从大到小依次为干>枝>根>皮>叶。

表4-17 兴安落叶松林生物量和净初级生产力的分配

	干	皮	枝	叶	根	总
生物量(t·hm^{-2})	159.498	21.616	27.640	8.109	39.705	256.569
所占比例(%)	62.17	8.43	10.77	3.16	15.48	100.00
初级净生产力(t·hm^{-2}·a^{-1})	5.672	0.728	0.922	0.298	0.713	8.334
所占比例(%)	68.06	8.74	11.07	3.58	8.56	100.00

七、大果榆生物量和生产力

大果榆的乔木层生物量和生产力分配见表4-18，各器官总平均生物量为95.635 t·hm^{-2}，从大到小依次为干>根>枝>皮>叶，其中干的平均生物量为32.931 t·hm^{-2}，所占比例为34.43%，叶的平均生物量最低，为9.417 t·hm^{-2}，占大果榆总平均生物量的9.85%。大果榆林各器官的总净初级生产力平均为4.308 t·hm^{-2}·a^{-1}，干的净初级生产力最大为1.755 t·hm^{-2}·a^{-1}，所占比例为40.74%，叶的最小为0.489 t·hm^{-2}·a^{-1}，占总平均初级生产力的11.36%，各器官的平均净初级生产力从大到小依次为干>根>枝>皮>叶。

表 4-18　大果榆林生物量和净初级生产力的分配

	干	皮	枝	叶	根	总
生物量(t·hm^{-2})	32.931	10.133	16.292	9.417	26.862	95.635
所占比例(%)	34.43	10.60	17.04	9.85	28.09	100.00
初级净生产力(t·hm^{-2}·a^{-1})	1.755	0.521	0.845	0.489	0.698	4.308
所占比例(%)	40.74	12.10	19.60	11.36	16.20	100.00

八、樟子松生物量和生产力

樟子松林的乔木层生物量和生产力分配见表 4-19，樟子松林的乔木层各器官总平均生物量为 279.124 t·hm^{-2}，从大到小依次为干＞根＞枝＞皮＞叶，其中干的平均生物量为 175.643 t·hm^{-2}，所占比例达 62.93%，叶的平均生物量最低，为 11.713 t·hm^{-2}，占樟子松总平均生物量的 4.20%，表明该地区樟子松林成熟林为主，出材率较高，生物量的积累，随着林龄的增加转移到以树干为主，树干积累的干物质占主要部分。樟子松林各器官的总净初级生产力平均为 8.634 t·hm^{-2}·a^{-1}，干的净初级生产力最大为 6.003 t·hm^{-2}·a^{-1}，所占比例为 69.53%，叶的最小为 0.400 t·hm^{-2}·a^{-1}，仅占樟子松总平均初级生产力的 4.64%，各器官的平均净初级生产力从大到小依次为干＞根＞枝＞皮＞叶，表明樟子松生产力还是以树干积累为主。

表 4-19　樟子松林生物量和净初级生产力的分配

	干	皮	枝	叶	根	总
生物量(t·hm^{-2})	175.643	12.574	26.168	11.713	53.027	279.124
所占比例(%)	62.93	4.50	9.38	4.20	19.00	100.00
初级净生产力(t·hm^{-2}·a^{-1})	6.003	0.430	0.894	0.400	0.906	8.634
所占比例(%)	69.53	4.98	10.36	4.64	10.50	100.00

第三节　北京山地主要树种生产力估测

对北京山地 7 种不同林分类型的生物量和生产力的研究，构建植物生物量的相对生长方程，分析各器官生物量与植株大小的相对生长关系，它们分别是油松林、侧柏(*Platycladus orientalis*)林、华山松(*P. armandii*)林、白扦(*Picea asperata*)林、白皮松(*P. bungeana*)林、核桃楸(*Juglans regia*)林和山杨林。

应用相对生长法计算单位面积乔木层生物量。

相对生长：

$$W = aD^b \text{ 或 } W = a(D^2H)^b$$

式中：W——各器官生物量(干重)；

$\quad\quad D$——林木胸径；

$\quad\quad H$——树高；

$\quad\quad a$、b——系数。

净生产力：

$$NPP = W/a$$

式中：NPP——年平均净生产量；

　　　W——生物量；

　　　a——林分年龄。

一、不同林分乔木层生物量回归关系

用树高(H)和胸径(D)数据，建立北京山地主要树种的森林乔木层各器官干重回归方程，其中干、枝、全株根据公式 $W = a(D^2H)^b$ 建立，叶和根用 $W = a(D^2H)^2 + b(D^2H) + c$ 建立(表4-20)。结果表明所配置的干、枝、叶、根及全株的回归方程相关系数 R > 0.81，说明树高和胸径能很好地预测乔木层生物量。

表4-20　不同林分生物量回归关系

树种	回归方程式	R
油松	$W_干 = 1.7063(D^2H)^{0.4324}$	0.9350
	$W_枝 = 0.3592(D^2H)^{0.5807}$	0.9199
	$W_叶 = 3E-05(D^2H)^2 - 0.0712D^2H + 45.918$	0.8940
	$W_根 = 3E-05(D^2H)^2 - 0.0625D^2H + 86.676$	0.9637
	$W_总 = 9.8244(D^2H)^{0.3576}$	0.8756
侧柏	$W_干 = 0.0178(D^2H)^{1.0889}$	0.9800
	$W_枝 = 1.0705(D^2H)^{0.4644}$	0.9719
	$W_叶 = 0.0003(D^2H)^2 - 0.0662D^2H + 10.899$	0.9704
	$W_根 = 0.0004(D^2H)^2 - 0.0713D^2H + 8.9926$	0.9847
	$W_总 = 1.5089(D^2H)^{0.6018}$	0.9666
华山松	$W_干 = 3.618(D^2H)^{0.2612}$	0.8437
	$W_枝 = 3.3723(D^2H)^{0.2859}$	0.8597
	$W_叶 = -0.0001(D^2H)^2 + 0.1101D^2H - 9.5552$	0.8169
	$W_根 = -7E-05(D^2H)^2 + 0.0611D^2H + 33.688$	0.8283
	$W_总 = 25.846(D^2H)^{0.2166}$	0.8301
白扦	$W_干 = 36.612(D^2H)^{0.0362}$	0.9251
	$W_枝 = 24.426(D^2H)^{0.0579}$	0.9649
	$W_叶 = -0.0546(D^2H)^2 + 0.8783D^2H + 16.249$	0.9948
	$W_根 = 0.0498(D^2H)^2 + 0.0385D^2H + 56.228$	0.9970
	$W_总 = 134.2(D^2H)^{0.0368}$	0.9576
白皮松	$W_干 = 4.2879(D^2H)^{0.2648}$	0.9289
	$W_枝 = 0.1375(D^2H)^{0.6095}$	0.9423
	$W_叶 = 1E-05(D^2H)^2 + 0.004D^2H + 1.1388$	0.9582
	$W_根 = -2E-05(D^2H)^2 + 0.0227D^2H + 3.8842$	0.9605
	$W_总 = 3.0575(D^2H)^{0.435}$	0.9347

（续）

树种	回归方程式	R
核桃楸	$W_干 = 2.9471(D^2H)^{0.1778}$	0.9918
	$W_枝 = 53.25(D^2H)^{0.049}$	0.9779
	$W_叶 = -3E-06(D^2H)^2 + 0.0069D^2H + 7.4486$	0.9872
	$W_根 = -1E-05(D^2H)^2 + 0.017D^2H + 22.839$	0.9786
	$W_总 = 74.315(D^2H)^{0.0755}$	0.9864
山杨	$W_干 = 3.8356(D^2H)^{0.1854}$	0.9545
	$W_枝 = 2.896(D^2H)^{0.1807}$	0.9443
	$W_叶 = -2E-07(D^2H)^2 + 0.0005D^2H - 0.0936$	0.8874
	$W_根 = -5E-06(D^2H)^2 + 0.008D^2H + 8.1014$	0.9203
	$W_总 = 11.2(D^2H)^{0.1689}$	0.9427

二、油松纯林生物量和生产力

油松林的乔木层生物量和生产力分配见表4-21，各器官总平均生物量为122.96 $t \cdot hm^{-2}$，从大到小依次为根＞干＞枝＞叶。根的平均生物量最大为55.55$t \cdot hm^{-2}$，所占比例为45.17%；叶的平均生物量最低，为9.23$t \cdot hm^{-2}$，占油松总平均生物量的7.51%；根部生物量是叶生物量的6.02倍。油松林各器官的总净初级生产力平均为7.61$t \cdot hm^{-2} \cdot a^{-1}$。干的净初级生产力最大为3.03 $t \cdot hm^{-2} \cdot a^{-1}$，所占比例为39.76%；叶的最小为0.71 $t \cdot hm^{-2} \cdot a^{-1}$，占总平均初级生产力的9.33%。各器官的平均净初级生产力从大到小依次为干＞根＞枝＞叶。

表4-21 油松纯林生物量和净生产力

	干	枝	叶	根	总
生物量($t \cdot hm^{-2}$)	36.32	21.86	9.23	55.55	122.96
所占比例(%)	29.54	17.78	7.51	45.17	100.00
初级净生产力($t \cdot hm^{-2} \cdot a^{-1}$)	3.03	1.56	0.71	2.31	7.61
所占比例(%)	39.76	20.51	9.33	30.40	100.00

三、侧柏纯林生物量和生产力

由相对生长法求得的不同年龄侧柏纯林乔木层生物量及其分配见表4-22，侧柏各器官总平均生物量平均为29.56$t \cdot hm^{-2}$。从大到小依次为枝＞叶＞根＞干，其中枝的平均生物量最大为10.75$t \cdot hm^{-2}$，所占比例为36.38%；干的平均生物量最低，为3.91$t \cdot hm^{-2}$，占侧柏总平均生物量的13.24%。侧柏林各器官的净初级生产力平均为2.06 $t \cdot hm^{-2} \cdot a^{-1}$。枝的净初级生产力最大为0.83 $t \cdot hm^{-2} \cdot a^{-1}$，所占比例为40.23%；根的平均生物量最小为0.27 $t \cdot hm^{-2} \cdot a^{-1}$，仅占总平均初级生产力的12.99%。各器官的平均净初级生产力从大到小依次为枝＞叶＞干＞根。可见，侧柏林各器官的生物量和初级净生产力排序是相同的，均是枝、叶最大。

表4-22　侧柏纯林生物量和净生产力

	干	枝	叶	根	总
生物量(t·hm⁻²)	3.91	10.75	8.48	6.41	29.56
所占比例(%)	13.24	36.38	28.70	21.68	100.00
初级净生产力(t·hm⁻²·a⁻¹)	0.36	0.83	0.61	0.27	2.06
所占比例(%)	17.31	40.23	29.47	12.99	100.00

四、华山松纯林生物量和生产力

华山松纯林的乔木层生物量和生产力分配见表4-23，华山松各器官总平均生物量为89.61 t·hm⁻²，从大到小依次为根>枝>干>叶。其中根的平均生物量最大为45.51 t·hm⁻²，所占比例达到50.78%；叶的平均生物量最低，仅为10.69 t·hm⁻²，占华山松总平均生物量的11.93%；可见该地区华山松林还未达到成熟林，出材率不高，生物量的积累和分配根和枝为主。华山松林各器官的净初级生产力平均为4.84 t·hm⁻²·a⁻¹。根的净初级生产力最大为1.75 t·hm⁻²·a⁻¹，所占比例为36.33%；叶的最小为0.76 t·hm⁻²·a⁻¹，占华山松总平均初级生产力的15.85%；各器官的平均净初级生产力从大到小依次为根>干>枝>叶。

表4-23　华山松纯林生物量和净生产力

	干	枝	叶	根	总
生物量(t·hm⁻²)	16.11	17.30	10.69	45.51	89.61
所占比例(%)	17.98	19.31	11.93	50.78	100.00
初级净生产力(t·hm⁻²·a⁻¹)	1.34	0.96	0.76	1.75	4.82
所占比例(%)	27.87	19.95	15.85	36.33	100.00

五、白扦纯林生物量和生产力

白扦纯林的乔木层生物量和生产力分配见表4-24，各器官总平均生物量为135.09 t·hm⁻²，从大到小依次为根>干>枝>叶。其中根的平均生物量最大为56.38 t·hm⁻²，所占比例为41.74%；叶的平均生物量最低，为17.13 t·hm⁻²，占白扦总平均生物量的12.68%。白扦林各器官的总净初级生产力平均为7.29 t·hm⁻²·a⁻¹。干的净初级生产力最大为2.49 t·hm⁻²·a⁻¹，所占比例为34.09%；叶的最小为1.22 t·hm⁻²·a⁻¹，占总平均初级生产力的16.79%；各器官的平均净初级生产力从大到小依次为干>根>枝>叶。可见，白扦纯林的净初级生产力以树枝为主。

表4-24　白扦纯林生物量和净生产力

	干	枝	叶	根	总
生物量(t·hm⁻²)	36.93	24.64	17.13	56.38	135.09
所占比例(%)	27.34	18.24	12.68	41.74	100.00
初级净生产力(t·hm⁻²·a⁻¹)	2.49	1.23	1.22	2.35	7.29
所占比例(%)	34.09	16.90	16.79	32.23	100.00

六、白皮松纯林生物量和生产力

白皮松纯林生物量和净初级生产力的分配见表4-25，白皮松各器官总平均生物量为43.01 t·hm^{-2}。从大到小依次为干>根>枝>叶，其中干的平均生物量最大，为21.55 t·hm^{-2}，所占比例为50.12%；叶的生物量最低，为5.18 t·hm^{-2}，占白桦总平均生物量的12.05%。表明该地区白桦林以近熟林为主，出材率较高，生物量的积累以树根、干为主。白皮松林各器官的净初级生产力平均为5.03 t·hm^{-2}·a^{-1}，干的净初级生产力最大为3.58 t·hm^{-2}·a^{-1}，所占比例为71.17%；叶的最小为0.32 t·hm^{-2}·a^{-1}，仅占白皮松总平均初级生产力的6.44%。各器官的平均净初级生产力从大到小依次为干>枝>根>叶，表明白皮松初级净生产力的积累还是以树干为主。

表4-25　白皮松纯林生物量和净生产力

	干	枝	叶	根	总
生物量(t·hm^{-2})	21.55	5.52	5.18	10.75	43.01
所占比例(%)	50.12	12.83	12.05	25.00	100.00
初级净生产力(t·hm^{-2}·a^{-1})	3.58	0.71	0.32	0.41	5.03
所占比例(%)	71.17	14.17	6.44	8.22	100.00

七、核桃楸纯林生物量和生产力

核桃楸纯林的乔木层生物量和生产力分配见表4-26，核桃楸林的乔木层各器官总平均生物量为117.20 t·hm^{-2}。从大到小依次为枝>根>叶>干，其中枝的平均生物量最大，为71.64 t·hm^{-2}，所占比例达61.12%；干的平均生物量最低，为8.40 t·hm^{-2}，占核桃楸总平均生物量的7.17%；表明该地区核桃楸林还不成熟林，出材率不高，生物量的积累主要以树枝为主要部分。核桃楸林各器官的总净初级生产力平均为9.44 t·hm^{-2}·a^{-1}，枝的净初级生产力最大为5.97 t·hm^{-2}·a^{-1}，所占比例为63.24%；干的最小仅为0.70 t·hm^{-2}·a^{-1}，仅占核桃楸总平均初级生产力的7.41%。各器官的平均净初级生产力从大到小依次为枝>根>叶>干，表明核桃楸生产力还是以树枝积累为主。

表4-26　核桃楸纯林生物量和净生产力

	干	枝	叶	根	总
生物量(t·hm^{-2})	8.40	71.64	9.76	27.40	117.20
所占比例(%)	7.17	61.12	8.33	23.38	100.00
初级净生产力(t·hm^{-2}·a^{-1})	0.70	5.97	0.81	1.96	9.44
所占比例(%)	7.41	63.24	8.62	20.73	100.00

八、山杨纯林生物量和生产力

山杨林的乔木层生物量和生产力分配见表4-27，各器官总平均生物量为31.03

$t\cdot hm^{-2}$。从大到小依次为干 > 根 > 枝 > 叶，其中干的平均生物量最大，为11.67 $t\cdot hm^{-2}$，所占比例达到37.61%；叶的平均生物量最低，仅为0.06 $t\cdot hm^{-2}$，占山杨总平均生物量的0.18%。表明该地区山杨林生物量的积累以树干为主。山杨林各器官的总净初级生产力平均为2.19 $t\cdot hm^{-2}\cdot a^{-1}$，干的净初级生产力最大为1.06 $t\cdot hm^{-2}\cdot a^{-1}$，所占比例为48.45%；叶的最小，仅为0.004 $t\cdot hm^{-2}\cdot a^{-1}$，仅占山杨总平均初级生产力的0.20%。各器官的平均净初级生产力从大到小依次为干 > 枝 > 根 > 叶。表明，北京山地山杨林的生产力以树干积累为主，正处于生产力增长的高峰期。

表4-27　山杨纯林生物量和净生产力

	干	枝	叶	根	总
生物量($t\cdot hm^{-2}$)	11.67	8.62	0.06	10.68	31.03
所占比例(%)	37.61	27.77	0.18	34.43	100.00
初级净生产力($t\cdot hm^{-2}\cdot a^{-1}$)	1.06	0.62	0.004	0.51	2.19
所占比例(%)	48.45	28.11	0.20	23.24	100.00

参考文献

毕君，王超. 木兰围场森林固碳能力及其特征[J]，东北林业大学学报，2011，39(2)：45 - 46.

曹明奎，陶波，李克让，等. 1981～1998年中国陆地生态系统碳储量的年际变化[J]. 植物学报，2003，45(5)：552 - 561.

曹云生，李福双，鲁绍伟，等. 内蒙古东部山地森林主要树种的生物量及生产力研究[J]，内蒙古大学学报，2012，33(3)：52 - 57.

陈遐林. 华北主要森林类型的碳汇功能研究[D]. 北京：北京林业大学，2003.

程堂仁，冯菁，马钦彦，等. 甘肃小陇山森林植被碳库及其分配特征[J]，生态学报，2008，28(1)：33 - 34.

方精云，陈安平. 中国森林植被碳库的动态变化及其意义[J]. 植物学报，2001，43(9)：967 - 973.

方精云，郭兆迪，朴世龙，等. 1981～2000年中国陆地植被碳汇的估算[J]. 中国科学，2007，37(6)：804 - 812.

方精云，刘国华. 中国陆地生态系统碳库//王如松. 现代生态学热点问题研究[M]. 北京：中国科学技术出版社，1996.

方精云，刘国华，徐篙龄. 我国森林植被的生物量和净生产量[J]. 生态学报，1996，16(5)：497 - 508.

方精云，刘国华，朱彪. 北京东灵山三种温带森林生态系统的碳循环[J]. 中国科学 D 辑—地球科学，2006，36(6)：533 - 543.

方精云，朴世龙，赵涉清，等. CO_2失汇与北半球中高纬度陆地生态系统的碳汇[J]. 植物生态学报，2001，25(2)：594 - 602.

方精云. 全球生态学：气候变化和生态响应[M]. 北京：高等教育出版社，2000.

冯志立，郑征，张建侯，等. 西双版纳热带湿性季节雨林生物量及其分配规律研究[J]. 植物生态学报，1998，22(6)：481 - 488.

冯宗炜，王效科，吴刚. 中国森林生态系统的生物量和生产力[M]. 北京：科学出版社，1999.

伏玉玲，于贵瑞，王艳芬，等. 水分胁迫对内蒙古羊草草原生态系统光合和呼吸作用的影响[J].

中国科学，D 辑，2006(增刊1)：183 – 193.

蒋延龄，周广胜. 兴安落叶松林碳平衡和全球变化的影响[J]. 应用生态学报，2001，12(4)：481 – 484.

李克让，王绍强，曹明奎. 中国植被和土壤碳储量[J]. 中国科学，2003，33(1)：72 – 80.

李凌浩，林鹏，邢雪荣. 武夷山甜槠林细根生物量和生长量研究[J]. 应用生态学报，1998，9(4)：337 – 340.

李晓娜，国庆喜，王兴昌，等. 东北天然次生林下木树种生物量的相对生长[J]. 林业科学，2010，46(8)：22 – 32.

刘玉萃，吴明作，郭宗民，等. 内乡宝天曼自然保护区锐齿栎林生物量和净生产力研究[J]. 生态学报，2001，21(9)：1450 – 1456.

刘志刚，马钦彦，潘向丽. 兴安落叶松天然林生物量及生产力的研究[J]. 植物生态学报，1994，18(4)：325 – 337.

鲁绍伟，陈波，潘青华，等. 北京山地不同林分乔木层生物量和生产力研究[J]，水土保持研究，2013，20(4)：155 – 159.

吕超群，孙书存. 陆地生态系统碳密度格局研究概述[J]. 植物生态学报，2004，28(5)：692 – 703.

罗辑，杨忠，杨清伟. 贡嘎山森林生物量和生产力的研究植[J]. 生态学报，2000，24(2)：191 – 196.

罗云建. 华北落叶松人工林生物量碳计量参数的研究[D]. 北京：中国林业科学研究院，2007.

马钦彦. 华北油松人工林单株林木的生物量[J]. 北京林学院学报，1983(4)：1 – 7

马钦彦. 油松生物量及第一性生产力的研究[D]. 北京：北京林业大学，1988.

马钦彦，谢明征. 中国油松林储碳量基本估计[J]. 北京林业大学学报，1996，18(3)：31 – 34.

孙玉军，张俊，韩爱志，等. 兴安落叶松(*Larix gnelini*)幼中龄林的生物量与碳汇功能[J]. 生态学报，2007，27(5)：1756 – 1762.

陶波，葛全胜，李克让，等. 陆地生态系统碳循环研究进展[J]. 地理研究，2001，20(5)：564 – 575.

王超，毕君，支乾坤. 燕山北部华北落叶松人工林、油松人工林碳汇成本[J]. 东北林业大学学报，2011，39(11)：122 – 123.

王效科，冯宗炜. 森林生态系统生物碳储存量的研究历史//王如松. 现代生态学的热点问题研究[M]. 北京：中国科学技术出版社，1996.

王效科，冯宗炜，欧阳志云，等. 中国森林生态系统的植物碳储量和碳密度研究[J]. 应用生态学报，2001，12(1)：13 – 16.

王妍，张旭东，彭镇华，等. 森林生态系统碳通量研究进展[J]. 世界林业研究，2006，19(3)：12 – 17.

徐新良，曹明奎，李克让. 中国森林生态系统植被碳储量时空动态变化研究[J]. 地理科学进展，2007，26(6)：5 – 7.

许中旗，李文华，刘文忠，等. 我国东北地区蒙古栎林生物量及生产力的研究[J]. 中国生态农业学报，2006，14(3)：21 – 24.

袁渭阳，李贤伟，张健，等. 不同年龄巨枝人工林枯落物和细根碳储量研究[J]. 林业科学研究，2009，22(3)：385 – 389.

张萍. 北京森林碳储量研究[D]. 北京：北京林业大学，2009.

赵敏. 中国主要森林生态系统碳储量和碳收支评估[D]. 北京：中国科学院植物研究所，2004.

赵敏，周广胜. 基于森林资源清查资料的生物量估算模式及其发展趋势[J]. 应用生态学报，

2004，15(8)：1468 – 1472.

周玉荣，于振良，赵士洞. 我国主要森林生态系统碳贮量和碳平衡[J]. 植物生态学报，2000，24(5)：518 – 522.

邹春静，卜军，徐文铎. 长白松人工林群落生物量和生产力的研究[J]. 应用生态学报，1995，6(2)：123 – 127.

Brown S, Lugo A E. Biomass of tropical forests. A new estimate based on forest volumes [J]. Science, 1984, 223：1290 – 1293.

Clark D A, Brown S, Kicklighter D W, et al. Measuring net primary production in forests：Concepts and field methods. Ecol A ppl, 2001, 11(2)：356 – 370.

Clark D A, Brown S, Kicklighter D W, et al. Net primary production in tropical forests：An evaluation and synthesis of existing field data. Ecol A ppl, 2001, 11(2)：371 – 384.

Fan S, Cloor M, Mahlman J. North American carbon sink [J]. Science, 1999, 283：1815a.

Grace J, Lloyd J, MclntyRe J, et al. Carbon dioxide uptake by an undisturbed tropical rain in Southwest Amazonia 1992 – 1993 [J]. Science, 1996, 270：778 – 780.

Grace J, Malhi Y, Lloyd J. The use of eddy covariance to infer the net carbon dioxide uptake of Brazilian rain forest [J]. Global Change Biology, 1996, 2：209 – 217.

Houghton R A. Terrestrial sources and sinks of carbon inferred from terrestrial data [J]. Tellus, 1996, 48B：420 – 432.

Houghton R A. Changes in the storage of terrestrial carbon since 1850, in：Lai R (Eds.), Soils and global change [G]. Florida：CRC Press, Ine, Boca Raton, 1995：45 – 65.

Janssens I A, LankReijer H, Matteucci G. Productivity overshadows temperature in determining soil and ecosystem Respiration across European forests[J]. Global Change Biology. 2001, 7：269 – 278.

Kurt S, Pregitzer, Eugenie S, et al. Carbon cycling and storage in world forests：biome patterns related to forest age [J]. Global Change Biology, 2004, 10：1 – 26.

Lv X. T, Yin J. X, Jepsen M. R, et al. Ecosystem carbon storage and partitioning in a tropical seasonal forest in Southwestern China. Forest Ecology and Management [J]. 2010, 260(10)：1798 – 1803.

Mann L. K. Changes in soil carbon storage after cultivation [J]. Soil Science, 1986, 142：279 – 288.

Peng C. H, Guiot J, Van Campo E. Reconstruction of the past terrestrial carbon storage of the Northern Hemisphere from the Osnabruck Model and palpeodata [J]. Climate Research, 1995, 5：107 – 118.

Sands R. Physical Changes of Sandy Soils Planted to Radiate Pine[R]. Oregon：IUFRO Symposium on Forest Site and Continuous Productivity, 1983, 146 – 152.

Tian H, Mellilo J M, Kichilghter D W, et a1. Effects of interannual climate variability on carbon storage in Amazonian ecosystems [J]. Nature, 1998, 396：664 – 667.

Vesterdal L, Riter E, Gundersen P. Change in soil organic carbon following afforestation of former arable land [J]. Forest Ecology and Management, 2002, 169：137 – 147.

Yang Y. S, Chen G. S, Guo J. F, et al. Fine root distribution, seasonal pattern and production in native and monoculture plantation forests in Subtropical China [J]. Annals of Forest Science, 2004a, 61：617 – 627.

Zhou G. S, Kwang Y. H, Jiang Y. L, et al. Estimating biomass and net primary production from forest inventory data：a case study of China' L arix forest [J]. Forest Ecology Management. 2002, 169：149 – 157.

第五章
东北区主要森林生产力估测

对东北地区主要树种落叶松（*Larix gmelinii*）、栎林（主要为蒙古栎 *Quercus mongolica* 林）不同林龄（幼、中、近熟、成熟和过熟林）林分，采用经典树干解析方法，深入研究落叶松、栎林的林木生长过程规律。

第一节　东北区主要树种生产力和生长过程

一、落叶松人工林生长过程

胸径连年生长量与平均生长量变化曲线图（图 5-1）表明，胸径连年生长阶段明显，第 0~6 年生长较快，第 7~14 年是整个胸径生长最快的时期，第 15~30 年生长速度放慢，第 31 年以后生长趋于稳定，年生长量仅维持在 0.34cm 左右。连年生长量最大值出现在第 8~14 年。平均生长要缓和一些，第 0~14 年生长幅度较大，第 0~8 年生长幅度最大，第 15 年以后生长极为缓慢，并逐渐趋于稳定，平均生长量最大值出现在第 14 年左右。连年生长量最大值与平均生长量最大值的到来时间基本同步，连年生长量和平均生长量在接近第 24 年时相交。从胸径生长来看，第 0~6 年是落叶松的幼林阶段，胸径生长占有一定比例；第 7~14 年是落叶松的速生期，连年生长量最大值达到 0.85cm；第 15~30 年是落叶松的近熟期，胸径生长速度明显放慢；第 31 年为落叶松的成熟期，连年生长量趋于稳定，生长量在 0.34cm 左右。

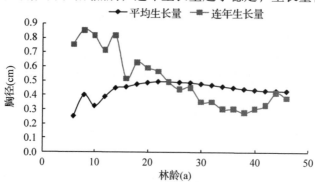

图 5-1　落叶松胸径连年生长量与平均生长量变化曲线

树高连年生长量与平均生长量变化曲线图 5-2 表明，树高连年生长量变化幅度较大，第 0～4 年连年生长量较大，第 5～13 年连年生长量明显变大，第 14～20 年时连年生长量达到最大，第 21～22 年逐渐下降，第 23 年后连年生长量变化不大，保持在 0.27m 左右。平均生长量变化幅度要相对稍小一些，第 20 年时平均生长量达到最大，之后平均生长量变化明显趋于缓慢，生长量维持在 0.48m 左右。第 22 年时树高连年生长量曲线和树高平均生长量曲线相交，第 23 年以后连年生长量开始小于平均生长量，并随着年龄增长两者差距逐渐扩大，在第 44 年时两者差距达到最大，以后差距逐渐缩小。由此可知，落叶松树高生长第 14～20 年进入树高生长速生期，第 21～22 年树高生长渐缓进入近熟期，第 23 年树高生长极为缓慢进入成熟期。

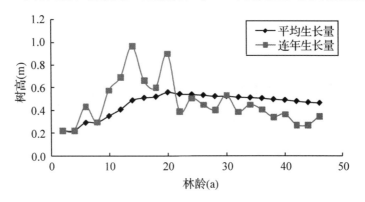

图 5-2　落叶松树高平均生长量和连年生长量散点

材积连年生长量与平均生长量变化曲线见图 5-3，连年生长量的变化幅度较大，介于 0.0001～0.0140m³ 之间，第 0～10 年生长缓慢，第 11～17 年生长加快，第 18～32 年生长显著加快，第 32 年后生长变缓慢，连年生长量最大值出现在第 45 年。平均生长量介于 0.0001～0.0070m³ 之间，第 0～10 年增幅不大，第 11～32 年以后增幅明显，第 33 年以后变化幅度变缓。连年生长量一直领先于平均生长量，第 0～15 年两者相近，第 16 年后两者差距迅速拉大。从材积生长来看，第 0～17 年为落叶松的幼林阶段，生长缓慢；第 18～41 年为落叶松的速生期，材积生长主要集中在这一时期，第 41 年以后为落叶松的近熟期，生长已经变缓，尚未达到落叶松的成熟期。

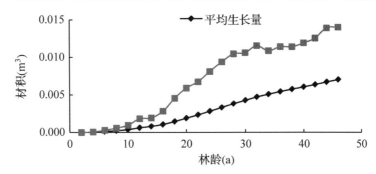

图 5-3　落叶松材积连年生长量与平均生长量变化曲线

二、落叶松人工林生产力

不同林龄落叶松单木生物量见表5-1。不同林龄落叶松单木生物量分别为，幼龄林 50.6kg，中龄林 162.55kg，近熟林 166.48kg，成熟林 527.4kg。不同器官生物量随林龄的变化规律见表5-1。总体来看，不同器官生物量由大到小依次为干、根、枝和叶，不同器官生物量的积累速率由大到小也依次为干、根、枝和叶。不同林龄期内落叶松各器官生物量的积累速率为，近熟林到成熟林时积累速率最快，幼龄林到中龄林时积累速率次之，中龄林到近熟林时其积累速率最慢，与其他学者对树林生长规律的研究相比，近熟林的生物量略低，主要是因为近熟林标准木的立地条件与幼龄、中龄和成熟林标准木的立地条件相比较差，较差的立地条件造成了其生长的缓慢。

表5-1　不同林龄落叶松单木生物量

林分	叶		枝		干		根		生物量合计 (kg)
	生物量 (kg)	所占比例 (%)	生物量 (kg)	所占比例 (%)	生物量 (kg)	所占比例 (%)	生物量 (kg)	所占比例 (%)	
幼龄林	3.59	7.09	8.44	16.68	31.65	62.55	6.91	13.66	50.60
中龄林	5.84	3.60	16.81	10.36	109.97	67.78	29.63	18.26	162.25
近熟林	5.85	3.51	13.73	8.25	118.03	70.90	28.88	17.35	166.48
成熟林	10.71	2.03	40.45	7.67	356.48	67.59	119.76	22.71	527.40

注：不同龄级标准木平均年龄及选取情况，幼龄林(10年生长白落叶松2株)平均年龄10年、中龄林(22、24、25、29年生长白落叶松各1株)平均年龄25年、近熟林(46年生长白落叶松1株)平均年龄46年、成熟林(51年生长白落叶松1株、54年生长白落叶松2株)平均年龄53年。

不同林龄落叶松林分生物量，采用相对生长法计算，即先建立落叶松单木生物量与胸径的模型(表5-2)，然后利用样地每木检尺数据，计算得到样地林分的生物量。不同林龄落叶松林分生物量分别为，幼龄林 74.7t·hm^{-2}，中龄林 141.1 t·hm^{-2}，近熟林 174.8 t·hm^{-2}，成熟林 303.8 t·hm^{-2}(表5-3)。不同器官生物量随林龄的变化规律见表5-3。总体来看，不同器官生物量由大到小依次为干、根、枝和叶，不同器官生物量的积累速率由大到小也依次为干、根、枝和叶，不同林龄期内落叶松各器官生物量的积累速率为，近熟林到成熟林时积累速率最快，幼龄林到中龄林时积累速率次之，中龄林到近熟林时其积累速率最慢，与近熟林标准木生长的立地条件差有关，在将后的研究中需要加强近熟林标准木单木生物量的调查。

表5-2　落叶松单木各器官生物量相对生长模型

项目	回归方程	R^2	P
单株	$Wp = 0.481D^{2.138}$	0.812	0.014
树干	$Ws = 0.236D^{2.252}$	0.846	0.009
树枝	$Wb = 0.271D^{1.542}$	0.556	0.089
叶	$Wl = 0.508D^{0.901}$	0.274	0.286
根	$Wr = 0.041D^{2.387}$	0.765	0.023

注：D 幅度 9.8~23.6 cm；H 幅度 10.5~24.5 m。

表 5-3　不同林龄落叶松林分生物量

林分	叶		枝		干		根		生物量合计 (t·hm^{-2})
	生物量 (t·hm^{-2})	所占比例 (%)	生物量 (t·hm^{-2})	所占比例 (%)	生物量 (t·hm^{-2})	所占比例 (%)	生物量 (t·hm^{-2})	所占比例 (%)	
幼龄林	6.6	8.72	13.7	18.10	43.5	57.46	11.9	15.72	75.7
中龄林	4.5	3.19	16.5	11.69	95	67.33	25.1	17.79	141.1
近熟林	6.1	3.49	14.4	8.24	123.9	70.88	30.3	17.33	174.8
成熟林	5.5	1.81	22.4	7.37	207	68.14	68.9	22.68	303.8

落叶松林群落生物量见表5-4。落叶松林群落总生物量随着林龄增加而增加，成熟林的群落总生物量达到316.36 t·hm^{-2}，主要取决于落叶松群落乔木生物量的增长，灌木和草本生物量只占群落总生物量的2%左右，成熟林灌木生物量最大（3.36 t·hm^{-2}），这是由于成熟林受人为干扰较少，落叶松密度较小，为灌木的生长提供了条件。其他林龄灌木生物量不足 1 t·hm^{-2}。

表 5-4　落叶松林群落生物量

林分	乔木		灌木		草本		生物量合计 (t·hm^{-2})
	生物量 (t·hm^{-2})	所占比例 (%)	生物量 (t·hm^{-2})	所占比例 (%)	生物量 (t·hm^{-2})	所占比例 (%)	
幼龄林	75.66	98.31	0.86	1.12	0.44	0.57	76.96
中龄林	141.14	97.63	0.39	0.27	3.04	2.10	144.57
近熟林	174.81	99.52	0.24	0.14	0.61	0.35	175.66
成熟林	303.8	98.81	3.36	1.09	0.29	0.09	307.45

落叶松林群落生产力见表5-5。落叶松幼龄林年平均生产力最大（7.57 t·hm^{-2}·a^{-1}），近熟林最小（3.80 t·hm^{-2}·a^{-1}），灌木的生产力成熟林最大（0.67 t·hm^{-2}·a^{-1}），幼龄林次之（0.17 t·hm^{-2}·a^{-1}，草本生产力中龄林最大（3.04 t·hm^{-2}·a^{-1}。落叶松群落总净生产力中龄林最大（8.54 t·hm^{-2}·a^{-1}），近熟林最小（4.46 t·hm^{-2}·a^{-1}）。

表 5-5　落叶松林群落生产力(t·hm^{-2}·a^{-1})

林分	乔木生产力			灌木生产力			草本生产力			群落总净生产力		
	地上	地下	总	地上	地下	总	地上	地下	总	地上	地下	总
幼龄林	6.38	1.19	7.57	0.06	0.12	0.17	0.24	0.20	0.44	6.68	1.50	8.17
中龄林	4.46	0.97	5.43	0.05	0.03	0.08	1.66	1.38	3.04	6.16	2.38	8.54
近熟林	3.14	0.66	3.80	0.01	0.04	0.05	0.36	0.26	0.61	3.51	0.95	4.46
成熟林	4.42	1.29	5.71	0.42	0.26	0.67	0.17	0.12	0.29	5.01	1.67	6.68

三、蒙古栎天然次生林林生长过程

胸径连年生长量与平均生长量变化曲线图（图5-4）表明，胸径连年生长阶段明显，第0~5年生长较快，第5~15年是整个胸径生长最快的时期，第16~30年生长速度放慢，第31年以后生长趋于稳定，年生长量仅维持在0.53cm左右。连年生长量最大值出现在第 15 年。平均生长要缓和一些，第 0~10 年生长幅度较大，第 10~15 年生长幅度最大，第 16 年以后生长逐渐趋于稳定，平均生长量最大值出现在第 15 年左右。连年生长量最大值与平均生长量最大值的到来时间基本同步，连年生长量领先于平均生长量。从胸径生长来看，第 0~10 年是蒙古栎的幼林阶段，胸径生长占有一定比例；第 11~15 年是蒙古栎的速生期，连年生长量最大值达到 1.47cm；第 16~30 年是蒙古栎的近熟期，胸径生长速度明显放慢；第 31 年为蒙古栎的成熟期，连年生长量趋于稳定，生长量在 0.53cm 左右。

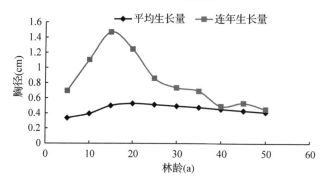

图 5-4　蒙古栎胸径连年生长量与平均生长量变化曲线

树高连年生长量与平均生长量变化曲线图 5-5 表明，树高连年生长量变化幅度较大，第 0~5 年连年生长量较大，第 6~10 年生长变慢，第 11~20 年连年生长量明显变大，第 15~20 年时连年生长量达到最大，第 21~36 年逐渐下降，第 34 年后连年生长量变化不大，保持在 0.43m 左右。平均生长量变化幅度要相对稍小一些，第 5 年时平均生长量达到最大，第 6~50 年平均生长量变化趋于稳定，第 15 年之后平均生长量变化明显趋于缓慢，生长量维持在 0.36m 左右。连年生长量一直领先于平均生长量，在第 15 年时两者差距达到最大，以后差距逐渐缩小，第 33 年时两者相交。由此可知，蒙古栎树高生长第 6~20 年进入树高生长速生期，第 21~33 年树高生长渐缓进入近熟期，第 34 年树高生长极为缓慢开始接近成熟期。

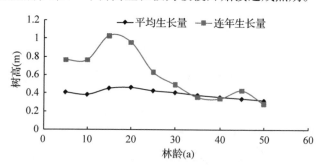

图 5-5　蒙古栎树高平均生长量和连年生长量散点

材积连年生长量与平均生长量变化曲线(图 5-6)，由图可见，连年生长量的变化幅度较大，介于 0.00017~0.0072m³ 之间，第 0~5 年生长缓慢，第 6~20 年生长显著加快，第 21 年后生长量增长变慢，连年生长量最大值出现在第 35~45 年。平均生长量第0~10年增幅不大，第11~30年以后增幅明显，第31年以后变化幅度变缓。连年生长量一直领先于平均生长量，第0~10年两者相近，第11年之后两者差距迅速拉大，第40年时两者差距又开始减小。从材积生长来看，第0~10年为蒙古栎的幼林阶段，生长缓慢；第11~20年为蒙古栎的速生期，材积生长主要集中在这一时期，第21年以后蒙古栎的近熟期，生长开始变缓，50年时尚未达到蒙古栎的成熟期。

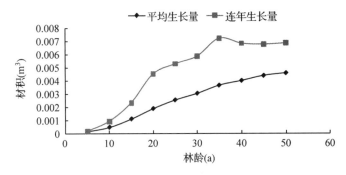

图5-6 蒙古栎材积连年生长量与平均生长量变化曲线

四、蒙古栎天然次生林生产力

不同林龄蒙古栎单木生物量见表5-6。不同林龄蒙古栎单木生物量分别为，幼龄林91.04kg，中龄林327.42kg，近熟林370.10kg，成熟林854.46kg。总体来看，不同器官生物量由大到小依次为干、根、枝和叶，根和枝生物量相当。总体上看，不同器官生物量的积累速率呈现增加的趋势，由大到小依次为干、根、枝和叶。不同林龄期内蒙古栎各器官生物量的积累速率为，近熟林到成熟林时积累速率最快，幼龄林到中龄林时积累速率次之，中龄林到近熟林时其积累速率最慢。通过拟合建立蒙古栎单木生物量与胸径的相对生长模型(表5-7)。

表5-6 不同林龄蒙古栎单木生物量

| 林分 | 叶 | | 枝 | | 干 | | 根 | | 生物量合计 |
	生物量(t·hm⁻²)	所占比例(%)	生物量(t·hm⁻²)	所占比例(%)	生物量(t·hm⁻²)	所占比例(%)	生物量(t·hm⁻²)	所占比例(%)	
幼龄林	2.93	3.22	9.25	10.16	49.7	54.59	29.16	32.03	91.04
中龄林	6.90	2.11	48.31	14.75	179.63	54.86	92.59	28.28	327.42
近熟林	6.44	1.74	73.39	19.83	216.18	58.41	74.08	20.02	370.1
成熟林	18.67	2.19	175.56	20.55	499.88	58.50	160.34	18.77	854.46

注：不同龄级标准木平均年龄及选取情况，幼龄林(26年生蒙古栎1株)平均年龄26年、中龄林(50年生蒙古栎2株)平均年龄50年、近熟林(52、55年生蒙古栎各1株)平均年龄54年、成熟林(63年生蒙古栎1株)平均年龄63年

表5-7 蒙古栎单木各器官生物量相对生长模型

项目	回归方程	R^2	P
单株	$Wp = 0.181D^{2.832}$	0.956	0.001
树干	$Ws = 0.107D^{2.514}$	0.980	0.001
树枝	$Wb = 0.018D^{2.655}$	0.944	0.001
叶	$Wl = 0.050D^{1.844}$	0.952	0.005
根	$Wr = 0.022D^{2.786}$	0.918	0.005

注：D 幅度 10~31cm；H 幅度 13~20m。

生长模型是定量研究树木生长过程的有效手段，它既可对林木生长作出现实的评价，也可以用来预估将来各测树因子的变化，是森林经营中各种措施实施的依据。生长模型应对样本数据有较好的拟合性能、残差最小、尽可能少的参数，以及参数具有生物学意义，按照这一要求和经验，选用了 Richards 曲线等 5 个生长模型，应用 ForStat 2.0 分别对胸径、树高、材积的总生长量数据进行了拟合，结果见表5-8。

表5-8 各因子生长拟合方程

因子	方程名称	拟合方程式	相关指数
胸径	Richards 曲线	$D = 23.4241 \times [1 - Exp(-0.0524A)]^{1.9200}$	0.9996
	Logistis 曲线	$D = 17.8989/[1 + (26.5451 \times Exp(-0.1896A)]$	0.9791
	Gompertz 曲线	$D = 20.0681 \times Exp[-4.1954 \times Exp(-0.0935A)]$	0.9962
	一般苏玛克曲线	$D = 81.2080 \times Exp(-8.8363/A^{0.4810})$	0.9982
	严格苏玛克曲线	$D = 24.2350 \times Exp(-15.1140/A)$	0.9765
树高	Richards 曲线	$H = 19.5004 \times [1 - Exp(-0.0392A)]^{1.3187}$	0.9993
	Logistis 曲线	$H = 14.6874/[1 + (12.1410 \times Exp(-0.1492A)]$	0.9896
	Gompertz 曲线	$H = 16.1153 \times Exp[-3.1007 \times Exp(-0.0824A)]$	0.9978
	一般苏玛克曲线	$H = 91.0017 \times Exp(-6.6957/A^{0.3484})$	0.9978
	严格苏玛克曲线	$H = 17.5121 \times Exp(-11.6314/A)$	0.9678
材积	Richards 曲线	$V = 0.7723 \times [1 - Exp(-0.0253A)]^{3.2896}$	0.9994
	Logistis 曲线	$V = 0.1745/[1 + 431.48969 \times Exp(-0.2416A)]$	0.9300
	Gompertz 曲线	$V = 0.2919 \times Exp[-8.4517 \times Exp(-0.0713A)]$	0.9949
	一般苏玛克曲线	$V = 2117.8197 \times Exp(-21.3351/A^{0.2220})$	0.9957
	严格苏玛克曲线	$V = 0.2935 \times Exp(-32.8005/A)$	0.8643

5 个生长模型对胸径、树高、材积生长过程的拟合均取得了很好的效果，其中 Richards 曲线、一般苏玛克曲线、Gompertz 曲线适应性较强，拟合效果较好，尤其 Richards 曲线相关指数最高。因此选择 Richards 曲线作为胸径、树高、材积的生长预估模型。Richards 曲线参数具有较好的生物学意义，该模型有 0 起点、带拐点和上限 3 个特点，具备了描述生长过程的条件，能较好地拟合各因子生长曲线。胸径、树高、材积的 Richards 曲线拟合方程式分别如下：

$$D = 23.4241 \times (1 - e^{-0.0524A})^{1.9200}$$
$$H = 19.5004 \times (1 - e^{-0.0392A})^{1.3187}$$

$$V = 0.7723 \times (1 - e^{-0.0253A})^{3.2896}$$

各生长方程式中：D、H、V分别为胸径、树高、材积总生长量，A为年龄。

不同林龄蒙古栎林分生物量，采用相对生长法计算，即先建立蒙古栎单木生物量与胸径的模型(表5-7)，然后利用样地每木检尺数据，计算得到样地林分的生物量。不同林龄蒙古栎林分生物量见表5-9。不同林龄蒙古栎林分生物量分别为，幼龄林323.21t·hm^{-2}，中龄林340.41 t·hm^{-2}，近熟林349.47 t·hm^{-2}，成熟林469.95 t·hm^{-2}。总体来看，不同器官生物量由大到小依次为干、根、枝和叶。不同林龄期内蒙古栎各器官林分生物量的积累在增加，但增长幅度不大，主要由生长过程中林木的自疏竞争养分资源造成的，随着年龄的增加其林分密度一直在降低。

表5-9 不同林龄蒙古栎林分生物量

| 林分 | 叶 | | 枝 | | 干 | | 根 | | 生物量合计 |
	生物量(t·hm^{-2})	所占比例(%)	生物量(t·hm^{-2})	所占比例(%)	生物量(t·hm^{-2})	所占比例(%)	生物量(t·hm^{-2})	所占比例(%)	
幼龄林	10.41	3.22	32.84	10.16	176.44	54.59	103.52	32.03	323.21
中龄林	7.18	2.11	50.18	14.74	186.68	54.84	96.37	28.31	340.41
近熟林	6.43	1.84	75.65	21.65	201.73	57.72	65.67	18.79	349.47
成熟林	10.27	2.19	96.56	20.55	274.94	58.50	88.19	18.77	469.95

蒙古栎林群落生物量，总体来看(表5-10)，蒙古栎林群落总生物量随林龄的增大逐渐增加，从幼龄林到近熟林生物量增长缓慢，近熟林到成熟林增长快，总生物量变化趋势取决蒙古栎生物量。灌木和草本占总生物量的比例很小，幼龄林最大(1.75%)，中龄林、近熟林、成熟林比较小(0.47%~0.63%)。灌木和草本生物量整体看随林龄的增加而减少，但是到近熟林和成熟林变化较稳定。枯落物随林龄的增加有较明显的递增趋势，幼龄林到中龄林递增较快，中龄林到成熟林增加缓慢。

表5-10 蒙古栎林群落生物量

| 林分 | 乔木 | | 灌木 | | 草本 | | 生物量合计 |
	生物量(t·hm^{-2})	所占比例(%)	生物量(t·hm^{-2})	所占比例(%)	生物量(t·hm^{-2})	所占比例(%)	
幼龄林	323.21	98.24	1.34	0.41	4.45	1.35	329
中龄林	340.41	99.38	1.25	0.36	0.87	0.25	342.53
近熟林	349.47	99.36	0.87	0.25	1.38	0.39	351.72
成熟林	469.95	99.53	0.89	0.19	1.35	0.29	472.19

蒙古栎林群落生产力幼龄林净生产力最大(17.15 t·hm^{-2}·a^{-1})，将近是中龄林、近熟林和成熟林净生产力的2倍(表5-11)。幼龄林的乔、灌、草净生产力均大于其他林龄净生产力。虽然草本和灌木的生物量不到群落总生物量的2%，但净生产力却占群落总净生产力14%~27%，可见在估算群落生产力时，不可忽视灌木和草本的作用。

表5-11　蒙古栎林群落净生产力($t \cdot hm^{-2} \cdot a^{-1}$)

林分	乔木生产力			灌木生产力			草本生产力			群落总净生产力		
	地上	地下	总	地上	地下	总	地上	地下	总	地上	地下	总
幼龄林	8.45	3.98	12.43	0.11	0.15	0.27	2.27	2.18	4.45	10.83	6.32	17.15
中龄林	4.88	1.93	6.81	0.15	0.10	0.25	0.44	0.43	0.87	5.47	2.46	7.93
近熟林	5.39	1.23	6.62	0.11	0.07	0.17	0.70	0.67	1.38	6.20	1.97	8.17
成熟林	6.06	1.40	7.46	0.04	0.14	0.18	0.69	0.66	1.35	6.79	2.20	8.99

五、落叶松人工林与蒙古栎天然次生林林木固碳特征

从长白落叶松(平均年龄50年)和蒙古栎(平均年龄53年)单木碳素储量(表5-12和5-13)来看，总体来看两个树种器官碳素储量的分布特征相同，为干＞根＞枝＞叶。51~54年生的长白落叶松树干碳素储量在68.10%~72.77%之间，树枝在4.87%~9.86%之间，树叶在0.92%~2.97%之间，树根在18.42%~29.48%之间。50~63年生的蒙古栎树干碳素储量在51.91%~58.70%之间，树枝在13.03%~28.85%之间，树叶在1.89%~2.41%之间，树根在13.77%~32.65%之间。

表5-12　长白落叶松和蒙古栎不同器官碳素含量

树种	碳素含量(%)			
	干	枝	叶	根
长白落叶松	49.13	47.37	43.35	49.10
蒙古栎	44.49	44.71	44.00	43.50

表5-13　长白落叶松和蒙古栎不同器官碳素储量

树种	年龄	碳素储量(kg)					备注
		干	枝	叶	根	合计	
长白落叶松	51	203.26	29.44	8.87	56.91	298.48	平均年龄50
	54	187.52	14.12	2.66	85.41	289.71	
	46	134.66	13.91	2.4	34.08	185.05	
	平均值	175.15	19.16	4.64	58.8	257.75	
蒙古栎	50	58.91	14.79	2.74	37.05	113.49	平均年龄53
	50	100.93	28.41	3.33	43.49	176.16	
	52	117.46	61.4	4.68	29.3	212.84	
	63	222.41	78.49	8.22	69.75	378.87	
	平均值	124.93	45.77	4.74	44.9	220.34	

由长白落叶松树干连年碳素积累过程(图5-7)可知：在0~46年内，连年碳素积累量为0.022~4.926kg，碳素积累量增长幅度很大。其中，0~8年时碳素积累量增长缓慢；9~14年时碳素积累加快；15~32年时碳素积累迅速，碳素积累量由0.719kg增加到了4.590kg；33~46年时碳素积累量增长变慢。树干平均碳素积累量在0~8年时增幅不大，9~14年时增幅开始增大，15~32年时增幅最明显，33年后增幅变缓。

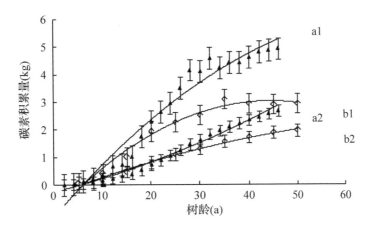

图 5-7　落叶松(a)和蒙古栎(b)树干碳素积累过程
a1. 长白落叶松连年碳素积累量；a2. 长白落叶松平均碳素积累量；
b1. 蒙古栎连年碳素积累量；b2. 蒙古栎平均碳素积累量

由蒙古栎树干连年碳素积累量(图 5-7)可知：在 0~50 年内，连年碳素积累量为 0.072~3.099kg，0~10 年时碳素积累缓慢；11~20 年时碳素积累迅速，碳素积累量由 0.398kg 达到了 1.938kg；21~35 年时碳素积累量增长变缓；36~50 年时碳素积累量增长趋于稳定。树干平均碳素积累量在 0~10 年时增幅不大，11~20 年时增幅明显，21 年后增长变缓。

综上所述，落叶松树干连年碳素积累和平均碳素积累都明显快于蒙古栎。从树干连年碳素积累曲线来看，落叶松碳素快速积累期要比蒙古栎长 13 年。从树干平均碳素积累曲线来看，落叶松一直领先于蒙古栎，并且 25 年之后差距逐渐拉大。根据 2 树种树干连年和平均碳素积累曲线拟合得到，落叶松碳素积累成熟年龄为 59.1 年，蒙古栎为 65.5 年。

第二节　东北区落叶松和栎林净生产力估测模型

分尺度、林龄和不同生长因子构建和优化东北地区落叶松、栎林净生产力的林分估测模型 26 个，包括林分尺度模型 2 个、单木器官模型 8 个、不同林龄材积—生物量模型 8 个(幼、中、近、成)、不同林龄胸径—生物量模型 8 个(幼、中、近、成)等，并对两个树种的林分净生产力及生产力分配等进行了估测(表 5-14、5-15)。

表 5-14　落叶松生物量、生产力模型

树种	模型	R^2	P
	林分尺度 B-V model		
落叶松	$B = 11.0478 + 0.8228V$	$R^2 = 0.8726$	$P < 0.0001$
	单木器官 model		
落叶松	$B_s = 0.373(D^2H)^{0.6786}$	$R^2 = 0.94$	$P < 0.0001$
	$B_b = 6.082\ln(D^2H) - 35.0186$	$R^2 = 0.4458$	$P = 0.0065$
	$B_r = 0.0125(D^2H)^{0.9241}$	$R^2 = 0.9547$	$P < 0.0001$
	$B_l = 1.5434(D^2H)^{0.1354}$	$R^2 = 0.2067$	$P = 0.0886$

(续)

树种		模型	R^2	P
		林龄 B-V model		
落叶松	幼	$B = 1676.3107V^{1.1086}$	$R^2 = 0.8893$	$P < 0.0001$
	中	$B = V/(0.0009 - 0.0003V)$	$R^2 = 0.6056$	$P < 0.0001$
	近	$B = V/(0.0006 + 0.0008V)$	$R^2 = 0.4754$	$P = 0.165$
	成	$B = V/(0.0053V - 0.0017)$	$R^2 = 0.5014$	$P = 0.1791$
		林龄 B-DBH model		
落叶松	幼	$B = 4.2295 - 2.2923D + 0.3994D^2$	$R^2 = 0.9249$	$P < 0.0001$
	中	$B = 0.2784D^{2.1055}$	$R^2 = 0.9269$	$P < 0.0001$
	近	$B = 381.8469 - 40.1907D + 1.2913D^2$	$R^2 = 0.7804$	$P = 0.0106$
	成	$B = 625.4462D - 8.6411D^2 - 10867.3724$	$R^2 = 0.5151$	$P < 0.0001$

注：B. 生物量；V. 材积；B_s、B_b、B_r、B_l. 干、枝、根、叶生物量；D. 胸径；H. 树高

表5-15　栎树生物量、生产力模型

树种		模型	R^2	P
		林分尺度 B-V model		
栎树		$B = 5.2895V^{0.7515}$	$R^2 = 0.5882$	$P = 0.0014$
		单木器官 model		
栎树		$B_s = 104.4133\ln(D^2H) - 684.6798$	$R^2 = 0.8021$	$P < 0.0001$
		$B_b = 0.2735(D^2H)^{0.2735}$	$R^2 = 0.5083$	$P = 0.0028$
		$B_r = 0.0187(D^2H) - 3.9455(D^2H)^2 - 2.195$	$R^2 = 0.5876$	$P = 0.0049$
		$B_l = 0.0014(D^2H) - 2.7615(D^2H)^2 - 0.0659$	$R^2 = 0.7554$	$P = 0.0002$
		林龄 B-V model		
栎树	幼	$B = V/(0.0006 + 0.0025V)$	$R^2 = 0.8452$	$P < 0.0001$
	中	$B = V/(0.0003 + 0.0037V)$	$R^2 = 0.5329$	$P < 0.0001$
	近	$B = 60.9036 + 988.9687V$	$R^2 = 0.6095$	$P < 0.0001$
	成	$B = -951.041V^{0.789}$	$R^2 = 0.5023$	$P < 0.0001$
		林龄 B-DBH model		
栎树	幼	$B = 1.6516 - 1.5139D + 0.5326D^2$	$R^2 = 0.8653$	$P < 0.0001$
	中	$B = 138.0582\ln D - 256.8281$	$R^2 = 0.4346$	$P < 0.0001$
	近	$B = 189.2430 - 23.3594D + 1.3108D^2$	$R^2 = 0.6645$	$P < 0.0001$
	成	$B = 579.1731\ln D - 1422.0827$	$R^2 = 0.5151$	$P < 0.0001$

注：B. 生物量；V. 材积；B_s、B_b、B_r、B_l. 干、枝、根、叶生物量；D. 胸径；H. 树高

第三节　东北区域尺度森林净生产力空间分布格局

　　研究基于长期定位观测数据，结合森林资源清查数据，和建立的东北区落叶松、栎林净生产力空间数据库，与内蒙古农业大学合作，对东北区辽宁、吉林和黑龙江

省的典型森林净生产力空间分布格局和区域分布规律进行了分析,并绘制了区域净生产力分布图(彩图29)。

从彩图30中A上可以看出,辽宁省的森林NPP主要分布在森林比较集中的辽宁东部山区,森林NPP在 $6\sim10$ t $\cdot$ hm^{-2} $\cdot$ a^{-1} 之间,大于10 t $\cdot$ hm^{-2} $\cdot$ a^{-1} 的林分仅在零星地区分布,森林NPP总体表现出东部高于西部,沿着长白山余脉从东北向西南逐渐降低的趋势;彩图中B显示出吉林省NPP主要集中在长白山林区,森林NPP主要在 $8\sim12$ t $\cdot$ hm^{-2} $\cdot$ a^{-1} 之间,最高可达到12 t $\cdot$ hm^{-2} $\cdot$ a^{-1},总体表现为由东向西逐渐降低;黑龙江省NPP主要分布在长白山,和大、小兴安岭地区,部分地区森林的NPP可达到 $14\sim16$ t $\cdot$ hm^{-2} $\cdot$ a^{-1},呈现出由东南部向西北部逐渐降低的趋势,见彩图30中C。

参考文献

丁宝永,刘世荣,蔡体久. 落叶松人工林群落生物生产力的研究[J]. 植物生态学报,1990,14(3):226-236.

杜红梅,王超,高红真. 华北落叶松人工林碳汇功能的研究[J]. 中国生态农业学报,2009,17(4):756-759.

方精云,刘国华,徐嵩龄. 我国森林植被的生物量和净生产量[J]. 生态学报,1996,16(5):497-508.

方晰,田大伦,项文化. 速生阶段杉木人工林碳素密度、贮量和分布[J]. 林业科学,2002,38(3):14-19.

方晰,田大伦,项文化,等. 第二代杉木中幼林生态系统碳动态与平衡[J]. 中南林学院学报,2002,22(1):1-6.

冯宗伟,王效科,吴刚. 中国森林生态系统的生物量和生产力[M]. 北京:科学出版社,1999.

何斌. 秃杉人工林速生阶段的碳库与碳吸存[J]. 山地学报,2009,27(4):427-432.

何斌,吴庆标,黄秀英,等. 杉木二代林生态系统碳素积累的动态特征[J]. 东北林业大学学报,2009,37(7):36-38.

何英,张小全,刘云仙. 中国森林碳汇交易市场现状与潜力[J]. 林业科学,2007,43(7):106-111.

胡会峰,刘国华. 中国天然林保护工程的固碳能力估算[J]. 生态学报,2006,26(1):291-296.

黄从德,张国庆. 人工林碳储量影响因素[J]. 世界林业研究,2009,22(2):34-39.

贾文锦. 辽宁土壤[M]. 沈阳:辽宁科学技术出版社,1991:145-147,322-324.

姜萍,叶吉,吴钢. 长白山阔叶红松林大样地木本植物组成及主要树种的生物量[J]. 北京林业大学学报,2005,27(2):112-115.

焦树仁. 辽宁章古台樟子松人工林的生物量与营养元素分布的初步研究[J]. 植物生态学报,1985,9(4):257-265.

巨文珍. 不同年龄长白落叶松人工林生物量及碳储量研究[D]. 北京:北京林业大学,2010.

康冰,刘世荣,蔡道雄,等. 南亚热带杉木生态系统生物量和碳素积累及其空间分布特征[J]. 林业科学,2009,45(8):147-153.

李克让,陈育峰,刘世荣,等. 减缓及适应全球气候变化的中国林业对策[J]. 地理学报,1996,5(增刊):109-119.

雷丕锋,项文化,田大伦,等. 樟树人工林生态系统碳素贮量与分布研究[J]. 生态学杂志,

2004，23(4)：25－30.

李世业. 气候暖化对落叶松林碳分配影响的研究[D]. 哈尔滨：东北林业大学，2007.

李文华，邓坤枚，李飞. 长白山主要生态系统生物生产量的研究[J]. 森林生态系统研究，1981，2：34－50.

李新宇，唐海萍. 陆地植被的固碳功能与适用于碳贸易的生物固碳方式[J]. 植物生态学报，2006，30(2)：200－209.

刘志刚，马钦彦，潘向丽. 兴安落叶松天然林生物量及生产力的研究[J]. 植物生态学报，1994，18(4)：328－337.

罗云健，张小全，王效科，等. 森林生物量的估算方法及其研究进展[J]. 林业科学，2009，45(8)：129－134.

马明东，江洪，刘跃建. 楠木人工林生态系统生物量、碳含量、碳贮量及其分布[J]. 林业科学，2008，44(3)：34－39.

马钦彦. 中国油松生物盆的研究[J]. 北京林业大学学报，1989，1(4)：95－101.

马炜，孙玉军，郭孝玉，等. 不同林龄长白落叶松人工林碳储量[J]. 生态学报，2010，30(17)：4659－4667.

马泽清，刘琪，徐雯佳，等. 江西千烟洲人工林生态系统的碳蓄积特征[J]. 林业科学，2007，43(11)：1－7.

梅莉，张卓文，谷加存，等. 水曲柳和落叶松人工林乔木层碳、氮储量及分配[J]. 应用生态学报，2009，20(8)：1791－1796.

潘维俦，田大伦. 森林生态系统第一性生产量的测定技术与方法[J]. 湖南林业科学，1981(2)：1－12.

田大伦，方晰，项文化. 湖南会同杉木人工林生态系统碳素密度[J]. 生态学报，2004，24(11)：2382－2386.

王春梅，邵彬，王汝南. 东北地区两种主要造林树种生态系统固碳潜力[J]. 生态学报，2010，30(7)：1764－1772.

王文权. 辽宁森林资源[M]. 北京：中国林业出版社，2007.

王雪军，黄国胜，孙玉军，等. 近20年辽宁省森林碳储量及其动态变化[J]. 生态学报，2008，28(1)：4757－4764

王玉辉，周广胜，蒋延玲，等. 基于森林资源清查资料的落叶松林生物量和净生长量估算模式[J]. 植物生态学报，2001，25(4)：420－425.

王仲锋，冯仲科. 森林蓄积量与生物量转换的 CVD 模型研究[J]. 北华大学学报：自然科学版，2006，7(3)：265－268.

魏文俊，王兵，白秀兰. 杉木人工林碳密度特征与分配规律研究[J]. 江西农业大学学报，2008，30(1)：73－79.

文仕知，田大伦，杨丽丽，等. 桤木人工林的碳密度、碳库及碳吸存特征[J]. 林业科学，2010，46(6)：15－21.

吴刚，冯宗炜. 中国寒温带、温带落叶松林群落生物量的研究概述[J]. 东北林业大学学报，1995，23(1)：95－101.

武曙红，张小全，李俊清. CDM 造林或再造林项目的基线问题[J]. 林业科学，2006，41(4)：112－116.

殷鸣放，赵林，陈晓非，等. 长白落叶松与日本落叶松的碳储量成熟龄[J]. 应用生态学报，2008，19(12)：2567－2571.

张东来，毛子军，朱胜英，等. 黑龙江省帽儿山林区6种主要林分类型凋落物研究[J]. 植物研究，2008，28(1)：104 - 108.

张小全，侯振宏. 森林、造林、再造林和毁林的定义与碳计量问题[J]. 林业科学，2003，39 (2)：145 - 152.

张小全，李怒云，武曙红. 中国实施清洁发展机制造林和再造林项目的可行性和潜力[J]. 林业 科学，2005，41(5)：139 - 143.

张治军，张小全，朱建华，等. 广西主要人工林类型固碳成本核算[J]. 林业科学，2010，46 (3)：16 - 22.

周玉荣，于振良，赵士洞. 我国主要森林生态系统碳贮量和碳平衡[J]. 植物生态学报，2000，24 (5)：518 - 522.

邹春静，卜军，徐文铎. 长白松人工林群落生物量和生产力的研究[J]. 应用生态学报，1995，6 (2)：123 - 127.

Appsa M J, Kurz W A, Beukema S J, et al. Carbon budget of the Canadian forest product sector[J]. Environmental Science & Policy, 1999, 2：25 - 41.

Brown S, Gillespie A, Lugo A E. Biomass estimation methods for tropical forests with application to forest inventory data[J]. Forest Science, 1989, 35：881 - 90.

Brown S. Present and potential roles of forests in the global climate change debate[J]. Unasylva, 1996, 47：3 - 10.

Christopher S G, Robert B J. Risks to forest carbon offset projects in a changing climate[J]. Forest Ecology and Management, 2009, 257：2209 - 2216.

Dixon R K, Brown S, Houghton A M, et al. Carbon pools and flux of global forest ecosystems[J]. Science, 1994, 263：185 - 190.

Dixon R K, Winjum J K, Schroeder P E. Conservation and sequestration of carbon [J]. Global Environment Change, 1993, 3(2)：159 - 173.

Fang J Y, Chen A P, Peng C H, et al. Changes in forest biomass carbon storage in China between 1949 and 1998[J]. Science, 2001, 292：2320 - 2322.

Houghton J T, Ding Y, Griggs D J, et al. Contribution of working group I to the third assessment report of the intergovemmental panel on climate change[R]. Cambridge：Cambridge University Press, 2001.

IPCC. Land use, land-use change and forestry [M]. Cambridge：Cambridge University Press, 2000：1 - 51.

IPCC. Summary for policymakers of the synthesis report of the IPCC fourth assessment report [M]. Cambridge：Cambridge University Press, 2007.

Lv X T, Yin J X, Jepsen M R, et al. Ecosystem carbon storage and partitioning in a tropical seasonal forest in Southwestern China[J]. Forest Ecology and Management, 2010, 260(10)：1798 - 1803.

Maclaren J P, Wakelin S J. Forestry and forest products as a carbon sink in New Zealand[M]. Rotorua：FRI Bulletin, Forest Research Institute, 1991：162.

Marland E, Marland G. The treatment of long-lived, carbon containing products in inventories of carbon dioxide emissions to the atmosphere[J]. Environmental Science & Policy, 2003, 6：139 - 152.

McKenney D W, Yemshanoy D, Fox G, et al. Cost estimates for carbon sequestration from fast growing poplar plantations in Canada [J]. Forest Policy and Economics, 2004, 6：345 - 358.

Norby R J, Luo Y. Evaluating ecosystem responses to rising atmospheric CO_2 and global warming in a multi-factor world[J]. New Phytologist, 2006, 162(2)：281 - 293.

Onigkeit J, Sonntag M, Alcamo J. Carbon plantations in the IMAGE model-model description and scenarios[R]. Center for Environmental Systems Research, University of Kassel, Germany, 2000：

35 – 113.

Post W M, Emanuel W R, Zinke P J, et al. Soil pools and world life zone[J]. Nature, 1982, 298: 156 – 159.

Sharpe D M, Johnson W C. Land use and carbon storage in Georgia forests[J]. Journal of Environmental Management, 1981, 12: 221 – 233.

Shinozaki K, Yoda K, Hozumi K, et al. A quantitative analysis of plant form-the pipe model theory. I. Basic analysis[J]. Japanese Journal of Ecology, 1964, 14: 97 – 105.

Shvidenko A, Nilsson S, Roshkov V. Possibilities for increased carbon sequestration through the implementation of rational forest management in Russia[J]. Water Air Soil Pollution, 1997, 94: 137 – 162.

Turner D P, Koerper G J, Harmon M E, et al. Carbon sequestration by forests of the United States: current status and projections to the year 2040[J]. Tellus Ser B, 1995, 47: 232 – 239.

UNFCCC. The kyoto protocol to the United Nations framework convention on climate change[M]. UNEP: WMO, 1997.

Vesterdal L, Ritter E, Gundersen P. Change in soil organic carbon following afforestation of former arable land[J]. Forest Ecology and Management, 2000, 169: 137 – 147.

Wang C, Ouyang H, Maclaren V, et al. Evaluation of the economic and environmental impact of converting cropland to forest: A case study in Dunhua County, China[J]. Journal of Environmental Management, 2007, 85(3): 746 – 756.

West T O, Marland G. A synthesis of carbon sequestration, carbon emissions and net carbon flux in agriculture: Comparing tillage practices in the United States [J]. Agriculture, Ecosystems & Environment, 2002, 91: 217 – 232.

Winjum J K, Schroeder P E. Forest plantations of the world: Their extent, ecological attributes, and carbon storage[J]. Agricultural and Forest Meteorology, 1997, 84: 153 – 167.

Wofsy S C, Goullden M L, Munger J M, et al. Net exchange of CO2in a mid-latitude forest [J]. Science, 1993, 260: 1314 – 1317.

Woodwell G M, Whittaker R H, Reiners W A, et al. The biota and the world carbon budget [J]. Science, 1978, 199: 141 – 146.

Yan X D, Shugart H H. Fareast: A forest gap model to simulate dynamics and patterns of eastern Eurasian forests[J]. Journal of Biogeography, 2005, 32(9): 1641 – 1658.

Zhao M, Zhou G S. Estimation of biomass and net primary productivity of major planted forests in China based on forest inventory data[J]. Forest Ecology and Management, 2005, 207(3): 295 – 313.

Zhou G S, Wang Y H, Jiang Y L, et al. Estimating biomass and net primary production from forest inventory data: A case study of China's Larix forests [J]. Forest Ecology and Management, 2002, 169(1): 149 – 157.

第六章

华中、华东区主要森林生产力估测

第一节　江苏省森林生物量与生产力动态分析

收集 2000、2005 年两期江苏省森林资源连续清查数据，采用基于生物量与蓄积量之间关系的生物量换算因子连续函数法，从宏观的角度研究和估算江苏省的森林生物量与生产力的数量和分布格局。收集江苏省连云港新浦区森林二类调查数据（2009 年），为研究利用森林资源二类调查数据对区域（县级）的森林生物量及生产力进行估算，也为森林生物量的遥感估算模型提供支撑。

收集研究区相关的遥感数据。本书收集的研究区遥感数据为 ETM + 数据（2005年）和 CBERS（2009 年）数据。

一、森林林分生物量与生产力

利用生物量换算因子连续函数法和 2000、2005 年两期江苏森林资源清查数据，按照优势树种转换参数，统计江苏主要森林植被的生物量与生产力，结果如表 6-1、表 6-2 所示。由于两次森林资源清查的优势树种划分标准不同，第四次调查只分大类统计了几个树种组，第五次调查时规则改变统计的很细，因此树种组增加了很多，故在估算两期林分生物量与生产力时分别列表显示。

由表 6-1、表 6-2 可知，江苏省林分生物量由 2000 年的 22709013.56t 增加到 2005 年的 43286678.05t，林分净生产力从 5027434.956t・a^{-1} 增加到 8930354.493 t・a^{-1}，呈逐年增加的趋势。林分平均生物量由 53.20 t・hm^{-2} 减少到 41.18t・hm^{-2}，与全国林分生物量平均水平相比，江苏省林分质量仍处在较低的水平。林分优势树中，杨树面积在江苏省境内所占比重很大，2 期调查数据显示，杨树面积分别占森林林分的 54.23% 和 72.24%，杨树生物的总量分别占江苏森林总生物量的 20.01% 和 38.55%，其总净生产力分别占江苏森林总生产力的 15.45% 与 31.08%，表明杨树在江苏森林类型结构上占有绝对的优势，使江苏由林业小省成为产业大省，使以占全国 0.7% 的林地，实现了占全国 7% 的林业产值，林业总产值跃居全国第 5 位（江苏省林业局，2005）。

表6-1　森林林分各优势树种生物量与生产力(2000 年)

优势树种	面积 (10^2 hm^2)	总蓄积量 (10^2 m^3)	平均生物量 (t·hm^{-2})	总生物量 (t)	总生产力 (t·a^{-1})
柏木	168	5373	45.7341625	768333.93	53777.6324
黑松	144	2728	43.02828889	619607.36	144652.8686
马尾松	373	14832	21.32875469	795562.55	335599.7154
杉木	216	10038	41.12524167	888305.22	179684.906
水杉	264	24622	80.11145	2114942.28	458110.7076
栎类	60	4553	95.45648167	572738.89	53100
硬阔类	144	4860	33.8388	487278.72	150192
杨树	2405	130704	56.43985805	13573785.86	2508415
桐类	12	501	50.45135	60541.62	12516
软阔类	12	1113	74.69675	89636.1	12516
杂阔	637	29203	42.98714333	2738281.03	1118870.126
合计/均值	4435	228527	53.19984371	22709013.56	5027434.956

表6-2　森林林分各优势树种生物量与生产力(2005 年)

森林类型	总面积 (10^2 hm^2)	总蓄积量 (10^2 m^3)	平均生物量 (t·hm^{-2})	总生物量 (t)	总生产力 (t·a^{-1})
赤松	12	93.49	10.53106708	12637.2805	9664.392914
黑松	80	1897.36	45.4947456	363957.9648	81069.04751
马尾松	228	10083.53	23.60254979	538138.1353	208427.2827
国外松	140	6657.16	57.81223063	809371.2288	147309.346
其他松类	8	53.5	36.6939	29355.12	7837.840002
杉木	192	9518.58	42.36641741	813435.2142	159290.9661
水杉	224	18583.94	75.82823863	1698552.545	396313.0687
池杉	16	1142.84	51.10485725	81767.7716	13022.58011
柏类	180	6132.02	47.01100139	846198.025	58974.55273
栎类	132	6927.61	68.65481313	906243.5333	116820
榆树	12	421.43	34.87443767	41849.3252	12516
刺槐	96	2198.5	25.63264792	246073.42	100128
枫香	20	722.71	35.6431922	71286.3844	20860
其他硬阔	484	11428.78	26.17131073	1266691.439	504812
杨树	6236	298620.62	53.36867305	33280704.51	6504148
柳树	40	1214.5	45.0377325	180150.93	41720
泡桐	8	117.51	37.58643175	30069.1454	8344
楝树	8	112.36	37.280393	29824.3144	8344
其他软阔	240	7146	44.758435	1074202.44	250320
针叶混	16	308.71	35.88720463	57419.5274	15621.06622
阔叶混	152	4267.16	32.97491495	501218.7072	158536
针阔混	108	3428.21	37.73435925	407531.0799	106276.3499
合计/均值	8632	391076.52	41.18407062	43286678.05	8930354.493

二、森林植被生物量与生产力

森林植被生物的总量为包括林分、疏林、灌木林、竹林、经济林和四旁树在内的所有林木生物量之和，结果如表 6-3 所示，江苏省森林植被生物的总量与总净生产力从 2000~2005 年保持增长趋势，森林总生物量由 2000 年的 67832259.27t 增加到 2005 年的 86331874.01t，增加了 18499614.74t，年均增长率为 4.94%；森林总净生产力也由 16236768.0 4t·a^{-1} 上升到 20925025·87 t·a^{-1}，增加了 4688257.835 t·a^{-1}，其年均增长率为 5.20%。2 期数据中，经济林、疏林和四旁树的总生物量与总生产力基本保持稳定；改革开放特别是 2002 年底实施"绿色江苏"建设以来，江苏省林业建设进入了一个快速发展的时期，取得了突破性进展，森林覆盖率平均每年增长 1 个百分点。2005 年国家规定的灌木林地达到 198800 hm^2，使灌木林生物量与生产力以年均 65.46% 的幅度增长；竹林的生物量与生产力有所减少；林分单位面积平均生物量与生产力在减少，而林分生物量与生产力分别以年均 13.77% 和 12.18% 的速度在增长。这表明近 5 年来，江苏森林增长主要是幼龄林和中龄林。

表 6-3 各类型森林生物量与生产力

森林植被类型	2000 年		2005 年	
	生物量(t)	净生产力(t·a^{-1})	生物量(t)	净生产力(t·a^{-1})
林分	22709013.56	5027434.956	43286678.05	8930354.493
经济林	6951210	2698360	6531720	2535520
竹林	20841750	5210437.5	15061950	3765487.5
疏林	118560	65350.11487	119625.527	43931.17507
灌木林	355680	196050.3446	4410432	2431024.273
四旁树	16856045.71	3039135.12	16921468.43	3218708.43
合计	67832259.27	16236768.04	86331874.01	20925025.87

注：2005 年资源清查时，疏林的调查具体到树种，蓄积量也做计算，故与灌木林分开计算

三、不同龄组森林生物量与生产力

从表 6-4 可看出，江苏省森林植被中大部分是幼、中龄林。幼龄林面积增长幅度最大，由 2000 年的 151400hm^2 上升到 476800 hm^2，其生物量与生产力分别以年均 23.82% 和 23.62% 的增长率增加。中龄林变化不大，一直保持上升趋势。成、过熟林在区域内的分布过小，其生物量与生产力所占比重也相当少。一般来说，幼龄林和受干扰频度大的森林，其生物量小(冯宗炜等，1999)。江苏森林幼、中龄林面积所占比重过大，是江苏省生物量与生产力水平较低的一个重要原因，随着林龄结构的改善，森林成熟度的不断增加，森林生物量也会相应的增加。一个区域森林年龄结构组成的合理程度，可以为该区域森林生态系统提供科学的论据。因此，通过调整林分结构，提高森林结构质量水平，从而增加江苏森林生物量与生产力(图 6-1)。

表6-4 不同龄组森林生物量与生产力

龄级	2000 年			2005 年		
	面积($10^2 hm^2$)	生物量(t)	生产力(t·a^{-1})	面积($10^2 hm^2$)	生物量(t)	生产力(t·a^{-1})
幼龄林	1514	6575195.82	1717966.24	4768	19133818.2	4959398.099
中龄林	2224	12824759.98	2541035.622	2856	17986957.86	2941655.002
近熟林	445	2300351.7	509149.9234	660	4523812.734	662566.4183
成熟林	252	1008706.06	259283.1704	320	1482770.728	337530.9743
过熟林				28	159318.5212	29204
合计	4435	22709013.56	5027434.956	8632	43286678.05	8930354.493

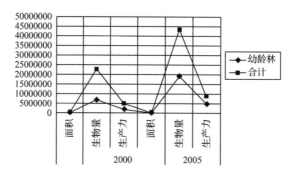

图6-1 幼龄林面积、生物量、生产力变化(2000~2005 年)

四、各市区森林植被生物量与生产力

各地区生物量的高低,能够很好地反映该区域生态环境质量的优劣(冯宗炜等,1999)。由于两次森林资源清查时采用的标准不同,2000 年对江苏省下属 13 个地市的森林资源清查资料没有做具体的统计,本书仅从 2005 年的清查数据来说明生物量对地区生态环境的影响。由图 6-2 所示,从各地市总生物量的分布格局来看,江苏省森林生物量呈现从苏北、苏中、苏南地区方向逐渐减少的趋势。苏北地区森林生物量较高,占江苏省森林生物总量的 51.08%,其中徐州的森林生物量最多占森林总生物量的 14.78%。而苏州和泰州森林生物量较少,分别占总生物量的 2.96% 和2.74%。形成江苏省森林生物量这种分布状况,除受气温、地形等自然条件影响外,还受制于人类以经济建设为中心的政策。为推进绿色江苏建设,需要形成以丘陵山区和平原成片林为基地,以江海堤防护林带为骨干,农田综合防护林为网络,四旁绿化相配套的平原林业体系,实现林地面积和森林蓄积量持续增长。

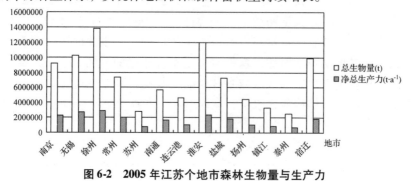

图6-2 2005 年江苏个地市森林生物量与生产力

五、森林林分生物量与生产力空间分布格局的空间自相关分析

(一)空间自相关概述

空间自相关是一种空间统计方法，指同一观测值在不同空间上的相关性，指一个变量的观测值之间因观测点在空间上邻近而形成的相关性（刘湘南等，2005），显然空间自相关是根据位置相似性和属相相似性的匹配情况来测度的，可以分为全局空间自相关和局部空间自相关：①全局空间自相关（Global Spatial Autocorrelation）；②局部空间自相关（Local Spatial Autocorrelation）。全局空间自相关指研究范围内邻近位置同一属性相关性的综合水平；局部空间自相关指研究范围内各空间位置与各自周围邻近位置的同一属性相关性；正空间自相关或负空间自相关也有强弱之分，可通过空间自相关指数度量。

空间自相关分析是认识空间格局的有效手段。空间格局是观测属性及其在空间上的相互关系。以空间邻近位置属性的相似性为依据，空间格局可以分为集聚的（clustered）、离散的（dispersed）和随机的（random）等3种类型。

一般地说，空间自相关与空间格局存在着对应的关系：正空间自相关对应于集聚格局、负空间自相关对应于离散格局，当不存在空间自相关时，属性观测值呈随机分布。

(二)空间自相关的几个统计量

空间自相关常用统计量主要有：Morans′I 和 Geary′s C。本文采用常用的 Morans′I 统计量。

$$\text{Morans'I} = \frac{1}{\sum\limits_{i=1}^{n}\sum\limits_{j=1}^{n}w_{i,j}} \times \frac{\sum\limits_{i=1}^{n}\sum\limits_{j=1}^{n}w_{i,j}(x_i - \bar{x})(x_j - \bar{x})}{\frac{1}{n}\sum\limits_{i=1}^{n}(x_i - \bar{x})^2}$$

计算出 Moran′I 之后，还需对其结果进行统计检验，一般采用 Z 检验。

$$Z = \frac{I - E(I)}{\sqrt{Var(I)}}$$

式中：$E(I)$ 为 Global Moran′s I 的期望值，其值为 $-1/(n-1)$（n 为样本容量）；$Var(I)$ 为 GlobalMoran′s I 的方差，计算方法与抽样假设有关。抽样假设有2种：正态抽样假设和随机抽样假设。更详细的内容及计算方法请参考相应文献（刘湘南等，2005）。最后根据 Z 值大小，在设定显著性水平下做出接受或拒绝零假设的判断。取 $\alpha = 0.05$，则当 $Z < -1.96$ 或 $Z > 1.96$ 时，拒绝零假设，观测变量的空间自相关显著，观测属性在空间上呈离散格局（$Z < -1.96$）或集聚格局（$Z > 1.96$）；反之，则接受零假设，观测变量在空间上呈随机分布。

本书利用 geoda 0.95i 软件对江苏省森林生物量分布进行空间自相关分析。利用 geoda 0.95i 软件构造空间邻接矩阵（Create Contiguity Weight），采用 GIS 生成的拓扑信息提供的空间对象邻接关系，这里选择用空间邻接性来定义空间邻接矩阵，采用 rook 方式、一阶邻接关系，生成空间权重系数矩阵文件。利用 space 空间邻接矩阵文件，选择工具模块作空间自相关分析，得到 Global Moran′s I 值并计算得到 Z_i 值，

对江苏省森林生物量分布进行空间自相关。指标在 $a = 0.05$ 的显著性水平下,其检验统计量 Z 大于检验值 1.96,通过检验。表明江苏省森林生物量存在空间正的自相关,空间呈现显著的聚集特征。

(三)江苏省森林生物量分布的空间自相关分析

江苏省森林生物量分布的空间自相关分析的结果如下:江苏省森林生物量(林分、经济林、竹林)的全局自相关指数 I 为:0.2647;江苏省森林生物量(林分、经济林、竹林)的统计量 Z 值为:2.0081,通过双侧检验(图6-3、图6-4)。

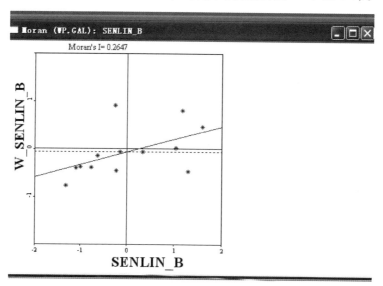

图6-3 江苏省森林生物量 Moran's I 散点

四个象限区域各地市的分布情况:H-H. 宿迁、徐州、淮安;L-H. 连云港;
L-L. 常州、苏州、南通、盐城、扬州、镇江、泰州;H-L. 南京、无锡

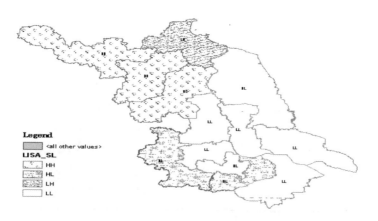

图6-4 江苏省森林生物量 LISA 集聚

江苏省森林生产力(林分、经济林、竹林)的全局自相关指数 I 为:0.174,江苏省森林生产力(林分、经济林、竹林)的统计量 Z 值为:1.4856,没有通过双侧检验($Z > 1.96$ 或者 $Z < -1.96$)。

江苏省森林生物量分布的空间自相关分析的结果表明江苏省森林生物量存在空间正的自相关，空间呈现显著的聚集特征。

第二节 江西省森林净生产力估测与评价

一、杉木林分净生产力估测

收集江西杉木（*Cunninghamia lanceolate*）主产区安福、永丰、分宜县的第七次Ⅱ类森林资源连续清查的杉木林分数据，并设置样地，每木检尺分析。运用相对生长法和回归估测的方法，建立模型估算了不同密度和不同年龄杉木人工林生态系统的净生产力。

1. 基于林龄的杉木林分净生产力估测

基于树干解析方法测定的不同年龄杉木胸径、树高、材积生长过程结果，拟合材积生长量与年龄的关系曲线（图6-5）。

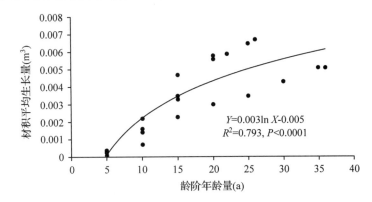

$Y=0.003\ln X-0.005$
$R^2=0.793, P<0.0001$

图6-5 不同年龄杉木人工林解析木各龄阶材积年均生长量与各龄阶年龄的对数拟合

再结合前人研究的生物量与材积之间的线性方程（表6-5）：$Y = a + bX$，Y是生物量（$Mg \cdot hm^{-2}$），X是材积（$m^3 \cdot hm^{-2}$），可估算出不同年龄杉木人工林林分尺度乔木树干净生产力。

表6-5 不同龄及林分生物量与材积之间的线性方程

龄级	对应方程
幼龄林	$Y = 11.5999 + 0.5665X$
中龄林	$Y = 12.746 + 0.5659X$
近熟林	$Y = 8.9867 + 0.4748X$
成熟林	$Y = 9.0353 + 0.4636X$
过熟林	$Y = 7.4509 + 0.3943X$

注：Y是生物量（$Mg \cdot hm^{-2}$），X是材积（$m^3 \cdot hm^{-2}$）

2. 基于林分密度杉木人工林生态系统的净生产力估测

根据本项目在江西省分宜县的江西大岗山森林生态系统国家定位观测研究站样

地调查及前人在该区域的研究结果，建立了基于林分密度的林分乔木层净生产力估测模型(图6-6)。

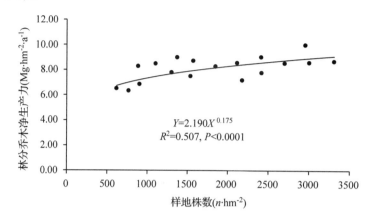

图6-6　杉木人工林林分乔木净生产力与林分密度的幂函数拟合

二、3 种典型常绿阔叶林生物量和净初级生产力估测与评价

常绿阔叶林是中亚热带的地带性植被，是这一地区天然林演替系列的顶级群落，在我国广泛分布。它的生物多样性丰富、群落结构复杂、生态系统稳定性强，对于维持全球性碳循环的平衡和人类可持续发展具有重要作用。但由于我国常绿阔叶林分布广，群落类型多样，加之人为活动等干扰，保存较完好的典型常绿阔叶林极少，本研究以中亚热带季风气候区常绿阔叶林中的 3 种典型林分——丝栗栲林、木荷(*Schima superb*)林和甜槠(*Castanopsis eyrei*)林为代表研究中亚热带常绿阔叶林生态系统的生物量、生产力及其分配特点。

1. 乔木层生物量测定

选择位于江西省境内的九连山国家自然保护区(龙南县)、井冈山国家自然保护区(井冈山市)、江西大岗山森林生态系统国家定位观测研究站(分宜县)、瑶里省级自然保护区(浮梁县)为试验点，共设立 10 块样地，样地面积 900～2500m²，进行每木检尺。采用生物量相对生长方程计算乔木层生物量，所使用的方程主要来自两个方面：主要树种在本研究试验区调查了 16 株解析木，构建生物量相对生长方程，其他树种从前人所做相关研究中选择适合本区域的生物量相对生长方程。本书构建的生物量相对生长方程均以胸径为自变量获得。具体生物量相对生长方程见表6-6和表6-7。

表6-6　主要乔木树种地上生物量相对生长方程

树种		生物量方程	相关系数(R^2)	来源
丝栗栲	*Castanopsis fargesii*	$W_{叶}=0.03D^{1.871}$	0.981	
		$W_{枝}=0.03D^{2.380}$	0.975	附表1
		$W_{干}=0.12D^{2.398}$	0.996	

（续）

树种		生物量方程	相关系数(R^2)	来源
苦槠 甜槠 青冈	Castanopsis sclerophylla Castanopsis eyrei Cyclobalanopsis glauca	$W_{叶} = 0.003243274(D^2H)^{0.950694501}$	0.7727	丁增发等 （2009）
		$W_{无皮大枝} = 0.000607022(D^2H)^{1.217082915}$	0.8933	
		$W_{大枝皮} = 0.000813951(D^2H)^{1.007363985}$	0.8064	
		$W_{无皮小枝} = 0.000193381(D^2H)^{1.314019211}$	0.8841	
		$W_{小枝皮} = 0.000265277(D^2H)^{1.172866488}$	0.6450	
		$W_{无皮树干} = 0.032219509(D^2H)^{0.937235732}$	0.9623	
		$W_{干皮} = 0.004841177(D^2H)^{0.942760602}$	0.9785	
木荷	Schima superb	$W_{叶} = 0.037D^{1.699}$	0.986	附表1
		$W_{枝} = 0.058D^{2.112}$	0.983	
		$W_{干} = 0.175D^{2.241}$	0.972	
杉木	Cunninghamia lanceolate	$W_{叶} = 0.1354D^{2.9236}H^{-1.6995}$	0.842	钱能智等 （1992）
		$W_{枝} = 0.0226D^{3.1427}H^{-1.2466}$	0.854	
		$W_{干} = 0.0407D^{1.5228}H^{1.0703}$	0.978	
拟赤杨	Alniphyllum fortunei	$W_{叶} = 0.6179(D^2H)^{0.3191}$	0.953	陈文荣 （2000）
		$W_{枝} = 0.1768(D^2H)^{0.5648}$	0.989	
		$W_{干} = 0.8003(D^2H)^{0.5276}$	0.995	
毛竹	Phyllostachys edulis	$W_{叶} = 0.050D^{1.695}H^{-0.184}$	0.722	王兵等 （2011）
		$W_{枝} = 0.215D^{1.303}H^{-0.185}$	0.502	
		$W_{干} = 0.231D^{1.985}H^{-0.207}$	0.730	
其他树种		$W_{叶} = 0.138D^{1.258}$	0.912	附表1
		$W_{枝} = 0.077D^{2.001}$	0.945	
		$W_{干} = 0.268D^{2.023}$	0.948	

表6-7　主要乔木树种地下生物量相对生长方程

树种		生物量方程	相关系数(R^2)	来源
丝栗栲	Castanopsis fargesii	$W_{根} = 0.008D^{2.710}$	0.977	附表2
木荷	Schima superb	$W_{根} = 0.052D^{2.339}$	0.973	附表2
杉木	Cunninghamia lanceolate	$W_{根} = 0.8911 + 0.1327D + 0.0423D^2$	0.882	钱能智等（1992）
苦槠	Castanopsis sclerophylla	$W_{根} = 0.0666D^{2.01}$	0.95	李宁等（2013）
拟赤杨	Alniphyllum fortunei	$W_{根} = 0.0174D^{2.50}$	0.97	李宁等（2013）
其他树种		$W_{根} = 0.060D^{2.063}$	0.984	附表2

2. 净初级生产力估算

（1）乔木层生产力估算。利用位于大岗山的固定样地2007年11月和2012年11月两次每木检尺数据和生物量相对生长方程，估算出样地内林木个体5年的生物量增量，进而推算出乔木层生产力。同时，利用位于九连山、井冈山和浮梁县的样地每木检尺数据，选择主要树种进行树干解析可得到5年前的胸径值，结合生物量相对生长方程可估算出林木个体5年的生物量增量，进而推算出乔木层生产力。

（2）灌木层和草本层生产力。灌木层和草本层的生产力由各层生物量除以平均年龄计算而来，灌木层以平均年龄为 5 年，草本层平均年龄为 3 年计算（杨清培等，2003）。

3. 林分生物量与分配

丝栗栲、木荷、甜槠 3 种林分的林分总生物量分别达到 341.13、316.63、360.47 t·hm^{-2}，甜槠林最高，分别高于丝栗栲林、木荷林 5.67% 和 13.85%。但甜槠林的林分总生物量略低于同处中亚热带的 51 年甜槠林生物量 407.3 t·hm^{-2} 与天童放羊山的甜槠林林分总生物量相近（381.6 t·hm^{-2}），远大于安徽老山自然保护区甜槠次生林林分总生物量 120.2 t·hm^{-2}。现有文献缺乏丝栗栲群落或木荷群落演替达到地带性顶级群落的生物量数据，但本研究中两类林分总生物量均低于鼎湖山 400 年的黄果厚壳桂林（*Cryptocarya concinna*）（380.7 t·hm^{-2}）和格木林（*Erythrophleum fordii*）（568.17 t·hm^{-2}），亦低于哀牢山近成熟和成熟的木果石栎林（*Lithocarpus glaber*）（分别为 499.7 t·hm^{-2} 和 503.2 t·hm^{-2}），但与广东黑石顶粘木林（*Ixonanthes chinensis*）（358.0 t·hm^{-2}）接近。丝栗栲林林分总生物量较恭城县 30 年的丝栗栲林（202.6 t·hm^{-2}）要大，且均显示丝栗栲林乔木层生物量占绝对主体，均在 94.77% 以上。除此之外，本研究中丝栗栲林较普洱 42 年的短刺栲林（*Castanopsis echidnocarpa*）生物量（162.6 t·hm^{-2}）和崇明中龄的元江栲林（*Castanopsis orthacantha*）生物量（260.8 t·hm^{-2}）大，且均小于华安 34 年、38 年或者会同 70 年的红栲林（*Castanopsis carlesii*）（三者林分总生物量分别为 404.8、519 和 446.3 t·hm^{-2}）。木荷林林分总生物量比杭州 30 年木荷林生物量 134.11 t·hm^{-2} 和天童 52 年木荷—米槠林生物量 220.4 t·hm^{-2} 要高。

3 种林分的林分总生物量都以乔木层生物量占主体，所占比例均在 98% 左右，而灌木层和草本层无论生物量或其所占林分总生物量的比例都相差不大。

将林分分为地上部分和地下部分，生物量主要集中在地上部分。丝栗栲、木荷和甜槠林分地上部分生物量与地下部分生物量的比值分别为 4.86、4.14 和 5.68，甜槠林最大，木荷最小。与丝栗栲林对比，自然状态下的甜槠林倾向于将更多生物量分配到地上部分，而木荷林分配到地下部分生物量的比例最高，表明，对于常绿阔叶林而言，林分类型是影响其生物量与分配的重要因素之一。3 种林分草本层、灌木层到乔木层的地上部分：地下部分生物量的值逐渐增大，表明不同层次生物量分配规律并不完全相同。从凋落物层看，3 种典型常绿阔叶林凋落物层生物量均大于草本层生物量，但都低于乔木层和灌木层生物量，半分解状态的凋落物占据凋落物层的主体。

从植物器官生物量分配看，3 种林分乔木层生物量都有干 > 枝 > 根 > 叶。3 种林分乔木层中叶和根生物量占该层生物量的比例相差不大，但甜槠林的干生物量和根生物量在 3 种林分中均最低，而叶生物量和枝生物量则最高，说明甜槠林相对于其他 2 种林分更枝繁叶茂。对于灌木层来说，除了甜槠林，都是枝干生物量最大。而对于草本层来说，3 种林分地上部分生物量和地下部分生物量相差不多。

表6-8　3种林分器官生物量及其分配

群落	层次	地上部分(t·hm⁻²)			地下部分(t·hm⁻²)	总计
		叶	枝	干	根	
丝栗栲	乔木层	9.83(1.35)	56.59(2.83)	213.13(32.74)	56.40(9.96)	335.98(42.12)
	比例(%)	2.93	16.84	63.44	16.79	100
	灌木层	0.55(0.28)	2.33(1.94)		1.20(0.97)	4.08(3.18)
	比例(%)	13.48	57.11		29.41	100
	草本层	0.12(0.04)			0.11(0.02)	0.23(0.07)
	比例(%)	52.17			47.83	100
木荷	乔木层	10.57(3.59)	61.23(29.01)	178.84(37.25)	58.81(8.83)	309.45(43.76)
	比例(%)	3.42	19.79	57.79	19.00	100
	灌木层	0.72(0.46)	2.89(2.56)		1.97(0.83)	5.58(3.73)
	比例(%)	12.90	51.79		35.31	100
	草本层	0.09(0.06)			0.13(0.08)	0.22(0.10)
	比例(%)	40.91			59.09	100
甜槠	乔木层	13.41(1.27)	94.61(22.31)	194.50(25.21)	49.52(9.62)	352.03(39.05)
	比例(%)	3.80	26.88	55.25	14.07	100
	灌木层	0.92(0.48)	2.55(1.32)		3.69(0.44)	7.16(1.70)
	比例(%)	12.85	35.61		51.54	100
	草本层	0.14(0.10)			0.21(0.13)	0.35(0.19)
	比例(%)	40.00			60.00	100

4. 林分净初级生产力

作为中亚热带天然林演替顶级群落,本研究中3种典型常绿阔叶林丝栗栲、木荷和甜槠3种林分净初级生产力分别为17.69、15.65和14.69t·hm⁻²·a⁻¹,丝栗栲林最高,分别高出木荷林、甜槠林达到13.04%和20.42%。丝栗栲、木荷和甜槠3种林分净初级生产力都以乔木层生产力占比最大,分别达到94.91%、92.46%和89.45%。同时,灌木层、草本层的生产力占林分净初级生产力的比例较各自生物量在林分总生物量中的比例要高出许多。从器官分配的角度看,净初级生产力除了丝栗栲林分中干>叶,都呈现出叶>干>根>枝。而将林分划分地上部分和地下部分来看,3种林分地下部分生产力对林分净初级生产力的贡献均不足20%,说明2种林分的生物量增长主要集中在地上部分。

表6-9　林分净初级生产力

群落	层次	净初级生产力(t·hm⁻²·a⁻¹)				总计
		叶	枝	干	根	
丝栗栲	乔木层	4.92(0.66)	1.76(0.71)	7.33(3.12)	2.78(1.53)	16.79(5.57)
	灌木层	0.11(0.06)	0.47(0.39)		0.24(0.19)	0.82(0.64)
	草本层	0.04(0.01)			0.04(0.01)	0.08(0.02)
	总计	14.63			3.06	17.69

（续）

群落	层次	净初级生产力(t·hm^{-2}·a^{-1})				总计
		叶	枝	干	根	
木荷	乔木层	5.28(1.79)	1.50(0.54)	5.22(1.97)	2.46(1.68)	14.47(2.49)
	灌木层	0.14(0.09)	0.58(0.51)		0.39(0.17)	1.11(0.75)
	草本层		0.03(0.02)		0.04(0.03)	0.07(0.03)
	总计		12.76		2.89	15.65
甜槠	乔木层	6.70(0.64)	1.80(0.64)	3.64(1.72)	0.99(0.41)	13.14(3.27)
	灌木层	0.18(0.10)	0.51(0.26)		0.74(0.09)	1.43(0.34)
	草本层		0.05(0.04)		0.07(0.04)	0.12(0.07)
	总计		12.89		1.80	14.69

若以上述 3 种类型代表中亚热带常绿阔叶林顶级群落，通过加权计算，中亚热带常绿阔叶林林分净初级生长量为 15.88t·hm^{-2}·a^{-1}，这一结果略高于周广胜等通过综合模型估算出来的亚热带常绿阔叶林地带 NPP 均值 14.9t·hm^{-2}·a^{-1}，而又略低于李高飞等通过收集中国亚热带常绿阔叶林 838 个样本得到的平均值 16.81t·hm^{-2}·a^{-1}。并且，这一值恰好接近暖温带落叶阔叶林的上限和热带林的下限。

三、毛竹林生产力估测与评价

1. 毛竹高生长模型

毛竹(*Phyllostachys edulis*)没有次生生长，其高度和粗度一经形成便不再生长，所以竹类植物的全高在出笋当年便生长完成。毛竹笋(笋芽)在土中生长阶段经过顶端分生组织不断进行细胞分裂和分化，形成了节与节、节隔、笋箨、侧芽和节间分生组织，至出土前全株节数已经定型，出土后不会再增加。竹笋出土横向生长便停止，而高生长速度加快，直至成竹。所以毛竹高生长对毛竹生物量起着决定作用。通过多种方程拟合，表明毛竹相对高生长与出笋时间可用 Logistic 方程，即 $H = \dfrac{100}{1 + 83.406e^{(-0.128t)}}$ 拟合($R^2 = 0.989$)，由此我们可以推导出每天毛竹相对生长速率为

$$R_h = \frac{100 \times 83.406 \times 0.128 \times e^{(-0.128t)}}{(1 + 83.406e^{(-0.128t)})^2}。$$

从竹笋出土到幼竹形成，大约需要 60 天左右，按笋—幼竹生长的速度可分为初期、上升期、盛期和末期。初期(1~15 天)：笋尖露头，但笋体仍在土中，横向膨大生长较为显著，节间长度增大很小，高度生长非常缓慢；上升期(15~21 天)：竹笋地下部分各节间的拉长生长基本停止，竹蔸系逐渐生成，节间生长活动从地下推移到地上，生长速度由缓慢逐渐加快，生长量也相当大；盛期(20~50 天)是竹笋生长最快的时期，高生长迅速而稳定，呈直线上升，上部枝条开始伸展，高度生长又由快变慢，竹笋逐渐过渡到幼竹阶段；末期(从第 50~65 天)：幼竹稍部弯曲，枝条伸展快，高生长速度显著下降，最后停止(图 6-7)。

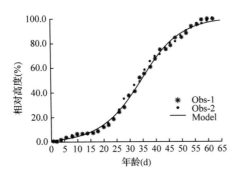 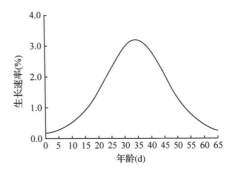

图 6-7 毛竹个体(笋—幼竹阶段)生长规律

2. 毛竹(笋—幼竹)生物量生长模型

随着毛竹高生长，其生物量也在增加。生长量增长可用 Schumacher 方程 $M = 223.900e^{-48.85t}$ 较好拟合($R^2 = 0.991$)，也可推导出毛竹生物量相对增加速率为 $R_m = 223.900e^{-48.85t}$。

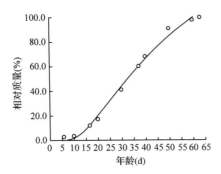 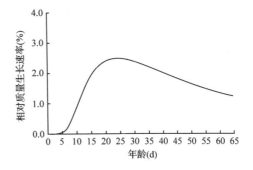

图 6-8 毛竹个体(笋—幼竹阶段)生长规律

毛竹生物量增长与毛竹高生长不同，开始(1~5 天)生物量增加较小，随后 5~25 天生物量增加迅速，再后增长速率下降，但仍一直在增长。毛竹从笋出土到长成幼竹后，它的高生长和径向生长即停止，但其质量生长仍继续进行。它通过光合作用不断地进行有机积累，使得体内的干物质含量不断提高(图 6-8)。

3. 毛竹成竹高度与胸径的关系

毛竹高生长与年龄关系不大，而与胸径大小有明显关系(图 6-9)。毛竹秆高与胸径可用函数 $H = \dfrac{D}{0.047D + 0.294}$($R^2 = 0.971$)拟合。

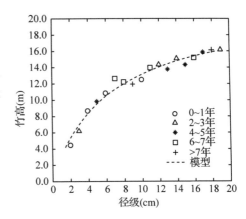

图 6-9 毛竹高度与胸径的关系

177

4. 个体生物量与胸径、秆高的关系

毛竹个体各器官生物量与胸径、秆高之间有密切关系，如图6-10、表6-10。

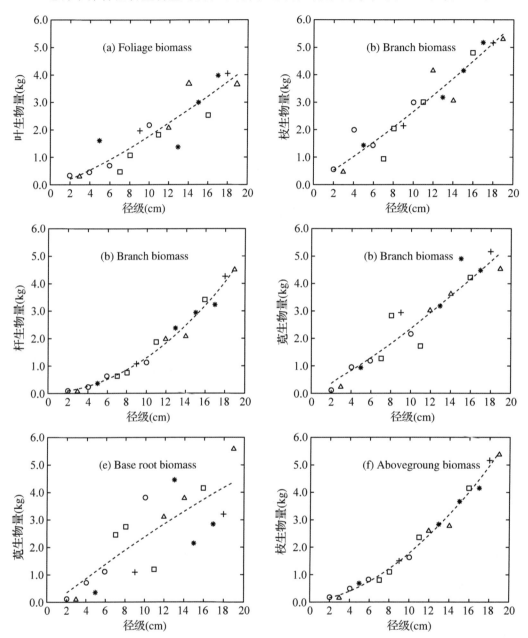

图6-10 毛竹生物量与胸径的异速生长模型

表 6-10　毛竹生物量与胸径、秆高的异速生长模型及其参数

各器官生物量	$Y = aD^b H^c$			
（kg）	a	b	c	R^2
叶 Foliage	0.037	1.107	0.510	0.831
枝 Branches	0.426	1.258	−0.415	0.917
秆 Culms	0.606	2.196	−0.777	0.983
蔸 Bases	0.241	1.299	−0.277	0.874
蔸根 Base roots	0.040	0.617	1.035	0.656
地上部分 Aboveground	0.725	1.928	−0.491	0.989

5. 江西省毛竹径级分布

根据崇义、信丰、吉安、井冈山、分宜、奉新、靖安、瑞昌、铅山、广丰、弋阳、宜黄等 12 个县市 30 个毛竹林样地调查资料为代表，分析江西毛竹大小分布规律。用 Gaussian 分布模型拟合所有样地毛竹径级分布，结果见图 6-11。

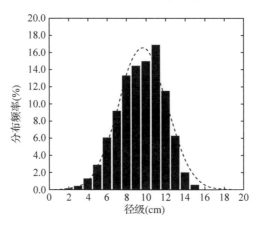

图 6-11　江西省毛竹径级分布频数

采用 Matlab7.0 拟合，得出 Gaussian 分布函数：$F = 16.490e^{\left[-\left(\frac{D-9.703}{3.469}\right)^2\right]}$。同时，采用皮尔逊 X^2 检验（陈华豪，1988），对毛竹径级分布函数做进一步理论检验，将样本总体单元划分成 18 个区间（即 $DBH = 2，3，4，……，19$），根据每一区间上理论频数与样本的实际频数值之差对总体分布作出的检验。在实际工作统计假设时，常常是用样本特征数来代替总体中的未知参数，此时，皮尔逊统计量 $X^2 = \sum_{i=1}^{k} \frac{(n_i - np_i)^2}{np_i} = \sum_{i=1}^{k} \left(\frac{n_i^2}{np_i}\right) - n$ 是近似地服从自由度（df）为 $k - m - 1$ 的 X^2 分布（其中，n_i 为第 i 径级实际频数，n 样本总数，p_i 为第 i 径级理论频率，是 m 为被估计参数）。毛竹径级概率分布的皮尔逊 X^2 检验过程及结果（表 6-11）。

表6-11 江西毛竹径级概率分布 X^2 检验

径级	n_i	p_o	n_i^2	p_i	np_i	n_i^2/np_i
2	6	0.001	36	0.001	5.744	6.267
3	21	0.004	441	0.004	19.017	23.190
4	63	0.013	3969	0.011	53.316	74.443
5	138	0.029	19044	0.026	126.591	150.437
6	292	0.061	85264	0.053	254.546	334.964
7	444	0.092	197136	0.090	433.465	454.791
8	639	0.132	408321	0.130	625.118	653.190
9	696	0.144	484416	0.158	763.471	634.492
10	722	0.150	521284	0.164	789.668	660.131
11	800	0.169	640000	0.143	691.701	925.255
12	553	0.115	305809	0.116	561.355	544.770
13	301	0.062	90601	0.067	322.353	281.061
14	95	0.020	9025	0.036	171.503	52.623
15	27	0.006	729	0.016	77.274	9.434
16	13	0.001	169	0.009	43.958	3.845
17	8	0.001	64	0.002	9.528	6.717
18	3	0.001	9	0.001	2.608	3.451
19	3	0.001	9	0.000	0.604	14.892
total	4824	1.000	2766326	1.000	4951.821	4833.952

由表6-11可知，对正态分布皮尔逊统计量 $X^2 = 4833.952 - 4824 = 9.952$，自由度 $df = 18 - 2 - 1 = 15$。查表 $X_{(0.05)}^2(15) = 25.00$。$9.952 < 25.00$，不能拒绝 H_0。因此，可认为江西毛竹胸径服从 Gaussian 分布。

6. 江西省毛竹生物量与碳储量

根据2010年江西森林资源二类调查数据，全省共有毛竹 19.08×10^8 根，结合样地调查的径级分布规律、个体生物量生长规律和各器官碳含量，得到全省毛竹生物量与碳储量径级分布状况如图6-12所示。

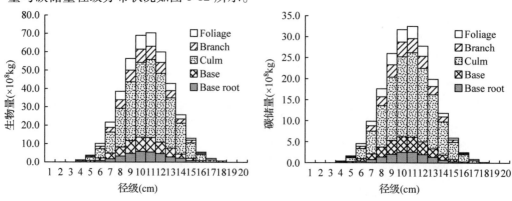

图6-12 江西毛竹生物量与碳含量的径级分布格局

江西全省毛竹生物量 $42.14 \times 10^9 kg$，其中胸径在 $8.0 \sim 13.0$ cm 占 79.93 %；地上部分占 80.30%。全省毛竹碳储量 $19.50 \times 10^9 kg$，其中胸径在 $8.0 \sim 13.0$ cm 占 79.93 %；地上部分占 80.30%。其中叶 1.799×10^9 kg、2.080×10^9 kg、11.778×10^9 kg、2.325×10^9 kg、1.515×10^9 kg，分别占 9.23%、10.67%、60.41%、11.92%、7.77%，竹秆为碳储量的主体。

7. 江西省毛竹净生产力与生物量

毛竹不像木本植物，它净初级生产力主要靠立竹度增加和面积的增大来实现。根据调查资料，江西省大多数竹林"大小年"现象明显，故本研究以 8 年内新增竹平均得年均增加竹数 300 株·hm^{-2}，即年均生产力可达 $6623.83 kg \cdot a^{-1}$。根据江西现有竹林面积 $98.23 \times 10^4 hm^2$，平均立竹度在 1942 株·hm^{-2}，但我们在调查中发现，经营较好的竹林，密度可达 6000 株·hm^2。同时又根据 $1999 \sim 2010$ 江西森林资源二类调查资料，毛竹平均以 2.45% 的速度在增长。所以如果经营措施得当，在未来 20 年（$2010 \sim 2030$ 年），全省毛竹净生产力与生物量增长情况（图 6-13）。

由图可知，从 $2011 \sim 2023$ 年，毛竹林生物量可增长迅速，即净初级生产力可达到 $8.91 \times 10^9 kg \cdot a^{-1}$，这种增长主要来源于原竹林密度的增加，$2023 \sim 2024$ 年增长速率骤然下降至 2.25×10^9 kg·a^{-1}，主要是原竹林密度达到最大（接近饱和）后，立竹度不再增加，生物量增长主要来自新竹林面积的扩大，此后基本稳定在一个较低的水平 1.39×10^9 kg·a^{-1}。$2011 \sim 2023$ 年全省竹林碳储量来由可 $42.10 \times 10^9 kg$ 稳定快速增至 $66.24 \times 10^9 kg$，以后增长缓慢，至 2030 年达到 $155.08 \times 10^9 kg$，也就相当于 2010 年碳储量的 3.68 倍，其中在原有面积竹林密度增加贡献 3.00 倍，新增竹林只贡献 0.68 倍。

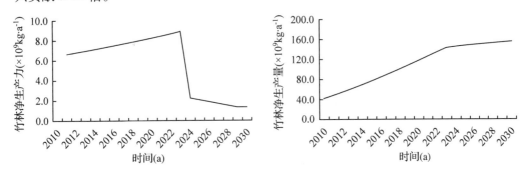

图 6-13　$2010 \sim 2030$ 年江西毛竹林净生产力与生物量估计

8. 江西未来毛竹生物量估算与分布格局

江西毛竹资源主要集中在宜春市、赣州市、抚州市、吉安市和上饶市，2010 年它们的毛竹生物量依次为 $7.47 \times 10^9 kg$、$6.77 \times 10^9 kg$、$5.89 \times 10^9 kg$、$5.01 \times 10^9 kg$，至 2030 年可依次增至 $27.52 kg$、$24.91 kg$、$21.67 kg$、$18.44 kg$；而南昌市、景德镇市、新余市最少，仅 $0.25 \times 10^9 kg$、$0.47 \times 10^9 kg$、$0.67 \times 10^9 kg$，2030 年也只增至 $0.93 \times 10^9 kg$、$1.73 \times 10^9 kg$、$2.46 \times 10^9 kg$，如图 6-14。

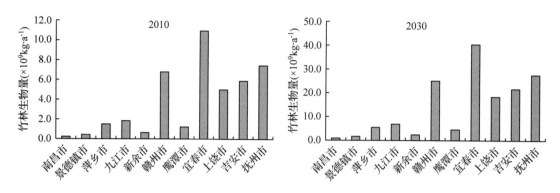

图 6-14　2010、2030 年江西毛竹林生物量分布格局

四、基于 FORECAST 模型模拟楠木杉木人工混交林净生产力

1. FORECAST 模型简介

FORECAST 模型(Forestry and Environmental Change Assessment)是加拿大著名森林生态学家 J. P. (Hamish)Kimmins 教授主持开发的应用模型,该模型是基于森林生态系统林分水平过程上的混合性模型,它将传统的经典产量表与复杂的过程模型相结合。FORECAST 模型是系统地研究了森林生物量与林分密度与结构、演替阶段、生物地球化学循环以及各种经营管理措施之间的相互规律后,在森林经营生态学原理基础上开发的。模型的驱动机制是叶氮同化率(Foliage Nitrogen Efficiency)。

所谓叶氮同化率(FNE)是指叶片中单位质量的氮素在单位时间内所同化产生的干物质量。即:

$$FNE = TNPP_t/FN$$

而:

$$TNPP_t = \Delta B_t - E_t - M_t$$
$$FN = BF \times N_c$$

式中:$TNPP_t$——单位时间内净初级生产总量;

　　　ΔB_t——单位时间内生物量的增量;

　　　E_t——单位时间内的凋落量;

　　　M_t——单位时间内的枯损量或自然稀疏量;

　　　FN——叶中的氮量;

　　　BF——系统的叶量;

　　　N_c——叶中氮的浓度。

在实际林分中,由于林冠下部的叶层受到上部叶层的遮荫,所以光合效率会有所下降。因此,在具体应用时需要对 FNE 进行修正,修正后的 FNE 为遮荫叶氮同化率 SCFNE(Shade-corrected Foliage Nitrogen Efficiency)。其计算方法是先将整个林冠层模拟为一个"不透光的叶毯(Opaque Blanket)",然后再将"不透光叶毯"沿垂直方向按 25cm 一层划分为若干亚叶层,各亚层分别计算的叶氮量(Mass of Foliage Nitrogen)、相对光合效率(Relative Photosnthetic Rate),最后汇总求和。

即:

$$SCFNE = TNPP_i/SCFN$$

$$SCEN = \sum_{i=1}^{n}(FN_i \times RPR_i)$$

式中：FN_i——第 i 亚叶层的叶氮量；

RPR_i——第 i 亚叶层的相对光合速率；

N——林冠中划分出的亚叶层数。

为了评估不同立地条件下混交林净生产力及碳储量变化趋势，将林分的立地条件划分为好、中、差 3 种立地，立地指数分别为 27，21，17。初值密度设定为 2500 株·hm^{-2}，楠木×杉木混交比例为 5:1，4:1，3:1，1:1，1:3，并设楠木、杉木纯林为对照。模拟时间设置为 300 年，参考杜鹃等（2009）的研究结果楠木的数据成熟期为 54 年，本研究设定 50 年一个轮伐期，每一个轮伐期内 30 年收获杉木、50 年收获楠木（其中杉木纯林 30 年一个轮伐期共 10 个轮伐期）。并且每个轮伐期的第 10 年对混交林进行间伐，间伐比例为 30%。

虽然研究楠木杉木混交林的记载比较多，但是描述混交林生态系统的不同管理措施对长期立地碳（C）储量、生物量的数据还是比较少，我们尽可能地收集所有文献中实测值与模拟值进行比较。本研究所收集的文献数据进行模拟检验表明，在第一轮伐期内 3 种立地条件下生物量变化趋势与实测数据趋势一致（图 6-15）。

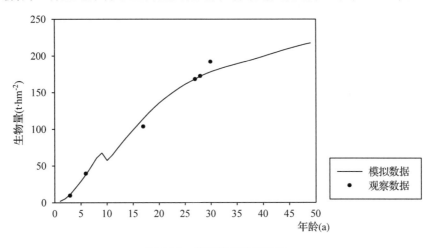

图 6-15 模型模拟结果验证

2. 楠木杉木人工混交林净生产力估测

按 FORECAST 模型模拟评估不同立地条件下楠木（*Phoebe zhennan*）纯林及其混交林 NPP 变化趋势，将林分的立地条件划分为好、中、差 3 种立地等级，立地指数分别为 27、21、17。

评估不同林分密度楠木纯林碳储量变化趋势，将楠木初值密度设为 1000、1600、2500、4000 株·hm^{-2}。模拟时间设置为 300 年，50 年一个轮伐期，共 6 个轮伐期。

评估不同混交比例下楠木杉木混交林 NPP 变化趋势，将林分初值密度设为 2500 株·hm^{-2}，楠木杉木混交比例为 5:1、4:1、3:1、1:1、1:3，并设楠木纯林、杉木纯林为对照。模拟时间设置为 300 年，50 年一个轮伐期，每一个轮伐期内 30 年收获杉木，50 年收获楠木(其中杉木纯林 30 年一个轮伐期共 10 个轮伐期)。并设定每个轮伐期的第 10 年对混交林进行间伐，间伐比例为 30% 。

(1)不同密度楠木纯林的 NPP。在各种立地条件下，密度为 4000 株·hm^{-2}的楠木纯林 NPP 最大分别可达 15.78 t·hm^2·a^{-1}(较好立地)、12.41 t·hm^{-2}·a^{-1}(中等立地)、9.22 t·hm^{-2}·a^{-1}(较差立地)(表6-12)。

表 6-12　不同立地条件下不同密度楠木纯林 NPP　　(t·hm^{-2}·a^{-1})

初植密度(株·hm^{-2}) 立地条件	1000	1600	2500	4000
较好	9.81	12.74	15.26	15.78
中等	8.33	10.44	11.91	12.41
较差	7.04	8.15	8.9	9.22

在相同的初植密度的条件下，好、中、差 3 种立地条件下净生产力有明显的差异，表现为较好立地 > 中等立地 > 较差立地。初植密度为 2500 和 4000 株·hm^{-2}的林分净生产力变化规律相似，都随着轮作次数的增加，林分的净生产力呈现上升趋势(图6-16)。

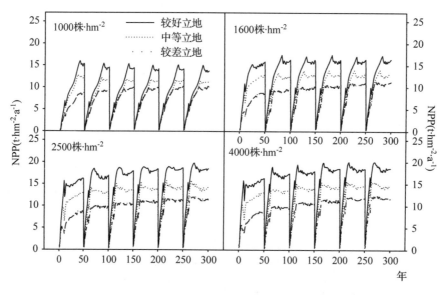

图 6-16　不同立地条件下不同初植密度楠木纯林净生产力

(2)不同密度楠木杉木混交林 NPP。模拟不同密度楠木杉木混交林(混交比例为 3:1)的 NPP 可以看出，不同密度林分 NPP 有一定差异，但其差异小于不同密度的纯林之间，不同立地条件下都是密度为 2500 株·hm^{-2}的林分 NPP 最大，好、中、差立地下分别为 15.26、11.65、9.99 t·hm^{-2}·a^{-1}(表6-13)。

表 6-13　不同立地条件下不同密度楠木杉木混交林 NPP　　（t·hm^{-2}·a^{-1}）

立地条件 初植密度（株·hm^2）	1600	2000	2500	3000	4000
较好	14.32	14.94	15.26	14.22	14.65
中等	10.97	11.41	11.65	11.52	11.58
较差	8.39	8.83	9.99	9.03	9.21

（3）不同立地条件及混交比例净生产力差异分析。好、中、差 3 种立地条件下不同混交比例林分净初级生产力有明显的差异，表现为较好立地 > 中等立地 > 较差立地。其中楠木纯林和楠木杉木比 5:1、4:1 和 3:1 四种林分的 NPP 随着时间的增加呈现上升的趋势，表明这种轮作方式是可持续的，而杉木纯林、楠木杉木比 1:3 和 1:1 的 3 种林分呈现下降趋势（图 6-17）。

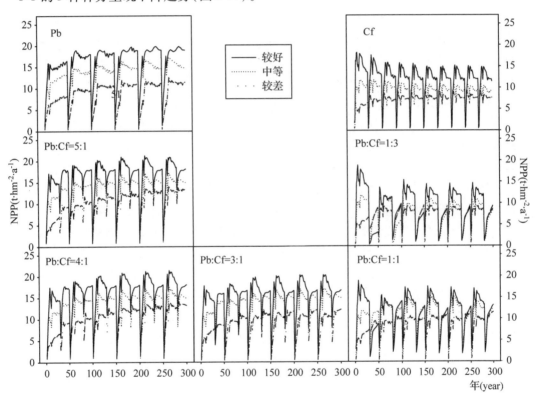

图 6-17　不同立地条件下不同混交比例楠木杉木混交林的净生产力

（Pb、Cf 分别为楠木纯林、杉木纯林，Pb:Cf = 5:1、4:1、3:1.1:1、1:3）

从表中可以看出，较好立地、中等立地条件下都是楠木纯林的净生产力最高，分别为 16.26 t·hm^{-2}·a^{-1}和 13.36 t·hm^{-2}·a^{-1}，明显高于杉木纯林。在混交林中，楠木×杉木混交比例 3:1 的净生产力要高于其他混交比例，其次为楠木×杉木混交比例为 5:1、4:1、1:1、1:3，以中等立地为例，楠木杉木混交比例为 5:1、4:1、3:1、1:1、1:3 的年均净生产力分别 12.06、12.06、13.28、10.95、7.77 t·hm^{-2}·a^{-1}，也即混交林中楠木比例越高净生产力越高。在较差立地条件下净生产力从高到低依次是楠木×杉木混交比例为 5:1、4:1、3:1，楠木纯林、1:1、1:3 和杉木纯林。

表6-14　不同混交比例楠木杉木混交林的净生产力　　（t·hm^{-2}·a^{-1}）

混交比例 立地条件	Pb	Pb:Cf 5:1	Pb:Cf 4:1	Pb:Cf 3:1	Pb:Cf 1:1	Pb:Cf 1:3	Cf
较好立地	16.26	14.78	14.60	15.24	11.86	9.36	12.24
中等立地	13.36	12.06	12.06	13.28	10.95	7.77	9.17
较差立地	8.72	9.03	9.02	8.97	8.4	6.94	6.85

　　对于楠木有不同学者开展了基于样地调查和树干解析的生物量和净生产力研究，如彭龙福研究福建 35 年生楠木人工林净生长量为 5.214t·hm^{-2}·a^{-1}；38 年生楠木林分净生产量为 2.6 t·hm^{-2}·a^{-1}，四川省都江堰地区 30 年生楠木净生产量 4.47t·hm^{-2}·a^{-1}。林亦曦等对杉木伴生下的 28 年生楠木人工林净生产力为 5.475 t·hm^2·a^{-1}，但本模拟结果楠木纯林的净生产力为 8.72~16.26 t·hm^{-2}·a^{-1}，明显高于前人的实测估算结果。模拟估算的杉木纯林净生产力为 6.85~12.24 t·hm^{-2}·a^{-1}，肖文发等研究结果表明，杉木净生产力江西为 8.69~9.99 t·hm^{-2}·a^{-1}、广西 4.44~9.4 t·hm^{-2}·a^{-1}、福建 6.69~8.51 t·hm^{-2}·a^{-1}，温远光等基于全国 10 个省 33 个点的杉木生物量测定资料分析表明，中亚热带北部测定的净生产力为 7.32~19.41t·hm^{-2}·a^{-1}，中亚热带南部的净生产力为 9.85~21.25t·hm^{-2}·a^{-1}，FORECAST 模型模拟结果与之比较接近，可见 FORECAST 模型模拟针叶林效果更好，模拟阔叶林需要进一步修正其参数。

　　阮传成、吴载璋、潘文忠等研究表明楠木与杉木 2:1 和 1:1 混交林的林分单株及林分蓄积量、生物量、生产力高于楠木纯林和杉木纯林，而且 2:1 混交林优于 1:1 混交林。但是否有更优的混交组合？野外试验结果需要较长的时间周期，所以模拟是一种有效的选优途径。本研究利用 FORECAST 模型模拟不同混交比例下楠木×杉木混交林的净生产力与碳储量，在较好、中等立地条件下楠木纯林的净生产力最高，在楠木×杉木混交林中混交比例为 3:1 的净生产力要高于其他混交比例，其次为楠木×杉木混交比例为 5:1、4:1、1:1、1:3，也即混交林中楠木比例越高，净生产力越高。但在较差立地条件下净生产力从高到低依次是楠木×杉木混交比例为 5:1、4:1、3:1，楠木纯林、1:1、1:3 和杉木纯林，可见在不同立地条件下营造混交林最佳的混交比例有差异，因为楠木自然分布于水肥条件较好的沟谷地带，对土壤要求较高，因此在立地条件较差的条件下楠木生产力没有与少量杉木混交的林分好。

五、杉木人工林净生产力估测与评价

　　以江西省永丰官山林场不同林龄人工林、中国林业科学研究院亚热带林业实验中心年珠林场不同密度、不同林龄人工林解析木与生物调查结果为基础，结合相关文献进行不同年龄、不同密度杉木人工林净生产力估测与评价。

　　1. 不同年龄杉木人工林净生产力估测与评价

　　在表6-15 中，各龄阶材积年均生长量与各龄阶年龄呈现对数关系。在已知林龄和林分密度时，可根据此拟合方程估测出杉木人工林林分内所有乔木树干（包括树皮)材积年生长总量($m^3 \cdot hm^{-2} \cdot a^{-1}$)。

表6-15　基于树干解析方法测定的不同年龄杉木标准木的胸径、树高、材积生长过程结果

林龄 (a)	龄阶年龄 (a)	胸径(cm)			树高(m)			材积(m³)		
		总生长量	连年生长量	平均生长量	总生长量	连年生长量	平均生长量	总生长量	连年生长量	年平均生长量
6	5	2.6	0.51	0.51	3.7	0.74	0.74	0.0013	0.0003	0.0003
	*6	3.0	0.45	0.50	3.7	0	0.62	0	0	0
20	5	1.5	0.29	0.29	3.6	0.72	0.72	0.0004	0.0001	0.0001
	10	8.9	1.48	0.885	11.6	1.6	1.16	0.0224	0.0044	0.0022
	15	11.1	0.45	0.74	12.25	0.13	0.82	0.0669	0.0095	0.0047
	20	13.2	0.41	0.658	12.8	0.11	0.64	0.1168	0.0094	0.0058
22	5	2.7	0.54	0.54	4	0.8	0.8	0.0015	0.0003	0.0003
	10	7.5	0.95	0.75	7.6	0.72	0.76	0.0158	0.0029	0.0016
	15	10.8	0.65	0.717	11.4	0.76	0.76	0.0494	0.0067	0.0033
	20	14.9	0.82	0.743	12.5	0.22	0.63	0.1156	0.0132	0.0058
	22	15.3	0.4	0.726	12.6	0.1	0.6	0.1235	0.0079	0.0059
26	5	0.5	0.1	0.1	3.3	0.66	0.66	0	0.0001	0.0001
	10	5.5	1	0.55	7.6	0.86	0.76	0.0072	0.0014	0.0007
	15	10.5	1	0.7	12.5	0.98	0.83	0.052	0.009	0.0035
	20	14.1	0.71	0.703	13.8	0.26	0.69	0.1125	0.0121	0.0056
	25	16.3	0.44	0.65	14.5	0.14	0.58	0.1621	0.0099	0.0065
	26	16.8	0.5	0.644	14.6	0.1	0.56	0.1734	0.0113	0.0067
36	5	3.3	0.66	0.66	3	0.6	0.6	0.0021	0.0004	0.0004
	10	7.5	0.745	0.83	6.4	0.68	0.64	0.0142	0.0024	0.0014
	15	9.9	0.657	0.48	9	0.52	0.6	0.0352	0.0042	0.0023
	20	11.7	0.585	0.37	10.7	0.34	0.54	0.0599	0.0049	0.003
	25	13.8	0.55	0.41	12.5	0.36	0.5	0.0884	0.0057	0.0035
	30	15.4	0.513	0.33	14.4	0.38	0.48	0.1296	0.0082	0.0043
	35	17	0.486	0.32	15.8	0.28	0.45	0.1796	0.0095	0.0051
	36	17.2	0.478	0.29	16.1	0.3	0.45	0.1281	0.0052	0.0051

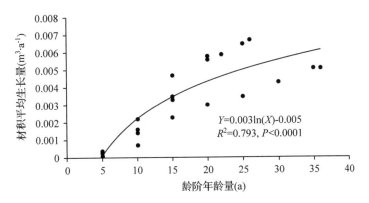

图6-18　杉木人工林材积年均生长量与各龄阶年龄的对数拟合

大量已有研究表明，杉木林分尺度上生物量与材积之间有线性关系，其方程为：$Y = a + bX$，Y 是生物量（$Mg \cdot hm^{-2} \cdot a^{-1}$），$X$ 是材积（$m^3 \cdot hm^{-2}$），依据杉木不同年龄阶段，其方程系数不同（表6-16）。由此线性关系可推算出杉木人工林林分内所有乔木层树干生物量年生长量，即林分乔木层树干净生产力（$Mg \cdot hm^{-2} \cdot a^{-1}$）。

表6-16 龄级序列生物量与材积之间的线性方程

龄级	对应方程
幼龄林（≤10 a）	$Y = 11.5999 + 0.5665X$
中龄林（11~20 a）	$Y = 12.746 + 0.5659X$
近熟林（21~25 a）	$Y = 8.9867 + 0.4748X$
成熟林（26~35 a）	$Y = 9.0353 + 0.4636X$
过熟林（≥36 a）	$Y = 7.4509 + 0.3943X$

注：详见 Pan *et al.* 2004。Y. 生物量（Mg）；X. 材积（$m^3 \cdot hm^{-2}$）

林分净生产力的计算一般按照以下关系（Luyssaert *et al.*, 2007）：

$$NPP_{林分} = NPP_{净生长} + NPP_{凋落} + NPP_{取食、挥发、分泌等}$$

由于捕食者对植物的取食量及植物自身所分泌、挥发物质量难以计算或者因较少的量，一般都忽略不计。$NPP_{净生长}$ 可认为是植物各部位（枝、叶、干、根）净生长量的总和，NPP 包括地上凋落量加上细根（<2mm）凋落量。地上凋落量和细根凋落量可参照文献中的研究结果估算。从王丹等人在江西大岗山生态站对不同年龄阶段的杉木人工林地上凋落量的研究结果中得知，NPP 地上凋落量在幼龄林为 1.03 $Mg \cdot hm^{-2} \cdot a^{-1}$，中龄林约为（从其研究结果的图中估测出保守对应值）3.0 $Mg \cdot hm^{-2} \cdot a^{-1}$，近熟林约为 4.0 $Mg \cdot hm^2 \cdot a^{-1}$，成熟林约为 4.5 $Mg \cdot hm^{-2} \cdot a^{-1}$，过熟林为 5.19 $Mg \cdot hm^{-2} \cdot a^{-1}$（王丹等，2011）。细根凋落量可参考在福建三明杉木人工林为期 3 年的研究结果为 2.513 $Mg \cdot hm^{-2} \cdot a^{-1}$（陈光水等，2004）。

在估算林分净生长总量时，借助于生物量扩展因子法（Biomass Expansion Factors）的研究思路，并将扩展因子作为立地年龄的非线性函数关系。通过解析木与生物量的测定及文献数据得知（表6-17），林分尺度上乔木层地上总生物量（树枝、树叶、树干）与其树干生物量的比值（地上干比）随林龄呈现幂函数关系（图6-19）。林分乔木层根茎生物量比值（根茎比）与林龄呈现幂函数关系（图6-20）。林分灌草层净生产力与乔木层净生产力比值与林龄呈现幂函数关系（图6-21）。由以上关系的推导，在已知杉木人工林林龄和林分密度时，可推算出林分净生产力。

表6-17 各样地特征和生物量

林龄 (a)	林分密度 (n·hm⁻²)	平均胸径 (cm)	平均树高 (m)	树干生物量 (t·hm⁻²)	乔木层地上生物量 (t·hm⁻²)	树根生物量 (t·hm⁻²)	地上干比	根茎比	文献
8	2160	10.4	7.3	16.51	24.51		1.485		佟金权 2008
8	2440	11.6	7.5	23.84	35.38		1.484		
16	2900	14.8	11.8	85.84	108.24		1.261		

（续）

林龄 （a）	林分密度 （n·hm⁻²）	平均胸径 （cm）	平均树高 （m）	树干生 物量 （t·hm⁻²）	乔木层地 上生物量 （t·hm⁻²）	树根生 物量 （t·hm⁻²）	地上 干比	根茎比	文献
16	2120	16.4	12.5	81.61	102.91		1.261		
16	1900	15.7	12.3	65.97	83.18		1.261		
16	1980	16.8	13.1	83.82	105.70		1.261		
23	1740	17.0	13.7	82.01	93.70		1.143		
23	1460	19.3	15.4	99.70	113.90		1.142		
6	2100	3.1	2.7	1.44	4.42	1.21	3.065	0.273	本次研究
20	1100	18.4	14.2	81.77	93.98	16.99	1.149	0.181	
20	1117	15.6	11.6	54.83	64.79	12.61	1.182	0.195	
20	1200	16.6	12.5	68.32	79.93	15.20	1.170	0.190	
22	783	17.4	12.9	49.73	57.71	10.73	1.161	0.186	
22	767	18.6	13.3	53.56	61.69	11.20	1.152	0.182	
22	983	16.6	12.9	56.98	66.63	12.67	1.169	0.190	
26	433	20.4	13.4	50.62	57.82	10.24	1.142	0.177	
26	550	19.4	13.3	55.93	64.09	11.40	1.146	0.178	
26	650	19.2	13.9	53.20	60.64	10.62	1.140	0.175	
36	650	20.0	14.5	59.72	67.50	11.42	1.130	0.169	
36	933	17.7	14.7	67.30	77.19	13.75	1.147	0.178	
36	983	17.9	14.9	75.03	85.91	15.26	1.145	0.178	
*19	5333	7.8	6.9	40.00	54.43	1.91	1.619		聂道平 1993
19	3854	10.2	10.4	59.07	80.48	18.68	1.627	0.232	
19	1647	16.1	15.9	85.54	115.01	26.13	1.614	0.227	
12	2175	13.2	10.4	55.80	72.25	13.94	1.295	0.193	惠刚盈等 1989
12	2415	13.1	10.3	60.39	78.19	15.14	1.295	0.194	
12	2700	13.0	10.3	66.44	86.02	16.70	1.295	0.194	
12	3000	12.4	10.1	66.49	86.08	16.95	1.295	0.197	
12	3300	12.2	9.6	67.18	86.96	17.32	1.294	0.199	
12	1530	15.1	12.0	58.64	75.98	13.89	1.296	0.183	
12	1845	14.6	11.8	64.93	84.11	15.55	1.295	0.185	
12	2115	13.9	11.6	66.82	86.55	16.24	1.295	0.188	
12	2407	13.7	11.1	70.68	91.54	17.35	1.295	0.190	
12	2955	13.2	10.7	77.71	100.62	19.36	1.295	0.192	
5	1633	3.0	2.5	2.15	4.60	1.29	2.137	0.281	惠刚盈等 1988
5	3233	3.7	2.9	5.82	11.30	3.24	1.941	0.287	
5	4917	3.4	2.8	7.82	16.07	4.53	2.055	0.282	
5	6567	3.8	3.0	12.24	24.61	6.78	2.011	0.276	
5	9767	2.7	2.5	10.66	23.46	6.93	2.200	0.296	

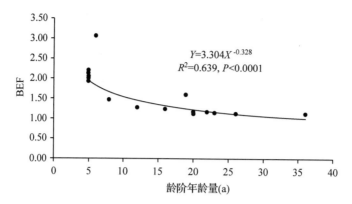

图 6-19 林分乔木层地上总生物量与树干生物量比值与林龄的幂函数拟合

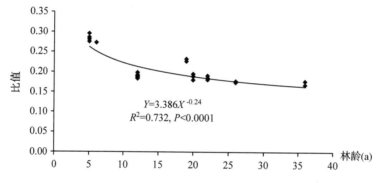

图 6-20 林分乔木层根茎生物量比值与林龄的幂函数拟合

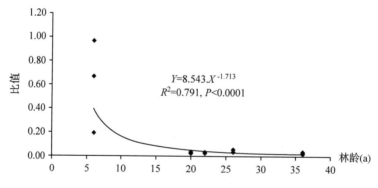

**图 6-21 林分灌草层净生产力与乔木层净生产力比值与
林龄的幂函数拟合**

按以上关系模型模拟出以江西大岗山为代表的杉木人工林净生产力见表 6-18。

表 6-18 杉木人工林净生产力及其分配

林龄 (a)	乔木层 净生产力 (t·hm^{-2}·a^{-1})	灌草层 净生产力 (t·hm^{-2}·a^{-1})	灌草层/乔木层 净生产力 (t·hm^{-2}·a^{-1})	合计
6	0.540	0.253	0.610	1.927
20	4.010	0.123	0.030	7.903
22	2.920	0.083	0.028	7.583
26	2.0470	0.093	0.046	7.033
36	2.310	0.063	0.028	8.003

2. 江西省杉木林生态系统净生产力(NPP)的时空变化

大尺度上估测生态系统净生产力一般借助于不同的模型,有些模型要求输入参数较多,而有些模型要求较少更方便用于估测。方程(6-1)是一个可推广的半经验模型,可用来估测省区尺度上系统的净生产力(Chen *et al.*, 2003; Desai *et al.*, 2008),国内已有很多应用(Cao *et al.*, 2003; Piao *et al.*, 2005),特别是考虑修正模型参数后,更好地适合当地情况(Wang *et al.*, 2007; Wang *et al.*, 2011)。

$$\text{NPP(age)} = a\left[1 + \frac{b(\text{age}/c)^d - 1}{\text{epx}(\text{age}/c)}\right] \tag{6-1}$$

江西省属于中亚热带地区,在应用模型估测杉木林生态系统净生产力时,应引用修正后的中国热带亚热带地区常绿针叶林的模型系数(Wang *et al.*, 2011)。图 6-22 是模拟后的结果。

根据江西省历次清查时期的面积数据(表 6-19)和估测模型可以得出江西省不同清查时期、不同龄级杉木林生态系统平均净生产力总量(表 6-20)。

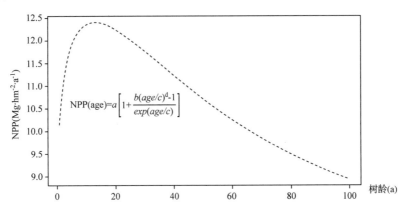

图 6-22 江西省杉木人工林生态系统净生产力随林龄变化的模拟
(方程中系数 a, b, c, d 分别为 385.92, 2.10, 47.58, 0.12)

表6-19 江西省不同清查时期、不同龄级杉木林总面积($10^6 hm^2$)

清查时期	幼龄林面积	中龄林面积	近熟林面积	成熟林面积	过熟林面积	总计
1988	6.4	9.0	1.4	0.9	0.3	18
1996	10.2	17.3	3.5	0.8	0.4	32
2001	7.7	22.3	3.3	1.7	0.3	35
2006	6.4	12.2	3.6	1.6	0.1	24
2011	8.8	8.1	2.6	2.5	0.1	22

表6-20 江西省不同清查时期、不同龄级杉木林生态系统
平均净生产力(NPP)总量($Tg \cdot a^{-1}$, $Tg = 10^{12}g$)

行政区	幼龄林	中龄林	近熟林	成熟林	过熟林	总计
南昌市	36	97	59	65	8	265
景德镇市	160	276	142	59	9	647
萍乡市	327	772	255	120	2	1476
九江市	536	2321	809	169	22	3857
新余市	359	227	94	60	7	748
鹰潭市	119	135	38	37	8	337
赣州市	1813	4378	1390	464	21	8065
宜春市	976	1540	776	238	28	3558
上饶市	588	1013	377	185	9	2172
吉安市	1672	2485	1436	924	96	6612
抚州市	1166	1512	696	233	3	3611

第三节 福建省森林净生产力估测与评价

利用前人相关森林生产力的研究结果,分析评价福建省净生产力。

一、主要林分类型森林净生产力

王绍刚、李慧、江洪等分别用不同模型估测了福建省主要林分类型的 NPP 值。根据他们的研究结果平均得到福建省主要森林类型的 NPP 平均值为:阔叶林 912.34 $gC \cdot m^{-2} \cdot a^{-1}$,针叶林为 644.73 $gC \cdot m^{-2} \cdot a^{-1}$,竹林为 900.625 $gC \cdot m^{-2} \cdot a^{-1}$(表6-21)。

表6-21 福建省主要林分类型的 NPP 值($gC \cdot m^{-2} \cdot a^{-1}$)

模型	林分类型	林分 NPP 均值	NPP 均值	文献
RPCSCA	马尾松	768.71		王绍刚,何
	杉木	778.6	814.17	
	竹林	1158.46		国金等,2009
	阔叶林	1248.8		

（续）

模型	林分类型	林分 NPP 均值	NPP 均值	文献
Biome-BGC	竹林	737.74		
	阔叶林	710.71		
	针叶林	639.04	862.75	李慧，2008
遥感参数模型	竹林	917.7		
	阔叶林	909.85		
	针叶林	724.91		
BEPS	马尾松	437.3		
	杉木	519.8		江洪，汪小
	竹林	788.6		钦等，2010
	阔叶林	780		

二、福建省森林净生产力及其分布格局

1991～2005 年间福建省森林生态系统净生产力总量浮动在 1.56×10^8～$2.37 \times 10^8 gC \cdot a^{-1}$ 之间，平均值为 2.04×10^8 $gC \cdot a^{-1}$，单位面积 NPP 处在 505.9～987.33 $gC \cdot m^{-2} \cdot a^{-1}$ 之间，平均值为 759.63 $gC \cdot m^{-2} \cdot a^{-1}$（李慧，2008），属于净第一性生产力较高的生态系统。NPP 总量低值出现在 1991、1993、1994、1996、1999 和 2003 年，高值出现在 1997、1998、2000、2001、2002、2004 和 2005 年，其中最低值是 1991 年，最高值是 2000 年。1991～2005 年间福建省森林平均 NPP 总量 5 年际变化呈明显的上升趋势，1991～1995 年，1996～2000 年和 2001～2005 年 NPP 总量分别为 1.92×10^8、2.08×10^8 和 $2.10 \times 10^8 gC \cdot a^{-1}$（表6-22）。

福建省森林 NPP 的空间分布格局，与海拔高程显著相关，从沿海向内陆随着海拔的升高 NPP 均值相应增大，在海拔 1200m 左右，NPP 均值达到峰值，而后略有下降（江洪等，2010）。从李慧的模拟结果来看，NPP 高值区多分布在闽北的武夷山区、闽中大山带、这些高海拔、交通不便、受人类活动影响小的森林分布区。此外，闽东沿海也有部分的高值区分布。沿海大部和山间盆谷地区，由于人类活动比较剧烈，森林植被破坏严重，多为次生植被，因而 NPP 相对也较低。这种空间分布规律，和刑世和等（邢世和等，2005）利用植被净第一生产力改进模型模拟福建省气候潜在生产力的空间分异规律，以及余坤勇等（余坤勇等，2009）和赖日文等（赖日文等，2007）的研究结果相吻合。

福建省主要森林生态系统类型 2005 年 NPP 季节变化在 6～8 月出现了两个峰值（李慧，2008），与常规年份森林生态系统 NPP 月均值的分布情况相似。然而在 2004 年却在相同的时间段出现了两个谷值，主要的原因之一很可能是由于有效降水量偏少（江洪等，2010）。

表 6-22　福建省森林净生产力

模型	NPP($gC \cdot m^{-2} \cdot a^{-1}$)	文献
Biome-BGC	759.63	李慧，2008
遥感参数模型	818.585	
CASA	599	李贵才，2004
CENTURY	650	赵敏，2004
BEPS	578.97	江洪等，2010
植被净第一生产力改进模型	1087.3	邢世和等，2005

第四节　安徽省森林净生产力估测与评价

利用前人相关森林生产力的研究结果，分析评价安徽省净生产力。

一、主要林分类型净生产力估测

通过霍治国、吴文友、韩帅、郝焰平等分别通过气候学模型、解析木实测及涡度相关法估测了安徽省主要林分类型的 NPP。结果如下（表 6-23）。

表 6-23　安徽省主要林分类型 NPP

估测方法	林分类型	NPP 估测结果($t \cdot hm^{-2} \cdot a^{-1}$)	文献
气候学估算模型	毛竹林	9.81	霍治国等，1992
	杉木林	13.2	
	马尾松林	7.39	
解析木实测	杨树	5.61	吴文友等
解析木实测	麻栎	7.92 ~ 8.63	郝焰平等
解析木实测	甜槠	3.712	丁增发等，2005
	青冈	2.073	
	绵槠	3.529	
	苦槠	2.219	
涡度相关法	杨树	2228.2 ~ 2356.3 $gC \cdot m^{-2} \cdot a^{-1}$	韩帅等

二、安徽省森林净生产力及其分布格局

李贵才（2004）基于光能利用率原理，在 CASA 模型的基础上，利用 MODIS 数据作为遥感数据输入源，建立了陆地净初级生产力的估算模型，估算出安徽省的 NPP 为 410 $gC \cdot m^{-2} \cdot a^{-1}$。曹宗龙（2011）则采用被广泛应用的 Miami 模型和 Thornthwaite Memorial 模型，以及安徽省 1953~2003 年各地的气象数据，对安徽植被净第一性生产力进行了估算、分析和预测，结果表明：全省的 NPP 与温度和降水量呈正相关，NPP 沿江平原和皖南山区等地区最高，而淮北平原最低，全省模拟结果如表 6-24 所示。

表 6-24　安徽省森林 NPP

模型	NPP	文献
Miami 模型	$1586\ g \cdot m^{-2} \cdot a^{-1}$	曹宗龙，2011
Thornthwaite 纪念模型	$1561.5\ g \cdot m^{-2} \cdot a^{-1}$	
CASA 模型与遥感结合	$410\ gC \cdot m^{-2} \cdot a^{-1}$	李贵才，2004

第五节　湖南省森林净生产力估测与评价

利用前人相关森林生产力的研究结果，分析评价湖南省净生产力。

一、主要林分类型净生产力估测

湖南省是中亚热带森林的典型分布区，特别是我国杉木的主产区，内有中国科学院会同生态站和中国林业科学研究院会同生态站，有多年的长期定位研究数据积累，在森林生产力方面有较多的研究成果。表 6-25 是不同学者建立的湖南省不同群落类型生物量估测模型及净生产力估测结果。

表 6-25　湖南省不同群落类型生物量估测模型

群落类型	年龄	模型	模型来源
红栲—青冈—刨花楠	32	$\mathrm{Log}W_{干} = 0.75995\log(D^2H) - 0.75237 \quad R = 0.948$ $\mathrm{Log}W_{枝} = 0.69997\log(D^2H) - 0.93934 \quad R = 0.959$ $\mathrm{Log}W_{叶} = 0.53231\log(D^2H) - 0.96854 \quad R = 0.915$ $\mathrm{Log}W_{根} = 0.71650\log(D^2H) - 1.01851 \quad R = 0.943$	湖南会同（邓仕坚，廖利平等，2000）
阔叶树（白栎—檫木—杉木）	24	$W_{干} = 0.020(D^2H)^{0.990} \quad R = 0.969$ $W_{皮} = 0.020(D^2H)^{0.770} \quad R = 0.896$ $W_{枝} = 0.005(D^2H)^{0.997} \quad R = 0.870$ $W_{叶} = 0.007(D^2H)^{0.777} \quad R = 0.747$ $W_{根} = 0.020(D^2H)^{0.821} \quad R = 0.879$	湖南沅陵（沈燕，田大伦等，2011）
杉木（白栎—檫木—杉木）	24	$W_{干} = 0.025(D^2H)^{0.935} \quad R = 0.989$ $W_{皮} = 0.082(D^2H)^{0.549} \quad R = 0.902$ $W_{枝} = 0.012(D^2H)^{0.821} \quad R = 0.815$ $W_{叶} = 0.009(D^2H)^{0.770} \quad R = 0.945$ $W_{根} = 0.014(D^2H)^{0.844} \quad R = 0.946$	
天然次生檫木枫香混交林	40	$W_{干} = 0.01868(D^2H)^{0.98893} \quad R = 0.987$ $W_{皮} = 0.01731(D^2H)^{0.77765} \quad R = 0.939$ $W_{枝} = 0.00464(D^2H)^{1.05194} \quad R = 0.931$ $W_{叶} = 0.00284(D^2H)^{0.90525} \quad R = 0.806$ $W_{根} = 0.01209(D^2H)^{0.88727} \quad R = 0.917$	湖南沅陵林区（沈燕，田大伦等，2011）

（续）

群落类型	年龄	模型	模型来源
樟树人工林	27	$W_干 = 0.120866D^{2.1076893} \quad R = 0.975467$ $W_皮 = 0.029865D^{2.0675432} \quad R = 0.906745$ $W_枝 = 0.019563D^{2.8056439} \quad R = 0.982344$ $W_叶 = 0.097459D^{1.7568754} \quad R = 0.9705675$ $W_根 = 0.160564D^{1.7865432} \quad R = 0.9689459$ $W_总 = 0.2986785D^{2.5234876} \quad R = 0.9712787$	湖南湘西喀斯特森林（聂侃谚，2011）
杉木	7	$W_干 = 0.08404(D^2H)^{0.79015} \quad R^2 = 0.970$ $W_皮 = 0.03185(D^2H)^{0.63233} \quad R^2 = 0.990$ $W_枝 = 0.00005129(D^2H)^{0.58431} \quad R^2 = 0.950$ $W_叶 = 0.11517(D^2H)^{0.53070} \quad R^2 = 0.970$ $W_根 = 0.00975(D^2H)^{0.85926} \quad R^2 = 0.999$	
杉木	11	$W_干 = 0.03405(D^2H)^{0.86189} \quad R^2 = 0.980$ $W_皮 = 0.02829(D^2H)^{0.60378} \quad R^2 = 0.980$ $W_枝 = 0.00001189(D^2H)^{0.73304} \quad R^2 = 0.910$ $W_叶 = 0.02054(D^2H)^{2.14476} \quad R^2 = 0.900$ $W_根 = 0.03262(D^2H)^{0.72710} \quad R^2 = 0.990$	
杉木	14	$W_干 = 0.00079(D^2H)^{1.02708} \quad R^2 = 0.980$ $W_皮 = 0.00686(D^2H)^{1.01657} \quad R^2 = 0.990$ $W_枝 = 0.00046(D^2H)^{1.17549} \quad R^2 = 0.980$ $W_叶 = 0.00000014(D^2H)^{1.25583} \quad R^2 = 0.980$ $W_根 = 0.00686(D^2H)^{1.01657} \quad R^2 = 0.990$	湖南会同（黄志宏，田大伦等，2011）
杉木	18	$W_干 = 0.0321(D^2H)^{0.89191} \quad R^2 = 0.860$ $W_皮 = 0.0321(D^2H)^{0.89191} \quad R^2 = 0.860$ $W_枝 = 0.00318(D^2H)^{0.96312} \quad R^2 = 0.970$ $W_叶 = 0.0000000027(D^2H)^{1.7463} \quad R^2 = 0.890$ $W_根 = 0.0000037(D^2H)^{1.67328} \quad R^2 = 0.910$	
杉木	20	$W_干 = 0.00324(D^2H)^{0.86307} \quad R^2 = 0.980$ $W_皮 = 0.004303(D^2H)^{0.90750} \quad R^2 = 0.996$ $W_枝 = 0.00599(D^2H)^{1.07810} \quad R^2 = 0.991$ $W_叶 = 0.004303(D^2H)^{0.90750} \quad R^2 = 0.996$ $W_根 = 0.009099(D^2H)^{0.80450} \quad R^2 = 0.916$	

表 6-26 不同群落类型净生产力情况(t·hm^{-2}·a^{-1})

群落类型	年龄	林分净生产力	乔木层净生产力	来源
杉木	23	8.09		TRIPLEX 1.6 模型(王灿,项文化等,2012)
杉木	26	6.896		会同(谌小勇,彭元英等,1996)
杉木	7~20	6.47~15.85		会同(黄志宏,田大伦等,2011)
桤木	5	13.02		花垣(文仕知,2010)
桤木	8	13.09		花垣(文仕知,2010)
桤木	14	15.03		花垣(文仕知,2010)
桤木	5	14.27		汨罗(文仕知,2010)
樟树	18	12.1	9.55	长沙(姚迎九,康文星等,2003)
樟树	27	14.34	12.06	湘西青平镇(聂侃谚,2011)
枫香	21		14.41	长沙(易利萍,2008)
檫木 + 麻栎混交林		16.65	9.91	沅陵(田大伦,张昌剑等,1990;沈燕,2011)
檫木 + 枫香混交林		11.26	7.79	沅陵(田大伦,张昌剑等,1990;沈燕,2011)
檫木 + 杉木混交林		10.16	6.79	沅陵(田大伦,张昌剑等,1990;沈燕,2011)
天然白栎混交林			8.780	沅陵(田大伦,张昌剑等,1990;沈燕,2011)
黄杞 + 木荷	23~33	5.096		会同(谌小勇,彭元英等,1996)
红栲 + 青冈 + 刨花楠	32		34.46	会同(邓仕坚,廖利平等,2000)
天然次生檫木 + 枫香混交林	40		13.53	沅陵(沈燕,田大伦等,2011)

二、湖南省森林净生产力评估

对于湖南省全省尺度的净生产力目前有 2 种方法估测的结果,李贵才(2004)基于光能利用率原理,在 CASA 模型的基础上,利用 MODIS 数据作为遥感数据输入源,建立了陆地净初级生产力的估算模型,实现了 2001 年中国陆地净初级生产力的模型估算,其中湖南省的 NPP 为 500gC·m^{-2}·a^{-1}。于维莲等(2010)利用 1989~1993 年湖南省森林清查数据,结合文献和野外实测,估算了森林净第一性生产力为12.47 ± 8.20 t·hm^{-2} a^{-1}。

参考文献

Chen L J, Liu G H, Li H G. Estimation net primary productivity of terrestrial vegetation in China using remote sensing[J]. Journal of Remote Sensing, 2002, 6(2): 129 – 135.

Fang J Y, Chen A P, Peng C H, et al. Changes in forest biomass carbon storage in China between 1949 and 1998[J]. Science, 2001, 292(5525): 2320 – 2322.

Field C B, Behrenfeld M J, Randeson J T, et al. Primary production of the biosphere: integrating terrestrial and oceanic components [J]. Science, 1998, 281: 237 – 240.

Nemani R R, Keeling C D, Hashimoto H, Jolly W M, Piper S. C, Tucker C. J, Myneni R. B, Running S W. Climate-driven increases in global terrestrial net primary production from 1982 to 1999 [J]. Science, 2003, 300(5625): 1560 – 1563.

Piao S L, Fang J Y, Ciais P, et al. The carbon balance of terrestrial ecosystems in China[J]. nature,

2009，458：1009 – 1014.

陈光水，杨玉盛，高人，等. 杉木林年龄序列地下碳分配变化[J]. 植物生态学报，2008，32(6)
1285 – 1293.

冯宗伟，王效科，吴刚. 中国森林生态系统的生物量和生产力[M]. 北京：科学出版社，1999.

季碧勇，等. 高精度保证下的浙江省森林植被生物量评估[J]. 浙江农林大学学报，2012，29
(3)：328 – 334.

李贵才. 基于MODIS数据和光能利用率模型的中国陆地净初级生产力估算研究[D]. 北京：中国
科学院遥感应用研究所，2004.

李平，王国兵，郑阿宝，等. 苏南丘陵区4种典型人工林土壤活性有机碳分布特征[J]. 南京林业
大学学报(自然科学版)，2012，36(4)：79 – 83.

李平，郑阿宝，阮宏华，等. 苏南丘陵不同林龄杉木林土壤活性有机碳变化特征[J]. 生态学杂
志，2011，30(4)：778 – 783.

路秋玲，郑阿宝，阮宏华. 瓦屋山林场森林碳密度与碳储量研究[J]. 南京林业大学学报(自然科
学版)，2010，34(5)：115 – 119.

罗天祥，赵士洞. 中国杉木林生物生产力格局及数学模型[J]. 植物生态学报，1997.21(5)：
403 – 415.

王国兵，赵小龙，王明慧，等. 苏北沿海土地利用变化对土壤易氧化碳含量的影响[J]. 应用生
态学报，20013，24(4)921 – 926.

王磊，丁晶晶，季永华等. 江苏省森林碳储量动态变化及其经济价值评价[J]. 南京林业大学学
报(自然科学版)，2010，34(2)：1 – 5.

王明慧，王国兵，阮宏华，等. 苏北沿海不同土地利用方式土壤水溶性有机碳含量特征[J]. 生
态学杂志，2012，31(5)：1165 – 1170.

谢涛，郑阿宝，王国兵，等. 苏北不同林龄杨树林土壤活性碳的季节变化[J]. 生态学杂志，
2012，31(5)：1171 – 1178.

谢涛，王明慧，郑阿宝，等. 苏北沿海不同林龄杨树林土壤活性有机碳特征[J]. 生态学杂志，
2012，31(1)：51 – 58.

杨宝玲，郑阿宝，阮宏华. 沪宁高速公路绿色通道建设对土壤重金属污染的影响[J]. 南京林业
大学学报(自然科学版)，2012，36(1)：149 – 151.

杨清培，等. 粤西南亚热带森林演替过程中的生物量与净第一性生产力动态[J]. 应用生态学报，
2003，14(12)：2136 – 2140.

于维莲，董丹，倪健. 中国西南山地喀斯特与非喀斯特森林的生物量与生产力比较[J]. 亚热带
资源与环境学报，2010，5(2)：25 – 30.

第七章

华南区主要森林生产力估测[①]

第一节　人工速生林的 NPP 特征分析

一、桉树速生人工林生物量及 NPP 的监测

依据华南地区典型速生人工林分布面积权重，遴选分布广东省的速生性桉树人工林林分（林龄在6、8、10、13年）为长期监测和评价研究对象，遴选尾叶桉人工林4个龄级的林分，各设3个0.2hm²样地为长期生长因子、结构参数及生产力监测样地，生物量测定：林龄13、10年生的尾叶桉林分则分别取0.1 hm²、0.08hm²的样地调查后，采用皆伐收获法测定其生物量且依据年龄计量获得 NPP，建立生物量或 NPP 与生长要素或年龄的估算模式。而6年、8年生的尾叶桉林分的生物量测定采用样地调查、标准解析木法测定生物量、建立生物量或 NPP 与 D^2H 或年龄的模型，估算其林分生物量或 NPP。速生人工桉树林的生物量或 NPP 评价分析基于林分龄级递增梯度进行研究分析即以4个龄级生物量及 NPP 的形成梯度模拟模式反映；由于华南地区近年实施了森林生态系统的分类经营政策，桉树林分以尾叶桉、尾巨桉为占优势人工商品林经营，其轮伐年龄在6~8年间的林分，因此课题研究遴选了林分年龄在4~13年间的桉树人工林 NPP 长期监测与评价对象，获得桉树速生林林分4个龄级林分的生物量及 NPP，以及基于龄级或胸径、树高生长要素的生物量及 NPP 估算。作为典型的速生人工林结果是十分有益的。

二、尾叶桉速生人工林分 NPP 结果及评价

（1）尾叶桉人工林林分的生物量与 NPP 相对较大，其随年龄呈极显著的递增趋势；桉树（尾叶桉）林分年龄在4~10年间，林分的 NPP 计量在 $9.3 \sim 17.5 \, t \cdot hm^{-2} \cdot a^{-1}$ 间，而林分年龄在10~13年间，林分的 NPP 则在 $17.5 \sim 23.6 t \cdot hm^{-2} \cdot a^{-1}$ 间，

① 资助项目：华南主要森林优势种群净生产力多尺度长期观测与评价研究（编号：20080400601）、广州市"青山绿地—林区林带"斑块生态环境监测（2009~2013）、广州城市森林生态效益监测（2010~2013）、广东珠江三角洲森林生态系统国家定位观测研究站维持补助。

年龄梯度的递增速率显著较大。

（2）尾叶桉人工林按 4~10 年和 10~13 年这 2 个龄级计量，其森林的器官即干、枝、根（带皮）和叶果的 NPP 所占比例结果（图 7-1），其中 6 年生尾叶桉人工林群落的树干 NPP 占年净增长总量的 59.1%、根净增长占 22.2%，枝、叶果年净增量分别占总增量的 10.4%、8.3%，即林分树干的年净物质量增长极其显著、叶果年净增长相对较小；而 13a 生尾叶桉人工林群落的干、枝、叶果、根年净增长量占总净增长量的比例分别为 31.2%、28.5%、19.5% 及 20.8%；相比生林分的森林器官 NPP，13a 生尾叶桉人工林群落的干及根年净增长量相对减小，而枝叶的年净增长量相对增大；因此，尾叶桉林分在年龄 6~8 年生时表现出树干的 NPP 相对较大特点，在这一年龄段采伐经营适宜其作为商品林的干质量收获最大的效应，目前经营该年龄段实施采伐经营可获得林木最大效益。

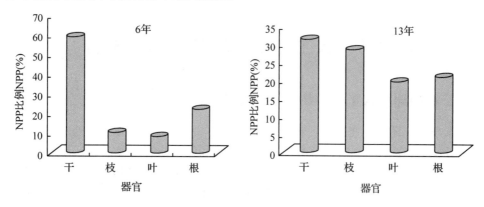

图 7-1　2 个年龄的尾叶桉林分器官 NPP 占比例

（2）尾叶桉人工林分 NPP 计量评价则基于 4 个桉树龄级 NPP 结果以及与生长要素胸径、树高的统计拟合来实现，图 7-2 结果反映出：尾叶桉人工林群落的 NPP 与林龄、D^2H 均呈对数回归模式，即桉树林分的 NPP 随林分年龄、D^2H 的增加而以对数型增加，尤其是在林分年龄小于 10 年时段的增长率相对较高，林分年龄大于 10 年后的 NPP 增长率相对小一些，同样林分的 NPP 随林分胸径、树高的增长变化与前者相类同。

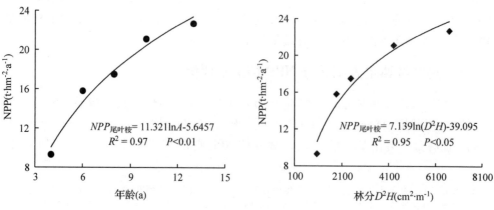

图 7-2　尾叶桉人工林群落 NPP 与林分年龄、D^2H 的关系

（3）依据尾叶桉人工速生林分2个年龄段的端点平均NPP和植被器官C含量监测，尾叶桉林分年龄在4~10年间的森林群落的植被年净积累C量在4.77~8.63 t·hm^{-2}·a^{-1}间，而尾叶桉林分（年龄10~13年间）的森林植被群落的年净积累C量在8.49~11.06 t·hm^{-2}·a^{-1}间，其植被固碳效应是极其显著的。

第二节　华南典型针阔混交恢复林群落NPP的长期监测与评价

一、NPP长期监测森林类型及主要方法

作为珠江三角洲森林生态系统国家定位观测研究站主要研究森林类型，针对典型针阔混交林即尾松林（33年）、湿地松（30年）与阔叶幼林（6年）混交森林群落、尾叶桉+阔叶乡土树种恢复林分均作为NPP及群落生态长期监测试验对象；3种森林类型的BM监测则各设置在6hm^{2}区域的森林区域为群落生态或生态系统长期定位监测区，分别对2个森林类型分别选4~8个优势树种；采用标准解析木法进行地上生物量测定及NPP的计量测算；而各森林类型的群落生态要素测定均基于各2个0.2hm^{2}标准样地的定位观测，同时监测研究了2个森林类型解析木生长、生物量及落器官生物量比例、年生物净吸储化学量。

根据华南地区海岸恢复森林、林带防护林占比例较大，遴选典型沿海防护型、林带防护型恢复阔叶林4种防护类型森林（5~7年生）为长期监测对象，对林带森林的生物量测定采用解析木法测定、NPP计量，而对海防人工林的生物量则应以模型估算法研究分析。其中，基于测定、估算生长要素基于3个0.2hm^{2}阔叶树种恢复防护林群落、6块0.12hm^{2}海岸防护林群落样地的生长、生态要素的定位观测，完成了4种森林类型森林斑块优势木生产力的估算和特征评价。

二、针阔混交恢复林群落地上NPP主要监测结果及评价

（1）湿地松（30年）与阔叶幼林（6年）混交森林群落、马尾松（33年）与阔叶林幼林（6年）混交林群落、6年生尾巨桉与乡土树种阔叶林群落、6年生尾叶桉与乡土树种阔叶林、海岸5~7年生的乡土树种阔叶林群落的NPP计量估算结果在5.8~18.0 t·hm^{-2}·a^{-1}间（图7-3）；其中湿地松、马尾松的针阔叶混交林群落NPP仅是2种尾巨桉+乡土树种阔叶林恢复林群落的60.3%、53.6%；反映出尾巨桉+阔叶恢复林的NPP显著较高，在16.3~17.8 t·hm^{-2}·a^{-1}间；而2个针阔叶混交林分则在9.3~11.6 t·hm^{-2}·a^{-1}之间，且主要在于2个针叶种的生物量较大，而海岸防护林（5年）林分的NPP相对较小。

（2）针阔叶混交林及阔叶混交林的生物量与林分胸径高的模式较为显著；拟合出湿地松针阔叶林、马尾松针阔叶林群落地上生物量模型分别为：$BM = 5.3049(D^2H)^{0.024}$、$BM = 0.3022(D^2)^{0.3208}$；而尾巨桉+阔叶种混交林的地上生物量模型为$BM = 0.443977(D^2H)^{0.68138}$；3种生物量模型的决定系数均达到极显著；依据林分生物量模式计量生物量，再将年龄纳入则可获得相应的NPP及与生长要素的回归模

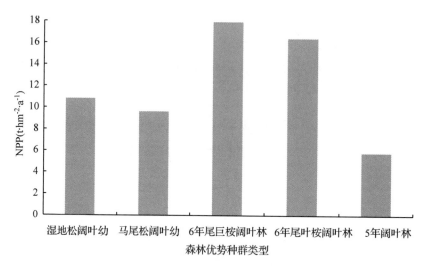

图 7-3　5 种森林群落 NPP 计量

式，个森林类型耦合可得到 NPP 与年龄的模式特征。

（3）针阔叶混交林分的优势种群生物量结构特征。提取林木或林分各器官重量之间以及它们与林地面积的比值，包括枝叶比[BNR、枝的生物量($W_枝$)/叶的生物量($W_叶$)]，枝叶指数(BNI) = ($W_枝$ + $W_叶$)/($W_枝$ + $W_叶$ + $W_干$)，光合器官与非光合器官比值(F_C) = $W_叶$/($W_干$ + $W_枝$ + $W_根$)、叶面积指数（LAI）= 林分叶面积/林地面积，反映生物量结构及针阔叶林混交林群落结构特征。表 7-1 是马尾松种群、湿地松种群占优势的针阔叶混交林群落各种群标准解析木在林分中的生物量结构参数结果。

表 7-1　个针阔叶混交林群落优势种群标准解析木生物量结构参数

密度组（株·hm^{-2}）	枝叶比 BNR	枝叶指数 BNI	光合非光合器官比 F/C	叶面积指数 LAI
马尾松与阔叶幼林混交林区				
木荷(50)	2.29	0.3	0.1	0.082
海南红豆(158)	1.54	0.28	0.12	0.574
黎蒴(133)	3.67	0.48	0.12	0.867
三角枫(17)	2.61	0.34	0.1	0.057
尖叶杜英(100)	0.68	0.38	0.29	0.495
乐昌含笑(333)	1.88	0.51	0.21	2.324
火力楠(333)	1.32	0.49	0.26	1.782
红锥(92)	3.28	0.54	0.15	1.090
马尾松(108)	1.30	0.32	0.16	4.015
湿地松与阔叶幼林混交林区				
米老排(133)	0.54	0.4	0.34	0.253
红胶木(233)	2.87	0.54	0.16	0.591
吴茱萸(117)	3.19	0.45	0.12	0.080
乐昌含笑(150)	1.35	0.29	0.14	0.080
黎蒴(133)	1.35	0.54	0.30	0.080
湿地松(217)	1.39	0.37	0.19	4.251

表 7-1 结果反映出两个针叶林区，优势针叶种群马尾松、湿地松的叶面积指数均较高，但枝叶指数、光合非光合器官比则相对较小，使其在 NPP 中贡献率不大的主要原因。其次是 2 个森林类型的相对生长模型与生物量变化：为了更进一步说明两个林区生长的相对关系，对生物量估测的相对生长模型两边取对数做出相应的曲线（图 7-4）。从图 7-4 中可看出马尾松林区中总生物量及干、枝、叶等组分的相对曲线较为平行，说明全树生物量与树干生物量、枝与叶生物量之间关系的协调一致性，仅树叶部分生长曲线与其他的相交。而湿地松林区各曲线不平行，其中有 2 对平行线：枝和叶、根各组分的曲线与树干不平行，表明早期林冠竞争较为激烈，它们之间存在竞争。在幼林阶段根的生长优于枝、叶生长，地下竞争起主导作用，应加强土壤管理。进入杆阶段，枝叶的生长成为主要矛盾，即争夺地上空间的竞争较为激烈，在此阶段要适当地抚育间伐，促进林木生长发育。

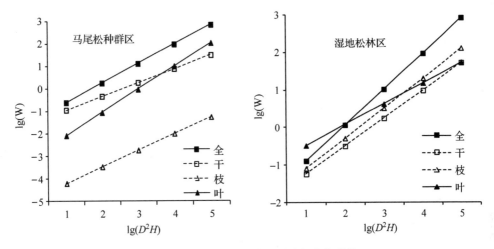

图 7-4 两林区的生物量相对生长方程曲线

三、华南沿海防护人工林群落的 NPP 及评价

南沙海岸防护林群落为 6~7 年生人工阔叶林群落，优势种群为黄槿（半红树）、高山榕、麻楝、小叶榕、塞楝、海南红豆等，群落平均胸径 14.6cm、平均树高 6.0m；南沙海岸水网防护林群落（6 年）优势种群为南洋楹、大王椰子、高山榕、塞楝、落羽杉、海芒果等，群落平均胸径 16.2cm、平均树高 6.4m；而南沙海岸路网防护林群落（7 年）的优势种群则为海南红豆、印度紫檀、铁力木、小叶榄仁、塞楝、落羽杉、大叶紫薇等，群落平均胸径 14.3cm、平均树高 7.1m；由于为海岸典型森林群落类型，3 类型各设置 2 块 0.12hm² 样地一直进行监测，引用粤北常绿阔叶林 5~7 年生生物量模型、结合 3 个类型样地生长因子监测值，计算出 3 个防护林群落 NPP 及积累化学物质结果见表 7-2。

表7-2　广州南沙海岸6~7年生防护林群落年增长及化学积累量

项目 林型	NPP	CO_2	NO_2	SO_2	TP	K	Na	Cd	Pb
海岸林	4.86	8.33	209.5	17.6	11.3	82.4	12.4	0.23	0.82
水网林	10.46	16.95	558.6	50.0	23.8	129.5	24.4	0.70	1.17
路网林	5.30	9.10	204.1	21.0	10.0	52.1	8.7	0.38	1.37
平　均	6.87	11.46	324.1	29.5	15.0	88.0	15.2	0.44	1.12

注：NPP、CO_2、NO_2、SO_2、TP、K、Na 单位为 $kg \cdot hm^{-2} \cdot a^{-1}$；Cd、Pb 单位为 $g \cdot hm^{-2} \cdot a^{-1}$

表7-2 的监测计量结果表明，南沙海岸水网防护林群落的 NPP 最大为 10.46 t·$hm^{-2} \cdot a^{-1}$，这主要在于该群落中的南洋楹及大王椰子种群的胸径、树高年净增量较大分别达到 3.8 cm·a^{-1}、1.7 m·a^{-1} 和 7.1 cm·a^{-1}、1.7 m·a^{-1}，生物量的年净积累量即 NPP 较大，分别比海岸、路网防护林群落高出 5.60、5.16 t·hm^{-2}·a^{-1}；其次是海岸路网防护林群落的 NPP 量，3 种水岸防护林群落的平均 NPP 为 6.87 t·$hm^{-2} \cdot a^{-1}$，显现出年净增长是显著的。从森林群落年净积累 CO_2 量看：南沙水网防护林群落的年净积累 CO_2 量为 17.0 t·$hm^{-2} \cdot a^{-1}$，较其余两个防护林群为大一个量级，3 种林分群落年平均净积累 CO_2 量达 11.5 t·$hm^{-2} \cdot a^{-1}$，反映出南沙海岸、水网及路网防护林群落(7 年)的环境生态效应是极其显著的。南沙海岸、水网及路网防护林群落年净积累 N、S 量可换算为年净积累 NO_2、SO_2 量(表7-2)，其中水网防护林群落年净积累为 558.6、50.0 kg·$hm^{-2} \cdot a^{-1}$、分别是水网、路网防护林群落的 2.73、2.67 倍和 2.38、2.84 倍，平均表征 3 种水岸防护林群落年净积累 NO_2、SO_2 量则分别为 324.1、29.5 kg·$hm^{-2} \cdot a^{-1}$；除了计量防护林群落对 CO_2、NO_2、SO_2 的年净生物积累外，作为沿海岸森林群落，其年生物增长积累过程中对盐分化学物质、重金属元素的积累同等重要，表7-2 结果计量出，南沙水网防护林群落年净积累 K、Na 量分别达到 129.5、24.4 kg·$hm^{-2} \cdot a^{-1}$、分别是海岸及路网防护林群落的 1.57、2.49 倍和 1.97、2.81 倍，3 林分的平均值分别为 88.0、15.2 kg·$hm^{-2} \cdot a^{-1}$，显示出防护林群落年净积累盐分化学物效应较大，对于缓解土壤及水体盐分对其生长的胁迫是非常有益的；海岸防护林群落年净积累 P_b、C_d 效应平均达到 1.12、0.44 g·hm^{-2}；由此表明南沙海岸 6~7 年生的防护林群落的年净生物积累及化学物质积累效应显著，缓解区域环境 CO_2、NO_2、SO_2 及微量污染元素的负荷功能显著体现，这种生态功能对于海岸区域的环境是不可替代的生态效应，且随着海岸防护林群落的生长发育这种生态效应将进一步增强。

四、华南速生尾叶桉与阔叶乡土树种混交林地上NPP及评价

华南地区乡土树种恢复林及速生树种人工林占森林资源面积比例较大，其树种配置结构的差异，其地上乔木 NPP 及化学物积累的差异极其显著，表7-3 为 3 种不同树种组成森林群落的地上乔木 NPP 及化学物积累量监测结果。结果反映出：尾巨桉＋阔叶种群森林群落的乔木层在地上部分的年均净增长为 14.2 t·$hm^{-2} \cdot a^{-1}$，分别是尾叶桉＋阔叶种群群落、阔叶种群(7 年)人工林群落年净增量的 1.1、1.2 倍；

而乔木层在地上的生物固碳量达到 39.6 t·hm^{-2}·a^{-1}，分别是后两个森林群落的
1.1 倍、1.06 倍；尾巨桉 + 阔叶种群森林群落的乔木层在地上部分的年吸储 N 的质
量则是后两个森林群落 2.9 倍、1.3 倍，而年均吸储 Pb、Cd 及 Cu 元素质量则分别
较尾叶桉 + 阔叶种群落高出约 20.0 g·hm^{-2}·a^{-1}，是阔叶种群(7 年)人工林群落
的 1.3 倍。表明阔叶种群恢复林若在恢复初期加种桉树速生种群，将会有效地促进
NPP 增长、凸显环境生态效应。

表 7-3 华南人工恢复林(6~7 年)群落地上 NPP 及年化学物积累量

林型 \ 项目	NPP	C	CO$_2$	N	NO$_2$	S	SO$_2$	Pb	Cu
尾巨桉 + 阔叶种群	14.2	6.6	24.1	61.9	203.4	12.7	25.3	36.63	77.53
尾叶桉 + 阔叶种群	13.2	6.2	22.8	37.8	124.2	8.6	17.1	16.68	52.43
阔叶种群(7 年)	12.5	5.8	21.4	51.5	169.2	9.2	18.4	28.19	65.50
平　均	13.3	6.2	22.8	50.4	165.6	10.2	20.2	27.2	65.2

注：NPP、C、CO$_2$ 单位是 t·hm^{-2}·a^{-1}；N、NO$_2$、S、SO$_2$ 单位是 kg·hm^{-2}·a^{-1}；Pb、Cu 单位是 g·
hm^{-2}·a^{-1}

第三节　华南常绿阔叶林群落优势种群的光合特征

一、常绿阔叶林生优势种群光合特征的监测方法及试验方案

常绿阔叶林群落是华南地区典型地带性森林植被，以常绿阔叶林生态系统为主
体的珠三角陆地植被生态系统，因此试验方案如下：

(1)实验材料确定：对帽峰山季风常绿阔叶 1hm^2 样地进行群落生态调查，依据
重要值及优势度确定优势种群，选取优势种华润楠(Ⅳ 为 20.652%)与中华锥(Ⅳ 为
8.154%)作为试验材料，随即在样地外择选 2 个优势树种的标准木作为观测样株
(华润楠样株的胸径 30.8cm、树高 18.5m；中华锥样株胸径 23.6cm、树高 16.5m)，
设置梯度木观测架用于观测。

(2)光合测定样叶确定：依据 2 个优势树种样株冠高及冠幅，在华润楠样株树
冠的上、中、下层按照四个方向分别选择 10 片、12 片及 6 片共 28 片成熟叶为测定
样叶、标签标记；在中华锥样株树冠的上、中、下层按 8 个方向(东、西、南、北
和东南、东北，西南、西北)分别确定 12、12 及 6 片共 30 片为测定样叶、标签标
记；用 LAI-2000 测定叶面积及叶面积指数等参数，复选等量测定样叶标记为备用，
观测中依据样叶测值的统计分析确定增加或减少样叶数量。

(3)光合观测方案：林区年降雨量 1100~2200mm 间，4~9 月份占 82.1%，此
段时间为雨季，其他月份降雨量只占 17.9%，划分为旱季。依据常绿阔叶林区季节
性生理生态特征及气候条件，试验观测确定旱季、雨季典型天气连续观测，雨季测
定时间为 7 月 25 日至 8 月 21 日，旱季测定时间为 11 月 23 日至 12 月 10 日，在自然
环境条件下对样木叶片净光合速率、蒸腾速率等指标及环境因子进行测定；每个优
势种选择晴朗天气重复测定 3 天，每日测定时间为 8:00~18:00，每一小时测定一
次，每片样叶重复计数 6 次，光合仪的流速设定为 500μmol·s^{-1}；旱季每日测定时
间为 8:00~17:00，每一小时测定一次，每片样叶重复计数 6 次，光合仪的流速设定

为 $500\mu mol \cdot s^{-1}$。

（4）光合作用光响应曲线测定：首先将样叶在饱和光强下对叶片进行充分诱导；然后利用 LI-6400P 光响应自动测定程序进行测定，其光量子通量密度设定为 2000、1800、1500、1200、1000、800、500、300、250、200、150、100、50、20、0 $\mu mol \cdot m^{-2} \cdot s^{-1}$ 测量光合生理生态因子的变化，测定时间间隔 2min；自然环境状态下的温湿度及 CO_2 浓度等环境因子值；选取晴天天气条件下上午 9：00～12：00 和下午 14：00～16：00 进行测定、重复 3 次。

（5）CO_2 响应的测定：按照 LI-6400P CO_2 响应自动测定程序进行测定，控制 CO_2 浓度从外界浓度下逐渐减小至补偿点以下、然后再升高至饱和点以上即在 350、300、250、200、150、100、75、50、25、0、350、500、800、1000、1200 $\mu mol \cdot mol^{-1}$ 等不同 CO_2 浓度水平测量光合生理生态性的响应值，测定时间间隔 2min，自然环境状态下的温湿度值、光强设为饱和光强。选取晴天天气的上午 9：00～12：00 和下午 14：00～16：00 进行测定。在整个观测过程中，每次 CO_2 浓度变化后都按照仪器流程步骤进行一次光合仪的匹配操作。测定重复 3 次。

二、常绿阔叶林优势种群的净光合速率特征及与环境间的关系

（一）常绿阔叶林优势种群的净光合速率特征

优势种群——华润楠在雨季净光合速率及光照强度变化见图 7-5；晴天光照强度日变化幅度很大，呈单峰曲线，日最大值 12：00、13：00 左右达到峰值，之后逐渐降低，14：00～15：00 净光合速率比较稳定，15：00 后随着光照强度的迅速降低，净光合速率下降较快，日变化曲线急剧下降；18：00 后光照较弱，净光合速率接近于 0，开始出现负值。旱季叶片净光合速率及光照强度变化如图 7-6 所示，上午随光照强度迅速增加，净光合速率逐渐增加，增加幅度较光照强度要平缓至 13：00 左右达到最高点，下午光照强度迅速下降，净光合速率迅速下降，17：00 以后光照较弱，净光合速率接近 0。雨季晴天平均净光合速率为 10.08 $\mu mol \cdot m^{-2} \cdot s^{-1}$（9：00～17：00），最大值 14.56 $\mu mol \cdot m^{-2} \cdot s^{-1}$；旱季晴天平均净光合速率为 6.76 $\mu mol \cdot m^{-2} \cdot s^{-1}$（9：00～17：00），最大值 11.31 $\mu mol \cdot m^{-2} \cdot s^{-1}$，雨季晴天净光合速率显著大于旱季晴天（$P < 0.01$，Paired-Samples T-test）。多云天气下（图 7-7）净光合速率随光照强度的变化而迅速变化，中华楠旱雨两季暗呼吸速率在夜间的变化见图 7-8。旱季 17：00 以后光照逐渐降低至 0，18：00 暗呼吸速率最高，之后逐渐降低，夜间 24：00 左右暗呼吸达到最低值，之后又有所增加，至第二天 6：00 增加到最高值，之后随光照强度的增加，净光合速率又开始为正值；雨季 18：00 以后光照逐渐降低至 0，凌晨 2：00 左右暗呼吸达到最低值，之后又有所增加，至第二天 6：00 增加到最高值，之后随光照强度的增加，净光合速率又开始为正值。旱季夜晚平均暗呼吸速率 0.57 $\mu mol \cdot m^{-2} \cdot s^{-1}$，雨季平均值为 1.25 $\mu mol \cdot m^{-2} \cdot s^{-1}$。优势种中华锥雨季晴天叶片净光合速率及光照强度变化如图 7-9 所示，雨季日变化为双峰曲线，10：00 达到第一个高峰、13：00 达到第二个高峰，但峰值较上午要低。在 12：00 进入低谷；随光照强度的迅速增加，净光合速率逐渐增加，10：00 达到最高值。上午 9：00～11：00，下午 13：00～16：00 净光速率变化比较平稳。16：00 以后迅速降低，18：00 左

右接近 0。旱季晴天叶片净光合速率及光照强度变化如图 7-10 所示,日变化曲线为双峰型,在 12:00 有比较明显的"午休"现象。上午随光照强度迅速增加,净光合速率迅速增加,至 10:00 达到最高值。下午 13:00 达到第二个峰值,峰高较 10:00 要低。14:00 后随光照强度的降低净光合速率迅速降低。雨季晴天平均净光合速率为 8.52 μmol·m^{-2}·s^{-1}(9:00~17:00),最大值 12.94 μmol·m^{-2}·s^{-1};旱季晴天平均净光合速率为 7.28 μmol·m^{-2}·s^{-1}(9:00~17:00),最大值 12.95 μmol·m^{-2}·s^{-1},雨季净光合速率显著大于旱季($P < 0.05$,Paired-Samples T-test)。在同一旱季和雨季下中华楠与中华锥平均净光合速率差异不显著($P > 0.05$,Independent-Samples T-test)。

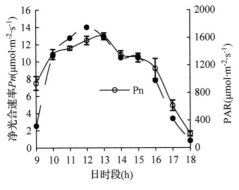

图 7-5　华润楠雨季晴天 *Pn* 的日变化

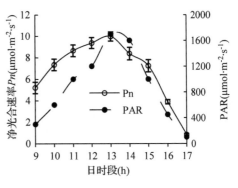

图 7-6　华润楠旱季晴天 *Pn* 的日变化

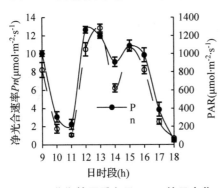

图 7-7　华润楠雨季多云天 Pn 的日变化

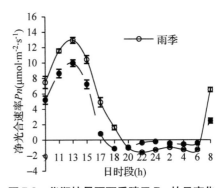

图 7-8　华润楠旱雨两季晴天 Pn 的日变化

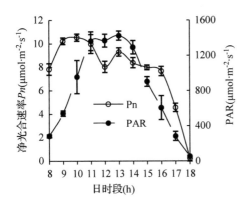

图 7-9　中华锥雨季晴天 *Pn* 日变化

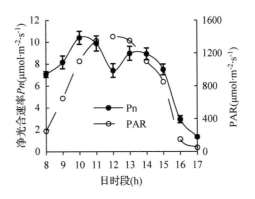

图 7-10　中华锥旱季晴天 *Pn* 日变化

(二)华润楠、中华锥雨季、旱季净光合速率与环境要素的关系

采用经典的非直角和直角双曲线分别对华润楠的 Pn 与 PAR 进行关系拟合获得曲度 $k=0$，非直角双曲线转化为了直角双曲线（图 7-11）、Pn 的拟合值和实测值对比（图 7-12）。图 7-13 可遴选六次多项式拟合效果最好，图 7-11 表征出 PAR 与 Pn 关系非直角双曲线最佳、日变化中 Pn 对 PAR 的响应灵敏。

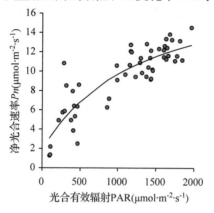

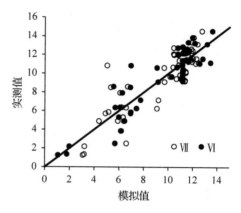

图 7-11　非直角双曲线净光合速率与光的关系　　**图 7-12　6 次拟合和非直角双曲线模拟结果**

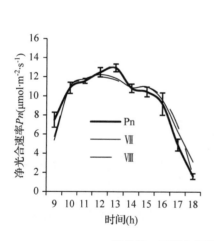

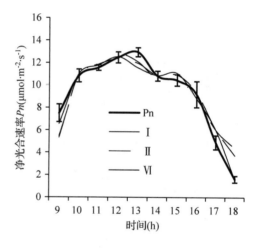

图 7-13　不同方程模拟净光合速率日变化的比较

华润楠在旱季的净光合速率日变化的关系：Pn 与 PAR、气温 Ta 呈线性模式：$Pn=0.009PAR-1.117Ta+29.427$，$R^2=0.938$，$P<0.01$；二元二次拟合为：$Pn=a+b\cdot PAR+c\cdot Ta+d\cdot PAR^2+e\,Ta^2+PAR\cdot Ta$（$a=-2276.76$，$b=-0.747$，$c=192.792$，$d=-3.9\times10^{-5}$，$e=-4.045$，$f=0.03$，$R^2=0.975$），拟合结果见图 7-14；从图可见二次多项式能比较好地模拟出中华楠旱季 Pn 与外部环境因子的关系，其模拟的日变化趋势与实际值接近。

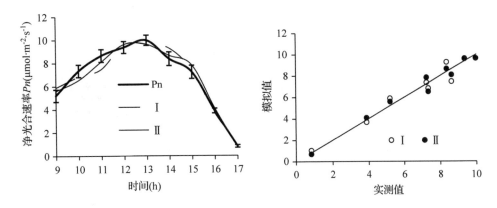

图 7-14　线性方程和二元二次方程模拟净光合速率日变化的比较

中华锥雨季净光合速率与环境要素的关系：Pn 与气温 Ta、相对湿度 RH、包间 CO_2 浓度 Ca 的逐步回归得到回归方程：$Pn = 1.94Ta + 0.777RH - 0.217Ca - 26.068$（$R^2 = 0.77$），而 $Pn = (a \cdot Ta + b \cdot RH \cdot RH)/(c \cdot Ca) + d$ 的 R^2 提高 0.1。图 7-15 反映出模拟的趋势与实际变化趋势相近。

中华锥旱季净光合速率环境要素的关系：Pn 与 PAR、RH 和 Ca 的回归方程为：$Pn = 0.004PAR + 0.117RH + 0.510Ca - 196.563$，$R^2 = 0.933$，$P < 0.01$，模型具有显著统计学意义。$PAR$、$RH$ 和 Ca 的通径系数分别是：0.783，0.29 和 0.408，可见光仍是主要影响因子。

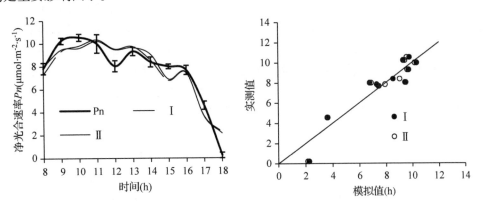

图 7-15　不同方程模拟净光合速率日变化的比较

假设以光为唯一因子以直角双曲线和非直角双曲线模拟日变化见图 7-16，其中线性方程，直角双曲线和非直角双曲线分别以 Ⅰ、Ⅱ 和 Ⅲ 表示。从图可见，只考虑光时的 2 种双曲线，拟合的效果很差，而考虑到实际影响的外部环境因子的多元回归方程，可以很好的表述 Pn 的日变化规律。因此，在常绿阔叶林优势树种中华椎的净光合速率与环境多因素的模拟中以多元回归拟合为主，回归拟合仅考虑单一因素对于净光合的日变化来评价，其误差相对较大。

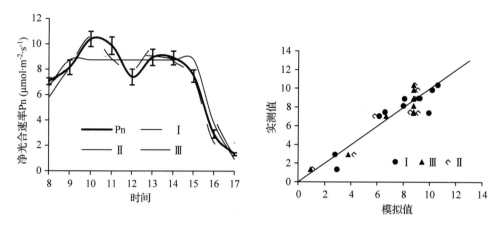

图7-16　不同方程模拟净光合速率日变化的比较

第四节　华南典型天然常绿阔叶林的 NPP 的监测与评价

一、典型常绿阔叶林的 NPP 的监测方法及分析

华南地带性常绿阔叶林生态系统的乔木物种丰富、结构复杂、生态功能显著，其优势树种 NPP 监测必然为研究的重点，因此，遴选粤北（广东北部）小坑常绿阔叶林区为监测实验区；依据森林群落生态学方法，设置常绿阔叶林群落（20～38 年生）林分设置样地 3 块（每块 0.16hm²）作为长期监测区，3 年一个周期对样地内乔灌木进行每木检尺、测定乔灌木的物种类别、径高生长要素、树种组成及生态因子、冠层结构、枝叶生长及叶面指数等检测；研究森林群落物种多样性、优势树种数动态、生长动态、龄级生长动态、群落结构及组成动态及生态要素状况。

粤北典型常绿阔叶林群落 NPP 的监测，设定林区坡面样地 3 块（各 0.04hm²）的常绿阔叶林斑块为生物量及 NPP 测定试验区，采用皆伐收获法对每个斑块进行生物量测定，即对常绿阔叶林斑块样地内的全部林木、灌木按照干、根及枝（均带皮）、叶果进行生物量测定，每木按解析木法取圆盘，按种类采集解析木器官样品测湿重后带回实验室烘干测定；共收获块 18 个乔灌木种、皆伐乔木解析木 38 株、灌木解析木 13 株；分别以解析木测定方法实现每个乔灌木活体生物量测定和解析木圆盘、器官样品采集、实验室烘干法测定换算干物质量。样地斑块的林内地被物、凋落物则在样地对角线法设置 6 个 2m×2m 样方进行活体生物量的测定、采集样品带回实验室测干湿比，完成样地斑块干生物量计量。

采集粤北天然常绿阔叶林群落优势种的解析木器官样品，实验室分析 C、N、P、S、Ca、Mg 等化学计量学元素含量，获得了天然常绿阔叶林群落年净积累 C、N、S 的质量分维数；集成实现了华南地区地带性常绿阔叶林生产力及耦合模型、数据库建立和计算模式分析。

二、天然常绿阔叶林群落的 BM 及其与生长要素关系评价

粤北天然常绿阔叶林群落的器官 BM 的比例及乔灌木 BM 与生长要素胸径(D)、树高(H)的关系结果如 7-17(a)、(b)：常绿阔叶林群落皆伐收获全部种群的器官 BM 分布比例如图 7-17(a)，其常绿阔叶林群落器官 BM 的平均比例为：干 BM 占总的 52.0%、根的 BM 占总的 31.0%、枝的 BM 占总的 11.0%、叶果的 BM 仅占总的 6.0%；乔灌木种群的 BM 与 D^2H 间呈极其显著的幂回归关系[图 7-17(b)]，模式检验表明具统计学的应用意义。图 7-18 的结果反映出，粤北天然常绿阔叶林群落的种群干生物量与 D^2H 呈极其显著的幂回归关系；群落根的生物量与 D^2H 表现为线性、幂回归关系；而群落种群的枝生物量与 D^2H 呈线性回归关系、叶的生物量则与 D2H 呈二次线性关系。前 2 种关系的 R^2 较后两种关系的若大一些。

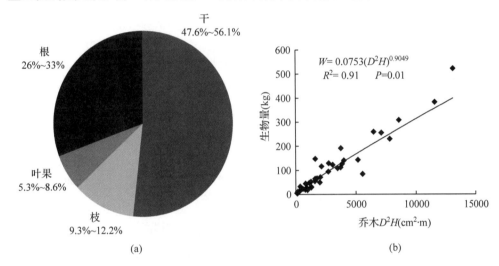

图 7-17　广东粤北常绿阔叶林种群 BM 比例(a)及与胸径、树高的关系(b)

三、粤北天然常绿阔叶林 NPP 特征及与生长要素的关系

粤北天然常绿阔叶林按龄级 5~12 年、13~23 年、23~40 年生划分的群落乔灌木层的 NPP 在 7.0~13.5 t·hm^{-2}·a^{-1} 之间(图 7-19)，呈 3 个递增梯度，后 2 级龄级梯度的 NPP 分别是第一级龄级 1.8 倍、1.5 倍；依据每木皆伐测定结果分析，前两个龄级群落 NPP 按器官干、枝、根(带皮)好叶果的增长所占比例，分别为 49.2%、12.1%、8.1%、30.6% 和 51.4%、11.7%、5.7%、31.2%，而最后一个龄级则是 52.8%、10.8%、6.1%、31.3%，表现出随林分年龄的增加乔灌木的干、根年生物量净增长随之增加，枝的年净增加则逐渐减小，叶果年净增长不明显特征。这反映出该森林群落在中幼龄阶段较大林分密度、较大冠层覆盖显著影响这林分的枝、叶生长；在年龄进一步增加、林分密度和冠层覆盖度则会减小，枝叶的年积累量则会有一个较大的增长。

粤北天然常绿阔叶林群落乔灌木种群的 NPP 与其胸径、树高的 D^2H 呈极其显著的幂回归关系，图 7-20(a)、(b)分别给出常绿阔叶林两个 D^2H 梯度的 NPP 与 D^2H

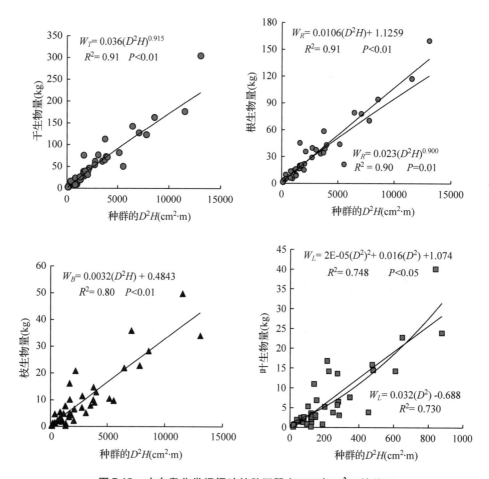

$W_T = 0.036(D^2H)^{0.915}$
$R^2 = 0.91$ $P<0.01$

$W_R = 0.0106(D^2H) + 1.1259$
$R^2 = 0.91$ $P<0.01$

$W_R = 0.023(D^2H)^{0.900}$
$R^2 = 0.90$ $P=0.01$

$W_B = 0.0032(D^2H) + 0.4843$
$R^2 = 0.80$ $P<0.01$

$W_L = 2E{-}05(D^2)^2 + 0.016(D^2) + 1.074$
$R^2 = 0.748$ $P<0.05$

$W_L = 0.032(D^2) - 0.688$
$R^2 = 0.730$

图 7-18   广东粤北常绿阔叶林种群器官 BM 与 D²H 的关系

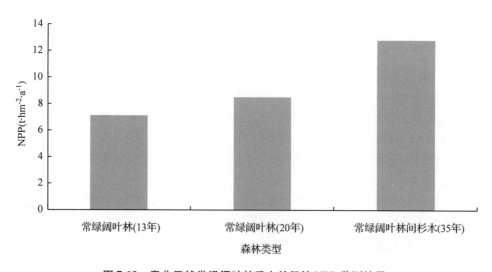

图 7-19   粤北天然常绿阔叶林乔木龄级的 NPP 监测结果

的幂回归关系，反映出 D^2H 若高的群落，乔灌木 NPP 与其 D^2H 的回归关系显著度较高。即乔灌木的 D^2H 范围愈大、回归关系显著程度愈大。拟合常绿阔叶林优势种群的器官即干、枝、根（带皮）和叶果的 NPP 与其胸径平方、树高的乘积关系，同样也得到幂回归关系模式（图 7-21），只是乔木干、根的年净增长量与胸径平方、树高乘积的回归决定系数显著地高于相应地枝、叶的回归决定系数；依据图 7-21 为天然常绿阔叶林群落器官 NPP 与 D^2H 的回归模拟。依据乔木种群的年龄分布，构建不同龄级 NPP 与生长要素计量模式，适宜森林 NPP 在尺度上的转化估算，且符合统计学有意义检验。同时，皆伐收获法与标准解析木法测定森林群落 BM 间误差是监测研究获得一个科学可靠计量模式，是迫于实现大面积森林皆伐收获法测定是非常困难的；因此，通过皆伐收获法测定与标准解析木法的调整模式，使得常规采用的标准解析木测定 BM 更为准确。图 7-22 是粤北天然常绿阔叶林群落收获法测定与标准解析木法测定乔灌木 10 个径级 BM 误差结果，总体误差区间在 –19.4%～22.0% 间，乔木径级 4.1～10.0cm 间的相对误差较大接近 20.0%，径级 12.1～20.0cm 间的相对误差较小在 0.5%～8.6% 间，径级 20.1～28.0cm 间、相对误差在 13.3%～15.6% 间，径级大于 28.0cm、相对误差 1.6%～2.8%；总体相对误差为 6.8%。而收获法与标准解析木法测定 BM 间存在极其显著的幂回归关系，因此通过标准解析木法计量群落种群 NPP 再经此模型校正达到高精度的结果。

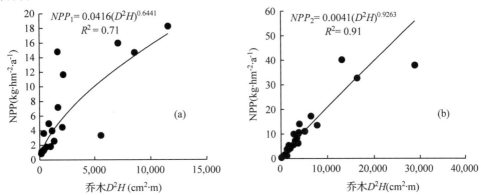

图 7-20 华南常绿阔叶自然林乔木种 NPP 与 D^2H 的回归关系

四、粤北天然常绿阔叶林植被体化学积累及年均积累速率

粤北天然常绿阔叶林群落植被体的化学物质的积累量及年均积累速率；是该植被体系物质库及周转特征的科学反映，图 7-23 是粤北天然次生常绿阔叶林群落的植物体对 7 种化学物质的积累量及积累速率监测结果。该森林植被系统的 7 种化学物总积累为 65.3 t·hm^{-2}，其中有机碳储量显著占 96.0%、其余 6 种化学元素的积累量和仅占 4.0%；植被体系年均积累 7 种元素的速率为 4.33 t·hm^{-2}·a^{-1}，其中植被年积累有机碳的速率达到 3.124.33 t·hm^{-2}·a^{-1}。常绿阔叶林群落植被体 7 种化学物储量表现在地上与地下所占份额分别为 69.4%、30.6%，由于植被系统碳的占额影响，地上地下植被碳素积累份额也同样为这个比率。而常绿阔叶林群落中地上植被与地下根系的积累的 N、P、K、S、Ca、Mg 比例分别为：2.9:1、2.1:1、2.2:1、

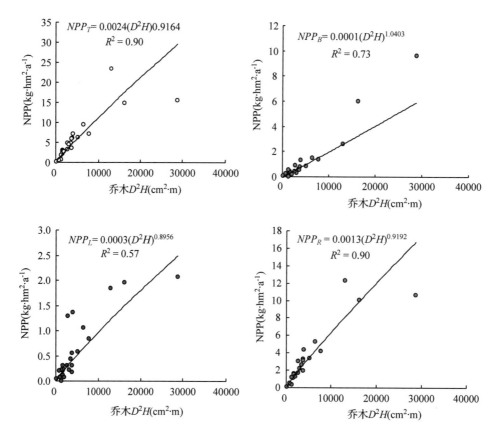

图 7-21　华南常绿阔叶林乔木器官 NPP（干 T、枝 B、叶 L、根 R）的回归关系

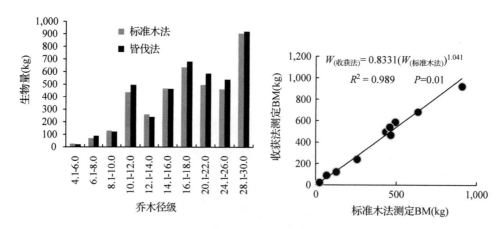

图 7-22　皆伐收获法与标准解析木法 BM 测定的误差及回归关系

2.7:1、2.5:1、2.5:1；除去碳外，不论是地上植被还是地下的根系以及整个森林群落，植被系统吸储 6 个元素的累计量大小均依次为 Ca > K > N > Mg > P > S。总体上来分析，粤北天然次生常绿阔叶林生态系统的植被系统，地上部分储存这 7 种化学物质量是相应地下根系的 2.27 倍，也就是说除碳外，N、P、K、Ca、Mg、S 在地上植被的累计量分别占 74.3%、67.9%、68.9%、71.7%、71.3%、72.7%，N、Ca、Mg、S 在地上植被体的储量相对较高。

214

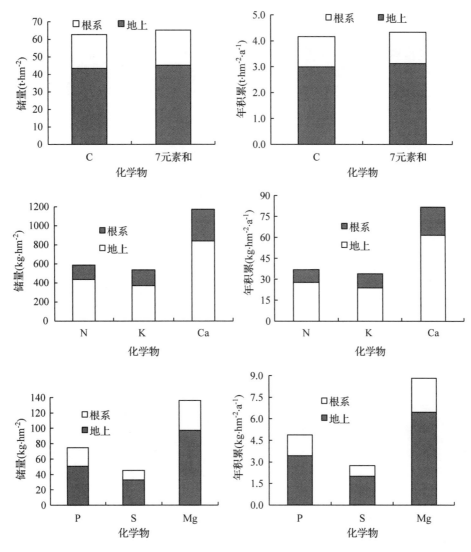

图 7-23　粤北常绿阔叶林群落植物 7 种化学物的储量及年净积累量

第五节　珠三角城市近郊常绿阔叶次生林的 NPP 的监测与评价

一、常绿阔叶林的样地调查及 NPP 的监测方法

广州市太和镇帽峰山森林区(面积 6600hm²)为城市近郊典型地带性森林生态系统,采用森林群落生态学方法,完成 4 块典型样地斑块(每块 0.12~0.16hm²)调查,调查因子包括生长要素、生态因子,群落生态法统计显示,森林景观树种达到 66 种;各森林斑块的树种组成相似度达 83.3%,植被组成、结构稳定。

　　珠三角城郊典型常绿阔叶林次生林群落(16~33年生)及其与杉木林混交群落设置3块(每块0.2hm²)样地作为长期监测和生态要素的定位监测取，按乔、灌木种群在群落中重要值Ⅳ遴选6个优势种群、伐测16~18株标准解析木；按照解析木法测定干、枝、根(带皮)和叶果的湿生物量，设置圆盘、取每伐倒解析木干、枝、叶、根样品带回实验室烘干测定干湿比计量生物量；同时对采集的解析木干、枝、叶、根样品，分别分析检测测C、N、P、S、Ca、Mg、Pb、Cd含量，获得其生物量、NPP及积累化学物质质量。

二、常绿阔叶林次生林群落生态学特征

　　表7-4给出其中一个代表样地斑块森林树种组成及群落生态参数、结果表明，帽峰山地带性常绿阔叶林乔灌木树种(1个样地斑块)有28个种类其中在群落中种群重要值>4.8%的有8个树种；相对优势度>6.3%的有5个树种，而相对频度>3.1%有17个树种；森林景观群落的树种结构配置为：上层以黄杞+短序润楠+中华椎+小叶樟+尖叶杜英+杨桐+黎蒴+豹皮樟为主，亚层以山乌桕+罗浮柿+鸭脚木+鱼尾葵+木荷+银柴+人面子为主，次亚层以猪肚木+降真香+猴耳环+盆架子+假苹婆为主，下层为九节+三叉苦+大头茶+油茶等种类；森林生态系统稳定、乔灌草结构密集、覆被率高，具有典型的季风特征，森林生态系统年调蓄降雨水量在41.8%~55.6%之间，为广州市最为典型水源涵养、游憩保健森林生态系统。

表7-4 城镇常绿阔叶林次生林的树种组成及群落生态参数(面积：0.20hm²)

树种	拉丁名	株数(株)	胸高断面(m²)	相对多度(%)	相对频度(%)	相对显著度(%)	重要值(%)
短序润楠	*Sloanea sinensis*	82	1.7941	19.759	6.349	35.849	20.652
黎蒴	*Caryota ochlandra*	64	1.7940	15.422	6.349	35.848	19.206
中华椎	*Castanopsis fissa*	49	0.3156	11.807	6.349	6.306	8.154
银柴	*Aporosa dioica*	66	0.0950	15.904	6.349	1.898	8.050
九节	*Dracontomelon duperreanum*	48	0.0142	11.566	6.349	0.284	6.067
小叶樟	*Dalbergia odorifera*	13	0.3173	3.133	6.349	6.340	5.274
杨桐	*Psychotria rubra*	12	0.3697	2.892	4.762	7.387	5.013
罗浮柿	*Schefflera octophylla*	27	0.0761	6.506	6.349	1.521	4.792
山乌桕	*Adinandra millettii*	5	0.0679	1.205	4.762	1.357	2.441
猪肚木	*Machilus breviflora*	7	0.0075	1.687	4.762	0.150	2.200
鸭脚木	*Cinnamomum porrectum*	3	0.0077	0.723	4.762	0.155	1.880
鱼尾葵	*Castanopsis chinensis*	3	0.0711	0.723	3.175	1.421	1.773
木荷	*Camellia melliana*	6	0.0110	1.446	3.175	0.220	1.613
人面子	*Sapium discolor*	4	0.0149	0.964	3.175	0.298	1.479
葛藤	*Camellia oleifera*	2	0.0022	0.482	3.175	0.045	1.234
三叉苦	*Canthium horridum*	2	0.0016	0.482	3.175	0.032	1.229
降真香	*Argyreia seguinii*	2	0.0007	0.482	3.175	0.013	1.223

（续）

树种	拉丁名	株数（株）	胸高断面（m²）	相对多度（%）	相对频度（%）	相对显著度（%）	重要值（%）
合欢	*Sterculia lanceolata*	4	0.0345	0.964	1.587	0.688	1.080
檫树	*Sassafras tsumu*	4	0.0002	0.964	1.587	0.005	0.852
豺皮樟	*Litsea rotundifolia*	1	0.0002	0.241	1.587	0.004	0.611
大头檫	*Pithecellobium clypearia*	3	0.0001	0.723	1.587	0.003	0.771
广东毛蕊茶	*Camellia oleifera*	1	0.0023	0.241	1.587	0.046	0.625
猴欢喜	*Engelhardtia roxburghiana*	1	0.0006	0.241	1.587	0.012	0.614
猴耳环	*Sassafras tsumu*	1	0.0003	0.241	1.587	0.005	0.611
黄杞	*Albizia julibrissin*	2	0.0016	0.482	1.587	0.032	0.700
假苹婆	*Evodia lepta*	1	0.0021	0.241	1.587	0.042	0.624
乐昌含笑	*Schima* spp.	1	0.0010	0.241	1.587	0.020	0.616
油茶	*Diospyros morrisiana*	1	0.0010	0.241	1.587	0.019	0.616

三、城镇常绿阔叶林生态系统的结构、多样性特征

广州市太和镇帽峰山季风常绿阔叶森林景观为广州市最近的天然次生地带性森林景观，整个森林区域面积6600hm²，蕴藏着乔灌草种类大980余种；森林景观资源面积大、物种丰富、森林生态系统稳定、群落演替正向发育、森林景观种群多样、结构稳定，生态系统对降雨N、P、Pb、Cd、Cu、Ze等元素的储率效应在36.3%以上。由于该森林景观群落在树种组成及结构的相似度达到80%，故实验遴选典型的代表性森林景观样地进行测试，表7-5结果反映出，该森林景观群落的树种为28种、胸径在2.1～27.8cm之间、树高在7.9～22.8m之间，景观树种的多样性指数达到3.49、均匀度指数达到0.74、密度达2644株·hm⁻²，森林景观的整体可视度则为55.3%，森林景观结构评估为优良。其中森林景观结构评价为良的样地，主要在于密度过大（2650株·hm⁻²）、森林景观可视度较小（53.3%）；而相对较优良的样地斑块则表现出景观树种多样性较高（3.60）、密度稍小（2225株·hm⁻²）、森林景观可视度相对较高些。因此对于广州市城镇地带性森林景观，在森林景观种群密度上最佳在1260～1680株·hm⁻²之间、景观可视度最佳应在60.0%～75.6%之间；故而进一步研究则在于遴选密度与可视度适宜的森林景观斑块作为这类森林景观的定向培育指标。

表7-5 城镇常绿阔叶次生林的结构、密度及多样性等景观结构评估

样地NO	种数（种）	株数（株）	胸径范围（cm）	树高范围（m）	冠幅范围（m）	密度（株·hm⁻²）	SH指数	均匀度指数	可视度（%）	结构评估
1	13	74	7.8～21.4	12.4～17.8	1.4～4.5	1850	3.113	0.841	61.3	优良
2	19	89	18.8～27.8	12.3～22.8	2.8～4.4	2225	3.599	0.847	58.6	优良
3	13	106	5.9～22.0	7.9～16.9	1.6～3.4	2650	2.606	0.704	53.3	良
4	14	104	9.9～15.6	10.5～14.2	1.9～2.8	2600	3.190	0.838	54.2	良
总体	28	373	2.1～27.8	7.9～22.8	1.62～4.4	2644	3.492	0.743	55.3	优良

四、城镇常绿阔叶林植被体系的 NPP 及评价

城镇常绿阔叶林次生林(35 年)群落,其典型的优势种群有黄杞、华润楠、短穗润楠、中华椎、罗浮柿、山乌桕、亮叶冬青、鸭脚木、黎蒴、杨桐、黄樟等,优势木平均胸径达到28.3cm、平均树高达到18.6m;如前所述,优势种群的 BM 测定采用标准解析木法,试验选定不同胸径、年龄的优势树种16~18 株实施解析木的生物量测定、依次建立了 BM 与年龄、D^2H 模型并依据解析木年轮计量出 NPP,帽峰山常绿阔叶林的乔灌木层 NPP 约 8.76 ± 2.68t·hm^{-2}·a^{-1}、地被植物为 1.11 ± 0.86 t·hm^{-2}·a^{-1};森林植被体平均 NPP 为 9.87 t·hm^{-2}·a^{-1}。帽峰山常绿阔叶林群落的年净增生物量中乔灌木层的年净积累生物量占 61.0%、凋落物年净积累量占 29.8%、地被植物年净生物积累占 9.2%;依据 NPP 量及植物化学的长期监测结果,对广州帽峰山常绿阔叶林群落的环境生态效应实现测算,先计算获得森林群落年净积累化学元素量,再转换计算出帽峰山常绿阔叶林群落年积累 CO_2、SO_2 及 NO_2 量;表 7-6 的估算结果显示出:帽峰山常绿阔叶林群落年吸积累 C 量达到 6.9 t·hm^{-2}·a^{-1}、折合成年净积累 CO_2 量达到 25.2t·hm^{-2}·a^{-1},年净积累吸储 N、S 量分别为 82.2、16.92 kg·hm^{-2}·a^{-1},换算为 NO_2、SO_2 的量分别为 270.2、33.8 kg·hm^{-2}·a^{-1},对于城市环境,这种生物积累固定化学效应是极其显著的。

表 7-6　广州帽峰山常绿阔叶林群落 NPP 及年净积累化学物质量

NPP(加凋落物) (t·hm^{-2}·a^{-1})	CO_2 (t·hm^{-2}·a^{-1})	NO_2 (kg·hm^{-2}·a^{-1})	SO_2 (kg·hm^{-2}·a^{-1})
14.1	25.157	270.23	33.82

第六节　华南区主要树种净生产力的估算与评价

一、海南主要森林类型的优势种群 NPP 结果及规律

海南岛的热带林主要为热带山地雨林原生林生态系统、热带山地雨林次生林生态系统,加上沿海区域的速生人工林诸如桉树、相思林、木麻黄等。因此,海南岛的主要森林类型或优势种群 NPP 指标,采用了引入已发表研究成果基础即查询了已经监测研究发表的成果,以此代表了海南主要森林类型及优势种群的 NPP 指标。表 7-7 是海南岛主要森林类型及优势树种的 NPP 研究结果。

表 7-7　海南岛主要森林类型及优势种群的 NPP 结果

地　点	森林类型及优势种群	NPP(t·hm^{-2}·a^{-1})	引用发表文献
海南尖峰岭	鸡毛松、坡垒、海南杨桐林	23.25	陈德祥,2004
海南尖峰岭	热带山地雨林次生林	18.38	李意德等,1997
海南尖峰岭	热带山地雨林原始林	16.3	李意德等,1997
海南昌江	热带山地雨林次生林	18.25	太立坤等,2009

（续）

地　点	森林类型及优势种群	NPP(t·hm^{-2}·a^{-1})	引用发表文献
海南琼中	热带山地雨林原始林	21.38	黄全等，1993
海南屯昌	马占相思林	6.84	太立坤等，2009
海南昌江	桉树林	17.63	太立坤等，2009

由表7-7引用的研究结果反映出，在海南尖峰岭热带山地雨林，热带林优势树种鸡毛松、坡垒及海南杨桐林，热带山地雨林次生林的NPP为高，诸如：热带林优势树种鸡毛松与坡垒、杨桐构成的次生林群落，其NPP高达23.3 t·hm^{-2}·a^{-1}，其次是热带山地雨林原生林21.38 t·hm^{-2}·a^{-1}，而山地雨林次生林的平均NPP为19.99 t·hm^{-2}·a^{-1}，整体反映出热带雨林及典型山地雨林NPP较大、热带森林具有较高净经生产力特征。

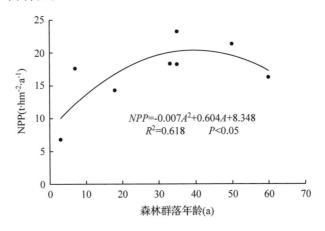

图7-25　海南主要森林类型NPP与年龄关系

依据海南主要森林类型及优势种群的NPP结果与相应年龄结构，图7-25拟合给出海南岛主要森林及优势树种的NPP与其年龄的回归关系结果；这一结果清楚地反映出，热带林年龄在30~70年的NPP随年龄的变化，即热带林的NPP随着森林群落年龄的增加呈显著的二次回归模式，林分年龄在30~50年区间的NPP相对较高高，随着森林群落年龄的增加，NPP则缓慢地减小。

二、广西主要森林类型及优势种群NPP的估算及规律

广西森林类型众多，空间分布较为集中尤其是自然森林生态系统；因此依据温远光等的著作《广西热带和亚热带山地的植物多样性及群落特征》（2004）中广西主要森林群落的径级指标，采用粤北常绿阔叶林收获法测定NPP与生长D^{2}H、D^{2}要素回归模型；通过尺度转换试验、模式校正、逐径级估算出广西主要森林群落NPP量，表7-8给出部分森林类型或优势种群为代表的森林群落、主要树种群落NPP估算量。

表 7-8　广西主要森林优势种群 NPP 估算结果

地点	优势种群森林群落	NPP ($t \cdot hm^{-2} \cdot a^{-1}$)
十万大山	马蹄荷、五列木林	26.37
十万大山	甜椎+米锥+润楠+山柳+石栎+滇琼楠+银木荷+算盘子+木姜子林	19.14
大明山	厚壳桂+红锥+润楠+岭南青冈+山杜英+格木+罗浮栲+大叶栎林	8.02
大明山	栲树+罗浮栲+甜锥+木姜润楠+包石栎+红苞木+黄杞+荷木等	17.84
大明山	罗浮栲+拟赤杨、江南虎皮楠、枫香、华南石栎、柏拉木、紫树	22.10
大明山	甜锥+硬斗柯+黄背青冈+银荷木+杜鹃	18.22
大明山	大明山松+五列木+海南五针松+五列木+红苞木+阴香+甜锥+假黄杨	18.98
岑王老山	平脉稠+红荷木+短翅黄杞+香合欢+马尾松	7.22
岑王老山	细叶云南松、巨鳞油杉	10.96
岑王老山	甜锥+米锥+单毛山柳=光叶石栎+滇琼楠=米锥+银荷木+红楠+大叶润楠	15.36
岑王老山	栓皮栎+白栎+灰毛浆果楝+枫香+西桦+红荷木+枫香+马尾树+光皮桦等	12.48
岑王老山	云山青冈+亮叶水青冈+白栎=黄毛栲+枫香、银荷木+绿樟+石栎+铁锥栲	16.08
岑王老山	青冈栎、小化香树林	10.86
岑王老山	薯豆杜英、青冈栎、龙州鸭脚木、五月茶、簇叶新木姜、润楠	10.19
大青山林场	杉木林	9.76
南丹山口林场	杉木林	8.07
南丹山口林场	杉木林	7.36
南丹山口林场	杉木林	10.76
黄冕林场	青冈、落叶阔叶树混交林	24.65

　　以其作为广西主要森林群落及优势种群的 NPP 量估算，由表 7-8 结果反映出：广西的 3 个主要自然林分布区域代表森林类型 NPP 指标差异，其中十万大山、大明山的天然森林类型 NPP 相对较高，杉木人工林相对较小。通过各森林群落 NPP 与年龄 A 的关系图 7-26 结果反映出，森林群落 NPP 与年龄间呈极显著的二次回归关系；年龄在 20~40 年间的 NPP 增加相对稳定；而林分年龄小于 20 年、大于 40 年生时，森林群落 NPP 的增加则表现出较大的偏差；但总体上回归模式具有统计学意义，适宜于应用。

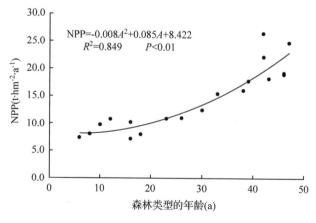

图 7-26　广西主要森林群落 NPP 与年龄关系

三、华南区主要树种生物量及 NPP 估算模式

华南区域森林类型多样、优势树种丰富，实现主要树种生物量及 NPP 的监测，是从森林生态系统的植被系统反映森林植被的增长、物质积累及积累速率，同时也是森林植被系统化学物质尤其是碳汇能力或碳汇速率的直接反映；从森林植被物质变化动态、化学物质循环的角度揭示光合生产能力、摄取和积累环境营养物质功能。因此，开展主要森林类型及主要树种 NPP 的长期监测研究是具有极其重要的科学意义。从华南多森林类型和优势树种的实地，以及森林及优势种 NPP 监测基于生物量测定的方法；逐步选取典型森林类型、主要树种的 NPP 长期监测；截至项目完成之时，尤其是多年来多个项目资助研究的积累，将已获得华南一些森林群落的主要树种、主要森林类型或典型区域森林序列的生物量、NPP 监测结果，这些森林种群及林分、森林器官的 BM 或 NPP 结果与其相应的 D^2H、D^2 的回归关系也被分类拟合列入表 7-9。

表 7-9 的回归模拟结果清晰给出了区域常绿阔叶林主要树种、典型的区域针阔叶混交林、常绿阔叶林、速生林、速生林与阔叶乡土树种混交林、热带森林等 BM 回归模式。从回归 R^2 反映出：常绿阔叶林主要树种的回归显著度较高，而各类型的叶 BM 回归显著度相对较差些，但全部回归模式的显著度均达到显著以上（$P < 0.05$）；模式宜于同类型森林或主要树种的 BM 计算，符合统计学检验要求。特别是对各种森林类型器官的生物量计量，可科学地计量许多同类森林，特别是在通过年轮计量获得其 NPP，对于评价各森林类型的生产力是极其有益的。

表 7-9 区域主要树种、树种组群落、森林类型的 BM 或 NPP 的回归模式及显著度

优势种群及林分	生物量（BM）或 NPP 模式	R^2	备注
红锥	$BM = 1E-06(D^2H)^2 + 0.0212D^2H + 23.614$	0.981	总体、实测建模
	$BM_T = 1E-06(D^2H)^2 + 0.0089D^2H + 17.166$	0.980	干
	$BM_R = 4E-07(D^2H)^2 + 0.0065D^2H + 7.2235$	0.981	根
	$BM_B = -8E-08(D^2H)^2 + 0.0038D^2H - 0.6783$	0.818	枝
	$BM_L = 0.0019D^2H + 0.056$	0.957	叶果
白锥 + 栎	$BM = 2E-06(D^2H)^2 + 0.0053D^2H + 93.389$	0.928	总体、实测建模
	$BM_T = 8E-08(D^2H)^2 + 0.0127D^2H + 25.497$	0.903	干
	$BM_R = 5E-07(D^2H)^2 + 0.0016D^2H + 28.568$	0.928	根
	$BM_B = -6E-07(D^2H)^2 - 0.0049D^2H + 21.511$	0.929	枝
	$BM_L = -5E-07(D^2H)^2 - 0.0042D^2H + 17.813$	0.929	叶果
中华楠 + 安息香	$BM = 1E-05(D^2H)^2 + 0.0173D^2H + 5.9546$	0.968	总体、实测建模
	$BM_T = 3E-06(D^2H)^2 + 0.0131D^2H + 1.805$	0.952	干
	$BM_R = 3E-06(D^2H)^2 + 0.0053D^2H + 1.8215$	0.968	根
	$BM_B = -9E-07(D^2H)^2 - 0.0014D^2H + 0.6769$	0.957	枝
	$BM_L = -3E-07(D^2H)^2 - 0.0026D^2H + 1.6512$	0.902	叶果
青冈 + 枫香 + 曾氏柿	$BM = 0.0509(D^2H)^{0.9424}$	0.916	总体、实测建模
	$BM_T = 0.0186(D^2H)^{0.9992}$	0.928	干
	$BM_R = 0.0156(D^2H)^{0.9424}$	0.916	根
	$BM_B = 9E-07(D^2H)^2 + 0.001D^2H + 2.0759$	0.758	枝
	$BM_L = 9E-07(D^2H)^2 + 0.0018D^2H + 1.9801$	0.592	叶果

（续）

优势种群及林分	生物量(BM)或 NPP 模式	R^2	备注
常绿阔叶林分	$BM = 0.034D^2H + 3.680$	0.912	总体、实测建模
	$BM_T = 0.036(D^2H)^{0.915}$	0.909	干
	$BM_R = 0.010D^2H + 1.125$	0.912	根
	$BM_B = 0.003(D^2H)^2 + 0.463$	0.773	枝
	$BM_L = 6E - 08(D^2H)^2 + 0.001(D^2H) + 1.028$	0.730	叶果
针阔叶混交林分	$BM = 5.304942(D^2H)^{0.024}$	0.991	地上总、实测建模
	$BM_T = 2.198867(D^2H)^{0.01526}$	0.990	干
	$BM_B = 2.169273(D^2H)^{0.005064}$	0.900	枝
	$BM_L = 0.9364(D^2H)^{0.003721}$	0.980	叶果
乡土阔叶树种恢复林分 （8 年生）	$BM = 0.44398(D^2H)^{0.68138}$	0.914	地上总、实测建模
	$BM_T = 26.116(D^2H)^{0.01935}$	0.940	干
	$BM_B = 0.1005(D^2H)^{0.01738}$	0.814	枝
	$BM_L = 3.931(D^2H)^{0.00331}$	0.570	叶果
尾巨桉(6 年生)	$NPP = 7.139Ln(D^2H) - 39.095$	0.950	实测建模
广西常绿阔叶林林分	$NPP = 0.008A^2 - 0.085A + 8.422$	0.849	引文献建模
海南典型热带林林分	$NPP = -0.007A^2 - 0.604A + 8.348$	0.618	引文献建模

第七节　基于地统计学的两广森林生物量和 NPP 空间格局分析

　　数据主要来源于公开发表的文献和报告中的生态样方资料。一部分来自于罗天祥博士自 20 世纪 80 年代以来的中国森林 1266 个样地的数据资料，选取了符合条件的 86 个样地数据(罗天祥，1996)。另一部分数据是通过查阅 1990~2010 年间已发表的文献资料获得 93 个样地数据(陈章和等，1993；刘煊章，1993；张祝平和丁明懋，1996；温光远等，2000；张林等，2004；何斌等，2008；秦武明等，2008；曾小平等，2008；黄丽娟，2009；谢伟东等，2009；梁有祥等，2010)，共 167 个样地资料(图 7-27 和表 7-10)。建立了包括样地经纬度、各个器官和总生物量、NPP 值、植被类型、林龄，以及相关环境因子数据的数据库。

表 7-10　研究区样点特性

森林类型	样本数	平均林龄 （a）	平均林分密度 （株·hm^{-2}）	平均海拔 （m）
云南松和卡西亚松林	3	78.33	126.33	778.63
亚热带针叶林	3	18.33	1209.5	70.63
针阔混交林	3	46	717	524.63
热带雨林和季雨林	5	65.5	2139.33	30
亚热带杉木林	35	36.03	1967.43	441
亚热带马尾松林	43	42	1693.97	512.74
亚热带常绿阔叶林	75	37	1583.85	619.62

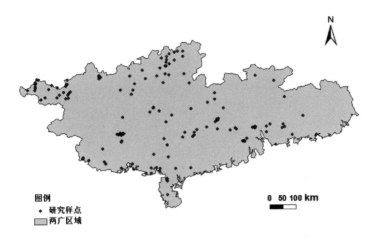

图例
- 研究样点
- 两广区域

0 50 100 km

图7-27 广东、广西样地点分布

图形数据：1:100万中国植被图（中国科学院中国植被图编辑委员会，2007），来自于中国科学院中国植被图编辑委员会提供的数据和植被信息系统。

本研究采用 SPSS PASW Statistics 18 计算各变量的描述性统计特征值及对数据进行检验分析；利用 ArcGIS10 进行数据处理、地统计学分析及协同化分析，并利用 GS + 计算变异函数的特征参数（变程、块金值、基台值等），利用 ArcGIS10 进行普通克里格内插值分析及绘制相关图层。

一、生物量和 NPP 数值时间尺度转换

通过林龄，估算同一时间尺度下（2010）的生物量和净生产力，考虑期间人为干扰（森林火灾为主）（杨斯导等，2007；文东新等，2007），选取变化较小地区的数据。在 ArcGIS 中，将样地坐标点落在植被图上，并且实现生物量等属性数据与点数据属性表的关联，完成数据库的建立。

（一）生物量数据估算

经过 SPSS 统计分析，从搜集的数据中选出 167 个样地数据，根据 Logistic 生长方程拟合的各森林类型生物量密度与林龄的关系公式（徐冰等，2010）（表7-11），徐冰等（2010）已经利用全国清查资料和野外调查数据对全国 36 种森林类型做了模拟与验证，即

$$B = \frac{w}{1 + ke^{-at}} \tag{7-1}$$

式中：B——生物量密度；

t——林龄（a）；

w，k，a——常数。

$$Bt = A \times B = A \times \frac{w}{1 + ke^{-a(t+\Delta t)}} \tag{7-2}$$

式中：Bt——森林 2010 年的总生物量；

A——斑块面积；

Δt——测量时间距 2010 年的时间跨度。

表 7-11　生物量密度与林龄的 Logistic 曲线拟合参数

森林类型	w	k	a	R^2	n
阔叶混交林	237.57	12.2721	0.1677	0.980	30
硬阔林	160.99	10.313	0.0492	0.990	28
桉树林	89.87	7.1493	0.1432	0.898	17
马尾松林	81.67	2.1735	0.0522	0.996	43
杉木林	69.61	2.4369	0.0963	0.963	35
针叶混交林	158.94	20.8024	0.1017	0.949	6
针阔混交林	290.96	8.5774	0.0560	0.993	3

表 7-11 给出 7 种主要森林类型生物量密度与林龄的 Logistic 曲线拟合关系，其中 R^2 均大于 0.89，表明该曲线较好地拟合了不同类型森林的自然生长过程。同样，Logistic 曲线在大多数森林类型中拟合效果均较好，本书并未一一列出。

（二）NPP 数据估算

净生产力的估算就是对森林群落年生长量和年凋落物量的估算。其中群落年生长量公式可以用植被净初级生产力和生物量净增量的关系式转化而来（王玉辉等，2001；Zhao & Zhou，2005），由于生物净增量不易获得，所以可以用年均生物量代替。

$$NNP = \frac{B}{cT + dB} \tag{7-3}$$

式中：B——单位面积生物量；

　　　T——2010 年林分年龄；

　　　c、d——对应森林类型常数。

$$L = \frac{1}{e/B + f} \tag{7-4}$$

式中：L——单位面积年凋落量；

　　　B——单位面积生物量；

　　　e、f——对应森林类型常数。

利用 NPP 与生物量和林龄的函数关系公式（王斌等，2009）（表 7-11），由公式（7-3）和（7-4）可知，森林年生长量与凋落量之和，即为森林净初级生产力。

$$NPP_t = NPP + L \tag{7-5}$$

表 7-12　中国主要森林类型生物量与群落生长量和年凋落量之间函数关系

森林类型	群落生长量			年凋落量			n
	c	d	r	e	f	r	
常绿阔叶林	0.2503	0.0226	0.8885[a]	20.507	0.0383	0.9104[a]	75
马尾松林	0.4046	0.0098	0.9674[a]	15.451	0.0225	0.9319[a]	43
杉木林	0.4598	0.0069	0.9691[a]	10.132	0.0874	0.7783[a]	35
其他暖性松林	0.2423	0.0581	0.9475[a]	18.905	0.0422	0.9847[a]	6
热带林	0.1797	0.0344	0.6499[c]	8.098	0.0540	0.8118[b]	5
针阔混交林	0.1038	0.0761	0.9087[a]	$L = 3.46 \pm 0.9597$			3

注：a. $P < 0.001$；b. $P < 0.05$；c. $P < 0.1$

王斌等（2009）已经利用罗天祥（1996）的 1299 个主要森林类型数据做了模拟与验证。表 7-12 中给出该地区 6 种主要森林类型生物量与群落生长量和凋落量之间函数关系的各个参数值和研究数量。在群落年生长量公式中，只有热带林的 P 值小于 0.1，其他 5 种森林类型的 P 值均小于 0.001；在年凋落量的推算公式中，也只有热带林的 P 值小于 0.05，其他 5 种森林类型的 P 值均小于 0.001，其中针阔混交林年凋落量与生物量关系不显著，取平均值 3.46±0.9597。通过 P 值可以看出，森林生物量与群落生长量和凋落量之间的函数关系较显著，因此，本文选择此方法实现两广森林 NPP 的估算。

二、地统计方法插值及验证

在 ArcGIS 中，随机将 167 个样地数据分成两部分，134 个点作插值分析，其余 33 个点用来做预测结果验证。经过地统计模块下的数据统计分析、变异函数计算、理论变异函数的最优拟合及检验，选择地形因子作为协变量运用协克里金插值，实现由点到面的估测，利用交叉验证，对其余点进行预测，并且通过统计软件比较预测值和真实值，了解插值的准确程度，完成可行性分析。

三、生物量和 NPP 的空间格局分析

从插值后的空间分布趋势以及变异函数拟合的参数，分析两者的空间异质性及森林主体各组分生物量空间异质性，探讨广东、广西森林生物量和 NPP 空间格局。

四、克里金插值结果验证

比较不同变异函数模型，根据决定系数大，残差小，最终选取球状变异函数模型，运用 ArcGIS 地统计模块中普通克里金对 134 个样地进行插值，得到验证点及生物量、NPP 空间分布图（彩图 31、32）。

五、广东、广西生物量和 NPP 空间格局分析

（一）广东、广西森林生物量空间异质性分析

从表 7-13 看出，比较各个模型生物量模拟 R^2 均大于 0.6，应选取指数模型为最佳模型模拟。其基台值高达 5564，广东、广西森林生物量整体上呈现较好的空间变异性，由自相关引起的空间结构变异比为 89%，随机因素引起的空间结构变异比仅为 11%，说明变量的空间变异以结构性为主，人为干扰等随机因素占有较小比重，具体包括砍伐、火烧等。图 7-28 表明，森林生物量的空间结构特征基本表现为各向同性，在不同的方向上稍有差距。

表 7-13　生物量半变异统计参数

模型	块金值 C_0	基台值 $C_0 + C$	变程 A_0（m）	$C_0/(C_0 + C)$	$C/(C_0 + C)$	R^2
球状	1080	5357	34200	0.202	0.798	0.788
指数	610	5564	40500	0.11	0.89	0.761
高斯	1530	5313	27020	0.288	0.712	0.779
线性	2447	6119	52070	0.399	0.601	0.601

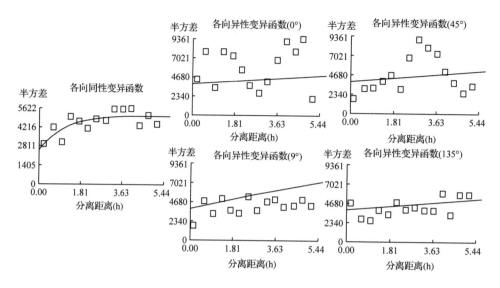

图 7-28　生物量变异函数模型

（二）广东、广西森林 NPP 的空间异质性分析

表 7-14 表明，本区选取球状模型为最佳拟合模型，由自相关引起的空间变异比高达 94.3%，表现出较高的空间异质性，说明森林 NPP 自相关变异趋势更为显著。图 7-29 表明，森林生物量的空间结构特征基本表现为各向同性，在不同的方向上差距较小。

表 7-14　NPP 半变异统计参数

模型	块金值 C_0	基台值 $C_0 + C$	变程 A_0(m)	$C_0/(C_0 + C)$	$C/(C_0 + C)$	R^2
球状	1.43	25.29	29000	0.057	0.943	0.324
指数	3.09	25.29	36000	0.122	0.878	0.32
高斯	4.08	25.27	24250	0.161	0.839	0.324
线性	23.71	25.97	52172	0.913	0.087	0.06

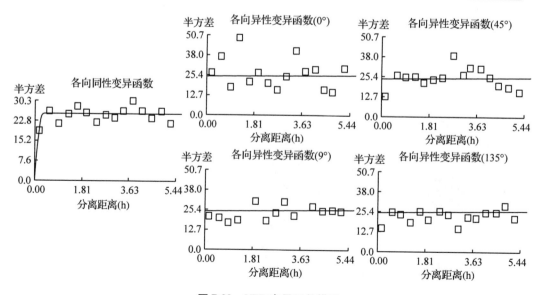

图 7-29　NPP 变异函数模型

(三)广东、广西森林主体各组分生物量的空间异质性分析

变异函数是地统计学重要的分析步骤，也是连续变量在分隔距离上样本空间变异的量度(王政权等，2000)。变异函数的特征参数和最优模型(表7-15)，其中变异函数中的变程(A_0)是表示空间异质性尺度有效的参数(王政权，1999)，可看出，森林各组分生物量的异质性尺度，根 > 干 > 枝 > 叶。其中四者结构比均大于0.8，大小依次是干(0.941)、叶(0.928)、根(0.926)、枝(0.897)，说明其系统均具有较强的空间相关性。

表7-15 主体各组分生物量的空间变异特征值

组分	最优模型	块金值 C_0	基台值 Sill	变程 A_0(m)	结构比
干	球状模型	162	2747	23000	0.941
枝	球状模型	75	726	19000	0.897
叶	球状模型	1.62	22.4	17000	0.928
根	球状模型	31	417	24000	0.926

广东、广西生物量主要是北高南低，最高值达到301.720 t·hm^{-2}，且整体水平较高。NPP分布是中部较低，最高值出现在西部和南部，由于水热条件较好，主要是热带雨林分布区域。森林生物量和NPP在空间分布上存在明显的异质性。

广东、广西地区不同森林类型生物量和NPP的空间分异特征表明：生物量和NPP的空间自相关程度均较高，均表现出强烈的空间自相关程度(空间结构比大于75%)，同向性较为明显，各向异性差距较小。生物量主体各部分的变异函数也可拟合成理想模型，有较强的空间自相关性(空间结构比均大于80%)。

参考文献

陈步峰，潘勇军，肖以华，等. 广州南沙海岸防护林群落的生态效应初步研究. 生态环境学报，2011，20(5)：839 – 842.

陈德祥，李意德，等. 海南岛尖峰岭鸡毛松人工林乔木层生物量和生产力研究[J]. 林业科学研究，2004，17(5)：598 – 604.

陈章和，张宏达，等. 广东黑石项常绿阔叶林生物量及其分配的研究[J]. 植物生态学与地植物学学报，1993，17(4)：289 – 298.

何斌，刁海林，等. 秃杉人工林生物量与生产力的变化规律[J]. 东北林业大学学报，2008，36(9)：17 – 27.

黄丽娟. 马占相思人工林生物量及碳素密度研究[J]. 广西热带农业，2009，(2)：8 – 12.

梁有祥，秦武明，等. 桂西南地区黑木相思生长规律、生物量及生产力研究[J]. 福建林业科技，2010，37(2)：1 – 4.

李意德. 海南岛尖峰岭热带山地雨林的群落结构特征[J]. 热带亚热带植物学报，1997(01)

刘煊章. 不同年龄马尾松林生物量的研究[J]. 林业资源管理，1993，(2)：77 – 80.

罗天祥. 中国主要森林类型生物生产力格局及其数学模型[D]. 北京：中国科学院，1996.

秦武明，何斌，等. 厚荚相思人工林生物量和生产力的研究[J]. 西北林学院学报，2008，23(2)：17 – 20.

王斌，刘某承，等. 基于森林资源清查资料的森林植被净生产量及其动态变化研究[J]. 林业资源管理，2009(1)：35 – 43.

王玉辉，周广胜，等．基于森林资源清查资料的落叶松林生物量和净生长量估算模式[J]．植物生态学报，2001，25(4)：420－425.

王政权，王庆成，等．红松老龄林主要树种的空间异质性特征与比较的定量研究[J]．植物生态学报，2000，(6)：718－723.

王政权．地统计学及在生态学中的应用[M]．北京：科学出版社，1999.

温远光，和太平，谭伟福 著．广西热带和亚热带山地的植物多样性及群落特征[M]．北京：气象出版社，2001.

李意德，陈步峰，周光益 等著．中国海南岛热带森林极其生物多样性保护研究[M]．北京：中国林业出版社，2002.

文东新，张明军，等．广西森林火灾的时空分布及其影响因素[J]．中南林业科技大学学报，2007，27(5)：83－86.

温光远，梁宏温，等．尾叶桉人工林生物量和生产力的研究[J]．热带亚热带植物学报，2000，8(2)：123－127.

谢伟东，叶绍明，等．桂东南丘陵地马尾松人工林群落生物量及分布格局[J]．北华大学学报，2009，10(1)：68－71.

太立坤，余雪标，等．琼中桉树人工林植物多样性与生物量关系研究[J]．广东农业科学，2009，(6)：143－147.

徐冰，郭兆迪，等．2000~2050年中国森林生物量碳库：基于生物量密度与林龄关系的预测[J]．中国科学：生命科学，2010，40(7)：587－594.

杨斯导，曾庆峰，等．广东省森林火灾现状与趋势分析[J]．森林防火，2007，(3)：20－22.

张家城，黄全，等．象限法在热带山地雨林群落学调查中的应用研究[J]．植物生态学报，1993(03).

张林，罗天祥，等．广西黄冕林场次生常绿阔叶林生物量及净第一性生产力[J]．应用生态学报，2004，15(11)：2029－2033.

张祝平，丁明懋．鼎湖山亚热带季风常绿阔叶林的生物量和光能利用效率[J]．生态学报，1996，16(5)：525－534.

曾小平，蔡锡安，等．南亚热带丘陵3种人工林群落的生物量及净初级生产力[J]．北京林业大学学报，2008，30(6)：148－152.

中国科学院中国植被图编辑委员会．中华人民共和国植被图(1：100万)[M]．北京：地质出版社，2007.

Zhao M, Zhou G S. Estimation of biomass and net primary productivity of major Estimation of biomass and net primary productivity of major[J]. Forest Ecology and Management, 2005, 207：295－313.

第八章

西南区主要森林生产力估测

据全国第七次森林资源清查数据表明，西南地区林地面积共 7775.81 万 hm²，有林地面积为 4476.53 万 hm²。森林类型主要有云南松（*Pinus yunnanensis*）林、栎（*Quercus*）类、阔叶混交林、云杉（*Picea asperata*）林、冷杉（*Abies fabri*）林、柏木（*Cupressus funebris*）林、高山松（*Pinus densata*）林、马尾松（*Pinus massoniana*）林、针阔混交林、软阔类、硬阔类、桦木（*Betula davuric*）林、杉木（*Cunninghamia lanceolata*）林、竹（*Bambusoideae* spp.）林、思茅松（*Pinus kesiya* var. *langbianensis*）林、针叶混交林、华山松（*Pinus armandii*）林、其他阔叶林、其他针叶林等，共 3775.45 万 hm²。其中云南松林面积最大，占了森林总面积的 12.3%，其次是栎类和阔叶混交林，分别占了森林总面积的 11.5% 和 10.4%，最少的为针叶混交林、其他阔叶林和华山松林，分别占森林总面积的 1.4%、1.3% 和 1.2%。

第一节 西南地区森林生物量和净生产力估测

通过收集西南地区（云南、贵州、四川、重庆、西藏）1986 年以来森林生物量和净生产力相关研究（刘彦春等，2010；夏焕柏等，2010；丁贵杰等，2001；潘攀等，2005；宿以明，1995；江洪等，1985；张家贤等，1988），西南地区森林生物量和净生产力见表 8-1 至表 8-3。

另据"中国森林净生产力多尺度长期观测与评价研究"项目子课题"西南地区森林净生产力多尺度长期观测与评价研究"课题组许丰伟（2013）对黔南不同林龄马尾松的生物量和净生产力研究表明，马尾松人工林幼龄林（7 年生）、中龄林（14 年生）和成熟林（30 年生）林分生物量分别为 19.11、54.68 和 109.03 t·hm⁻²，净生产力分别为 8.5664、10.9495 和 9.1526 t·hm⁻²·a⁻¹；高艳平等（2012）对贵州西部光皮桦天然次生林的生物量和净生产力研究表明，光皮桦天然次生林的生物量为 48.14 t·hm⁻²，林分净生产力为 7.34 t·hm⁻²·a⁻¹（潘忠松，2012）；对贵州东部雷公山天然阔叶混交林的生物量和净生产力研究表明，雷公山天然阔叶混交林的生物量为 155.35t·hm⁻²。

综合表 8-1、8-2、8-3 得出：西南地区（云、贵、川、渝）森林生物量为 162.15

表8-1 针叶林生物量和净生产力

林分起源	树种类型	林龄(a)	林分 生物量W (t·hm⁻²)	净生产力ΔW (t·hm⁻²·a⁻¹)	乔木层 W	ΔW	灌木层 W	ΔW	草本层 W	ΔW	枯落物层 W	ΔW	资料来源
	辐射松	5	19.04	3.85	8.51	1.70	2.17	0.43	8.09	1.62	0.27	0.09	潘攀等
	日本落叶松	23	208.23	13.05	191.56	12.25	0.17	0.03	0.23	0.06	16.27	0.71	宿以明
	云南松	18	—	—	94.51	5.25	—	—	—	—	—	—	江洪等
	海南五针松	17	161.15	10.63	149.35	8.79	5.11	1.28	0.92	0.23	5.78	0.34	张家贤等
	油松	23	130.40	12.43	115.36	12.43	0.00	0.00	—	—	15.04	—	
	华山松	23	166.20	18.18	145.84	18.18	0.00	0.00	—	—	20.36	—	孔维静等
	日本落叶松	19	112.07	19.55	65.36	16.67	33.67	2.88	—	—	13.03	—	
	云南松	23	178.17	21.80	158.14	20.96	7.58	0.84	—	—	12.45	—	
	马尾松	8	—	—	33.94	6.24	—	—	—	—	—	—	
		12	—	—	89.94	11.14	—	—	—	—	—	—	丁贵杰等
人工林		18	—	—	204.51	15.63	—	—	—	—	—	—	
		22	—	—	223.71	14.07	—	—	—	—	—	—	
		30	—	—	234.12	11.93	—	—	—	—	—	—	
	红杉	22	135.17	10.82	113.57	8.95	1.37	0.34	6.00	1.50	14.23	0.03	周世强等
	峨眉冷杉	35~36	195.70	9.36	173.10	8.47	0.63	0.13	0.63	0.16	21.35	0.60	宿以明等
	杉木	5	20.27	4.05	18.57	2.71	0.19	0.04	0.46	0.09	1.05	0.21	方向京等
	云杉	28	—	—	107.82	7.56	—	—	—	—	—	—	鄢武先等
	墨西哥柏	11	77.76	8.93	75.71	6.88	0.00	0.00	1.05	1.05	0.97	0.97	潘攀等
	柏木	34	137.70	14.38	131.00	8.41	0.60	0.13	0.70	0.44	5.40	5.40	杨洪国
	柏木	7	3.58	1.44	2.74	0.59	0.00	0.00	0.85	0.85	5.40	—	王江
	柏木	30	126.46	9.99	124.02	9.24	0.19	0.05	0.70	0.70	1.56	—	杨韧等

（续）

林分起源	树种类型	林龄(a)	林分 生物量W (t·hm⁻²)	林分 净生产力ΔW (t·hm⁻²·a⁻¹)	乔木层 W	乔木层 ΔW	灌木层 W	灌木层 ΔW	草本层 W	草本层 ΔW	枯落物层 W	枯落物层 ΔW	资料来源
	紫果云杉	40~51	158.78	3.26	134.41	2.89	2.85	0.06	14.27	0.31	7.26	—	江洪
	云杉	59.35	230.37	6.84	212.77	4.68	11.40	1.14	4.09	1.02	2.11	—	马明东等
	云杉	30~80	285.91	6.28	212.77	4.68	11.40	0.25	33.20	0.73	28.54	0.63	江洪等
	马尾松	46	146.08	8.34	127.72	5.23	7.97	0.98	2.13	2.13	8.26	—	张治军等
天然林		12	109.76	26.96	95.67	24.20	9.17	2.04	0.72	0.72	4.20	—	吴兆录等
	思茅松	23	137.65	23.96	120.11	21.30	6.48	1.69	0.96	0.96	10.09	—	
		13	102.29	24.54	88.07	23.08	4.40	1.00	0.93	0.46	8.90	—	
		35	218.54	18.36	205.35	17.28	1.95	0.49	1.55	0.60	9.69	—	

表 8-2 针阔混交林生物量和净生产力

林分起源	树种类型	林龄(a)	林分 生物量W (t·hm⁻²)	林分 净生产力ΔW (t·hm⁻²·a⁻¹)	乔木层 W	乔木层 ΔW	灌木层 W	灌木层 ΔW	草本层 W	草本层 ΔW	枯落物层 W	枯落物层 ΔW	资料来源
人工林	铠柏混交	7	14.79	7.38	8.53	2.15	1.37	0.34	4.89	4.89	—	—	王江
		2	—	—	5.90	3.41	—	—	—	—	—	—	
		10	—	—	58.41	8.44	—	—	—	—	—	—	石培礼等
		18	—	—	143.59	12.79	—	—	—	—	—	—	
天然林	高山松黄背栎	40	294.31	12.19	293.52	12.16	0.11	0.018	0.041	0.014	0.64	—	吴兆录等
		100	231.50	10.01	230.83	9.98	0.12	0.021	0.035	0.012	0.52	—	
	云冷杉一桦木	41	—	—	111.53	2.72	—	—	—	—	—	—	刘彦春等
	黄毛青冈群落	—	135.91	13.71	125.29	13.11	5.07	0.51	0.21	0.09	5.34	—	党承林等
	长苞冷杉群落	200	351.62	12.31	344.10	11.64	0.48	0.086	2.96	0.58	4.05	—	党承林等
		50	129.53	5.03	128.46	4.99	0.13	0.022	0.11	0.018	0.82	—	
	油麦吊云杉杜鹃等	150	313.99	13.76	311.69	13.49	0.09	0.016	1.20	0.246	1.00	—	吴兆录等

2

表8-3 阔叶林生物量和净生产力

林分起源	树种类型	林龄 (a)	林分 生物量 W (t·hm⁻²)	林分 净生产力 ΔW (t·hm⁻²·a⁻¹)	乔木层 W	乔木层 ΔW	灌木层 W	灌木层 ΔW	草本层 W	草本层 ΔW	枯落物层 W	枯落物层 ΔW	资料来源
人工林	杜仲	7	64.39	9.16	56.11	8.02	0.00	0.00	3.67	0.53	4.61	0.62	潘攀等
	楠木	30	174.37	8.90	166.77	7.00	0.75	0.19	5.13	1.28	1.71	0.43	马明东等
	光皮西南杨	9	61.37	11.50	58.39	9.34	1.09	0.27	1.89	1.89	—	—	彭培好等
	圣诞树	10	137.93	24.13	130.42	19.37	0.65	0.33	0.28	0.28	6.57	4.15	刘文耀
	连香树	19	89.59	15.64	82.74	15.64	0.00	0.00	—	—	6.85	—	孔维静等
	竹林	5	29.89	5.98	25.54	5.11	1.50	0.30	1.29	0.26	1.56	0.31	方向京等
	刺楸	5	25.57	5.31	17.65	2.53	2.43	0.49	4.03	1.01	1.46	0.29	
	赤桉	5	13.69	3.63	13.14	3.08	0.00	0.00	0.55	0.55	—	—	林伟宏等
天然林	辽东栎	220	488.49	8.99	484.70	8.26	1.47	0.37	0.37	0.37	1.47	—	宿以明等
	黄背栎	—	354.47	17.57	344.85	16.88	7.02	0.38	0.82	0.31	1.78	—	吴兆录等
	灰背栎	38	328.87	21.29	323.35	20.80	0.73	0.18	0.46	0.31	4.33	—	吴兆录等
	红桦	29	50.21	5.24	49.66	5.15	0.53	0.06	0.02	0.02	—	—	宿以明等
	桦木	20	—	—	42.70	2.14	—	—	—	—	—	—	刘彦春等
		30	—	—	121.50	4.05	—	—	—	—	—	—	
		40	—	—	173.20	4.33	—	—	—	—	—	—	
		50	—	—	185.10	3.70	—	—	—	—	—	—	
	热带饮生林	5	41.93	11.54	30.23	7.97	5.81	2.65	1.16	0.93	4.73	—	唐建维等
		10	53.66	13.49	38.07	10.05	10.17	2.84	0.73	0.60	4.69	—	
		14	88.28	22.12	54.35	14.62	30.36	7.51	0.00	0.00	3.57	—	
		22	113.68	26.60	101.87	24.94	7.62	1.67	0.00	0.00	4.19	—	
	热带季雨林	—	597.73	23.47	588.80	22.04	8.45	1.18	0.48	0.25	—	—	郑征等
	元江栲群落	—	269.73	19.22	260.22	19.06	0.53	0.14	0.06	0.025	8.92	—	
	短刺栲群落	12	92.88	22.60	80.89	20.13	7.27	1.98	0.24	0.18	4.49	—	党承林等
		42	167.82	20.06	159.66	18.43	2.80	0.83	0.84	0.45	4.52	—	
	石生顶级群落	—	143.70	13.58	142.56	13.29	1.00	0.25	0.15	0.04	—	—	夏焕柏
	土壤顶级群落	—	202.15	14.27	201.20	13.94	0.99	0.28	0.18	0.05	—	—	
	木果石栎林	近熟	508.57	12.11	494.66	11.79	7.39	0.24	1.14	0.08	5.38	—	谢寿昌等
		过熟	293.04	7.74	243.29	5.58	38.35	1.39	3.53	0.77	7.87	—	

t·hm^{-2}，其中乔木层 148.41t·hm^{-2}，乔、灌、草和枯落物的所占总生物量的比例分别为：91.53%、2.93%、1.46% 和 4.08%；森林净生产力为 11.98t·hm^{-2}·a^{-1}，乔木层为 10.64t·hm^{-2}·a^{-1}，乔、灌、草所占净生产力的比例分别为：88.80%、6.04% 和 5.16%。

一、不同林分类型的生物量和净生产力

由表 8-4 可知，就不同林分类型来划分：其林分总生物量为阔叶林 > 针阔混交林 > 针叶林；针叶林林分生物量为 145.18t·hm^{-2}，其中乔木层 126.15t·hm^{-2}，占林分总生物量的 86.89%，灌木层、草本层和枯落物层的生物量分别占总生物量的 3.36%、2.96% 和 6.78%；阔叶林林分生物量为 178.08t·hm^{-2}，其中乔木层 166.84t·hm^{-2}，占林分总生物量的 93.69%，灌木层、草本层和枯落物层分别占总生物量的 3.20%、0.66% 和 2.45%；针阔混交林林分生物量为 164.63t·hm^{-2}，其中乔木层 160.17t·hm^{-2}，占林分总生物量的 97.29%，灌木层、草本层和枯落物层分别占总生物量的 0.64%、0.82% 和 1.25%。

表 8-4 不同林分类型的生物量和净生产力

林分类型	林分		乔木层		灌木层		草本层		枯落物层
	生物量 W (t·hm^{-2})	净生产力 ΔW (t·hm^{-2}·a^{-1})	W	ΔW	W	ΔW	W	ΔW	W
针叶林	145.18	12.13	126.15	10.74	4.88	0.63	4.30	0.76	9.85
阔叶林	178.08	12.75	166.84	11.33	5.70	0.98	1.17	0.44	4.37
针阔混交林	164.63	9.61	160.17	8.63	1.05	0.14	1.35	0.84	2.06

不同林分类型的净生产力为阔叶林 > 针叶林 > 针阔混交林；针叶林林分净生产力 12.13t·hm^{-2}·a^{-1}，其中乔木层 10.74t·hm^{-2}·a^{-1}，占林分净生产力的 88.54%，灌木层和草本层的净生产力分别占林分总净生产力的 5.19% 和 6.24%；阔叶林林分净生产力 12.75t·hm^{-2}·a^{-1}，其中乔木层 11.33t·hm^{-2}·a^{-1}，占林分净生产力的 88.86%，灌木层和草本层分别占林分总净生产力的 7.69% 和 3.45%；针阔混交林林分净生产力 9.61t·hm^{-2}·a^{-1}，其中乔木层 8.63t·hm^{-2}·a^{-1}，占林分净生产力的 89.80%，灌木层和草本层分别占林分总净生产力的 1.46% 和 8.74%。

二、不同起源林分的生物量和净生产力

由表 8-5 可知，就不同林分起源来划分：其林分总生物量为天然林 > 人工林；天然林林分生物量为 210.58t·hm^{-2}，其中乔木层 196.09 t·hm^{-2}，占林分总生物量的 93.12%，灌木层、草本层和枯落物层的生物量分别占总生物量的 3.04%、1.15% 和 2.69%；人工林林分生物量为 110.65 t·hm^{-2}，其中乔木层 97.84 t·hm^{-2}，占林分总生物量的 88.42%，灌木层、草本层和枯落物层分别占总生物量的 2.34%、2.08% 和 7.16%。

不同起源林分的净生产力为天然林 > 人工林；天然林林分净生产力 13.38t·hm^{-2}·a^{-1}，其中乔木层 11.96t·hm^{-2}·a^{-1}，占林分净生产力的 89.39%，灌木层

和草本层的净生产力分别占林分总净生产力的 7.55% 和 3.06%；人工林林分净生产力 10.56t·hm^{-2}·a^{-1}，其中乔木层 9.24t·hm^{-2}·a^{-1}，占林分净生产力的 87.50%，灌木层和草本层分别占林分总净生产力的 3.31% 和 9.19%。

表 8-5　不同林分起源的生物量和净生产力

| 林分起源 | 林分 | | 乔木层 | | 灌木层 | | 草本层 | | 枯落物层 |
	生物量 W (t·hm^{-2})	净生产力 ΔW (t·hm^{-2}·a^{-1})	W	ΔW	W	ΔW	W	ΔW	W
人工林	110.65	10.56	97.84	9.24	2.59	0.35	2.3	0.97	7.92
天然林	210.58	13.38	196.09	11.96	6.4	1.01	2.42	0.41	5.67

第二节　西南地区森林生产力与时空分布格局

据于维莲等（2010）研究表明，西南地区广西、贵州、云南、四川（包括重庆）5个省区 1989~1993 年平均总生物量为 148.66 t·hm^{-2}，净生产力 9.64 t·hm^{-2}·a^{-1}；喀斯特森林的生物量（124.33 t·hm^{-2}）小于非喀斯特森林（163.48 t·hm^{-2}），而喀斯特森林的生产力（8.67t·hm^{-2}·a^{-1}）总体上也小于非喀斯特森林（9.56t·hm^{-2}·a^{-1}），但在不同的省份中存在差异；作为西南山地的主要森林类型，亚热带和热带的针叶林与山地针叶林、亚热带常绿阔叶林和常绿落叶阔叶混交林中，喀斯特森林的平均生物量（122.95 t·hm^{-2}）和生产力（8.77t·hm^{-2}·a^{-1}）也均低于非喀斯特森林（分别为 152.88 t·hm^{-2} 和 9.92t·hm^{-2}·a^{-1}）；天然林和人工林中的生物量和生产力同样表现出喀斯特森林低于非喀斯特森林的特征。方精云等（1996）研究表明，西南地区（云南、贵州、四川、西藏）1984~1988 森林平均总生物量为 111.24 t·hm^{-2}，按不同地区划分：西藏（140.67 t·hm^{-2}）>云南（120.03 t·hm^{-2}）>四川（105.05 t·hm^{-2}）>贵州（79.20 t·hm^{-2}）；净生产力 9.70t·hm^{-2}·a^{-1}，按不同地区划分：云南（10.08t·hm^{-2}·a^{-1}）>西藏（9.79t·hm^{-2}·a^{-1}）>四川（9.57t·hm^{-2}·a^{-1}）>贵州（9.36t·hm^{-2}·a^{-1}）。王斌等（2009）研究表明（云、贵、川、渝、藏），西南地区（云、贵、川、渝、藏）1973~2003 年森林平均总生物量为 83.78 M t·a^{-1}，按不同地区划分：云南（155.42 M t·a^{-1}）>西藏（113.69 M t·a^{-1}）>四川（103.56 M t·a^{-1}）>贵州（34.15 M t·a^{-1}）>重庆（12.09 M t·a^{-1}）；净生产力 10.42t·hm^{-2}·a^{-1}，按不同地区划分：西藏（13.46t·hm^{-2}·a^{-1}）>云南（11.46t·hm^{-2}·a^{-1}）>贵州（9.92t·hm^{-2}·a^{-1}）>四川（9.38t·hm^{-2}·a^{-1}）>重庆（7.89t·hm^{-2}·a^{-1}）。

第三节　西南地区森林植被净生产力变化趋势（遥感监测）

根据胥晓等（2004）对四川省的自然植被第一性生产力（NPP）研究表明，四川省自然植被净第一性生产力（NPP）为 9.069（t DM·hm^{-2}·a^{-1}）；当前四川植被的净第一性生产力（NPP）从总体上沿东南向西北呈逐渐递减趋势。植被净第一性生产力与降水量呈明显正相关关系，二者曲线比较近似。与可能蒸散率呈明显负相关关系，与海拔关系比较复杂。在盆地内，NPP 值主要取决于降水量的多少。在盆地向高原过渡地区和高山高原地区，植被净第一性生产力主要取决于可能蒸散率的大小。随着全球气候的变化，四川省的植被净第一性生产力将沿东南至西北方向发生面积和值的推移。当温度升高 2.5 ℃，降水量增加 10% 时，四川省的植被净第一性生产力将增加 13.76%，随着降水量增加到 20%，其值将进一步升高，达到 10.922（t DM·hm^{-2}·a^{-1}）。当温度升高 4 ℃，降水量增加 10% 时，四川省的植被净第一性生产力将增加 18.29%；随着降水量减少到 10% 时，其值将逐渐减少到 9.530（t DM·hm^{-2}·a^{-1}）。王玉娟等（2008）对贵州中部的森林植被的净生产力进行遥感动态监测表明，黔中部喀斯特地区 2005 年 10 月至 2006 年 5 月月尺度上的植被净第一性生产力动态变化：不同植被类型下植被 NPP 变化特征有着重要的差异。林地的植被 NPP 最高，平均值为 19.89 gC·m^{-2}，其次为灌丛，为 19.01 gC·m^{-2}，草地和农用地分别为 16.71 gC·m^{-2} 和 16.54 gC·m^{-2}；林地、草地、灌丛和农用等不同植被类型季节变化表现出同样的特征：春季 > 秋季 > 冬季，其中林地植被 NPP 平均值冬季 14.62 gC·m^{-2}，春季增加到 26.26 gC·m^{-2}，秋季又有所减少，为 18.79 gC·m^{-2}，其他植被类型也表现出同样的季相变化特征，与当地气温和地表太阳辐射的季节变化基本相同。谷晓平等（2007）根据 1989～1993 年国家林业部的森林 NPP 清查数据以及 1994 年前我国多种文献的 NPP 实测数据，对西南地区的植被净初级生产力进行研究表明，西南地区植被 NPP 的空间分布与区域水热条件和植被类型地带性分布有关。区域内植被 NPP 最高值达 1 300 gC·m^{-2}·a^{-1}，平均值为 581 g C·m^{-2}·a^{-1}。1981～2000 年西南地区有林草地、草地和高寒草甸 NPP 的平均估计值为 417 g C·m^{-2}·a^{-1}，其中有林草地、草地和高寒草甸的 NPP 平均估计值分别为 612、353 和 286 g C·m^{-2}·a^{-1}。从 NPP 的空间分布格局来看，云南省西部、南部和东部广泛分布常绿林的地区以及贵州与云南相邻的自然植被与农作物混杂区域，由于水热条件好，植被 NPP 较大，多在 800 g C·m^{-2}·a^{-1} 以上，其中一些常绿阔叶林的 NPP 达 1000 g C·m^{-2}·a^{-1} 以上。在针阔混交林和郁闭灌丛广泛分布的云南省中部和北部以及四川南部与云南相邻的区域，植被 NPP 一般在 400～800 g C·m^{-2}·a^{-1} 之间，四川盆地农作物的 NPP 在 600 g C·m^{-2}·a^{-1} 左右。川西草地的 NPP 在 300～400 g C·m^{-2}·a^{-1} 之间，青藏高原和川西的高寒草甸 NPP 在 200～300 g C·m^{-2}·a^{-1} 之间。杨亚梅等（2008）利用 1981～2000 年里兰大学覆盖全球的 GLO-PEM 模拟 NPP 数据对贵州陆地净初级生产力的季节变化研究表明，1981～2000 年期间，贵州省陆地 NPP 在 4 个季节的总量及变化差异很大；夏季 NPP 总量最大，变动于 76.40～104.40×10^{12} gC·a^{-1} 之间，平均为 91.18×10^{12} gC·a^{-1}，其次为秋季，平均值为 51.70×10^{12} gC·a^{-1}，春季和冬季的平均 NPP 总量分别为 40.00×10^{12} gC·a^{-1} 和 15.00×10^{12} gC·a^{-1}。董丹等（2011）利用 1989～1993 年间的全国森林资源清查的木材蓄积量，提取西南地区的数据，按照蓄积量—生物量的转换函数计算森林生物量和生产力，通过 CASA 模型模拟西南喀斯特植被净第一性生产力表明，改进后的 CASA 模型可以较好地模拟我国西南喀斯特地区植被的 NPP。西南喀斯特地区 1999～2003 年逐年的总 NPP 依次为 172.9、173.6、170.1、196.0 和 183.8 TgC，5

年平均为 179.3 TgC · a^{-1}，与非喀斯特地区相比（年总 NPP 变化范围 421.6 ~ 92.1 TgC，年平均 NPP 446.9 T g C · a^{-1}）普遍较低。但两个地区变化趋势一致，从 1999 到 2000 年呈低增长，2001 年下降并分别达最低值，2002 年出现了大幅度的增长，分别达到最高值，2003 年又出现了下降的趋势，但仍高于 2001 年；总体来说 NPP 呈增长趋势，喀斯特地区年均增加值（9.93gC · m^{-2} · a^{-1}）要低于非喀斯特地区（14.40 gC · m^{-2} · a^{-1}）。西南喀斯特地区植被 NPP 的时空变化与气温、降水和太阳辐射的变化有关，而喀斯特植被 NPP 低于非喀斯特地区，则主要由喀斯特地区水分匮缺、土壤贫瘠等恶劣条件而抑制植物生长造成的（董丹等，2011；蒙吉军，2007；苗茜等，2010）。

参考文献

丁贵杰，王鹏程. 马尾松人工林生物量及生产力变化规律研究Ⅱ不同林龄生物量及生产力[J]. 林业科学研究，2001，15(1)：54 - 60.

董丹，倪健. 利用 CASA 模型模拟西南喀斯特植被净第一性生产力[J]. 生态学报，2011，31(7)：1855 - 1866.

方精云，刘国华，徐嵩龄. 我国森林植被的生物量和净生产量[J]. 生态学报，1996，16(5)：497 - 505.

高艳平，潘明亮，丁访军，等. 贵州西部光皮桦天然次生林生物量和净生产力的研究[J]. 中南林业科技大学学报，2012，32(4)：55 - 60.

谷晓平，黄玫，季劲钧，等. 近 20 年气候变化对西南地区植被净初级生产力的影响[J]. 自然资源学报，2007，22(2)：251 - 259.

江洪，林鸿荣. 飞播云南松林分生物量和生产力的系统研究[J]. 四川林业科技，1985，(4)：01 - 10.

刘彦春，张远东，刘世荣. 川西亚高山次生桦木林恢复过程中的生物量、生产力与材积变化[J]. 生态学报，2010，30(3)：0594 ~ 0601.

刘彦春，张远东，刘世荣，等. 川西亚高山针阔混交林乔木层生物量、生产力随海拔梯度的变化[J]. 生态学报，2010，30(21)：5810 ~ 5820.

潘攀，慕长龙，牟菊英，等. 辐射松人工幼林生物量和生产力研究[J]. 四川林业科技，2005，26(1)：22 - 29.

潘忠松. 雷公山自然保护区阔叶林生态系统净生产力和碳储量研究[D]. 贵阳：贵州大学，2012.

王斌，刘某承，张彪. 基于森林资源清查资料的森林植被净生产量及其动态变化研究[J]. 林业资源管理，2009，2(1)：35 - 43.

王玉娟，杨胜天，吕涛，等. 喀斯特地区植被净第一性生产力遥感动态监测及评价——以贵州省中部地区为例[J]. 资源科学，2008，30(9)：1421 - 1430.

夏焕柏. 茂兰喀斯特植被不同演替阶段的生物量和净初级生产力估算[J]. 贵州林业科技，2010，38(2)：1 - 8

宿以明. 日本落叶松人工林生物量和生产力的研究[J]. 四川林业科技，1995，16(3)：36 - 42.

胥晓. 四川植被净第一性生产力(NPP)对全球气候变化的响应[J]. 生态学杂志，2004，23(6)：19 - 24

许丰伟，高艳平，何可权，等. 马尾松不同林龄林分生物量与净生产力研究[J]. 湖北农业科学，2013，52(8)：1853 - 1858.

杨亚梅，胡蕾，武伟，等. 贵州省陆地净初级生产力的季节变化研究[J]. 西南大学学报，2008，30(9)：123 - 128.

于维莲，董丹，倪健. 中国西南山地喀斯特与非喀斯特森林的生物量与生产力比较[J]. 亚热带资源与环境学报，2010，5(2)：25 – 30.

张家贤，袁永珍. 海南五针松人工林分生物量的研究[J]. 植物生态学与地植物学学报，1988，12(1)：63 – 69.

蒙吉军，王钧. 20 世纪 80 年代以来西南喀斯特地区植被变化对气候变化的响应[J]. 地理研究，2007，26(5)：857 – 865.

苗茜，黄玫，李仁强. 长江流域植被净初级生产力对未来气候变化的响应[J]. 自然资源学报，2010，25(8)：1296 – 1304.

周世强，黄金燕. 四川红杉人工林分生物量和生产力的研究[J]. 植物生态学与地植物学学报，1991，15(1)：9 – 15.

宿以明，刘兴良，向成华. 峨眉冷杉人工林分生物量和生产力研究[J]. 四川林业科技，2000，21(2)：31 – 35.

鄢武先，宿以明，刘兴良，等. 云杉人工林生物量和生产力的研究[J]. 四川林业科技，1991，12(4)：17 – 22.

潘攀，李荣伟，向成华，等. 墨西哥柏人工林生物量和生产力研究[J]. 长江流域资源与环境，2002，11(2)：133 – 136.

杨洪国. 长江上游柏木人工林分生物量研究[J]. 四川林勘设计，2007(1)：17 – 19.

王江. 桤柏混交幼林群落特征及生物量调查[J]. 四川林业科技，1993，14(1)：66 – 69.

杨韧，邓朝经，覃模昌，等. 川中丘陵区柏木人工林生物量的测定[J]. 四川林业科技，1987，8(1)：21 – 24.

江洪. 紫果云杉天然中龄林分生物量和生产力的研究[J]. 植物生态学与地植物学学报，1986，10(2)：146 – 152.

马明东，江洪，罗承德，等. 四川西北部亚高山云杉天然林生态系统碳密度、净生产量和碳贮量的初步研究[J]. 植物生态学报，2007，31(2)：305 – 312.

江洪，朱家骏. 云杉天然林分生物量和生产力的研究[J]. 四川林业科技，1986，7(2)：5 – 13.

张治军，王彦辉，袁玉欣等. 马尾松天然次生林生物量的结构与分布[J]. 河北农业大学学报，2006，29(5)：37 – 43.

吴兆录，党承林. 云南普洱地区思茅松林的生物量[J]. 云南大学学报(自然科学版)，1992，14(2)：119 – 127.

吴兆录，党承林. 云南普洱地区思茅松林的净第一性生产力[J]. 云南大学学报(自然科学版)，1992，14(2)：128 – 136.

吴兆录，党承林. 云南昌宁县思茅松的生物量和净第一性生产力[J]. 云南大学学报(自然科学版)，1992，14(2)：137 – 145.

石培礼，钟章成，李旭光. 四川桤柏混交林生物量的研究[J]. 植物生态学报，1996，20(6)：524 – 533.

吴兆录，党承林，王崇云，等. 滇西北高山松林生物量的初步研究[J]. 云南大学学报(自然科学版)，1994，16(3)：220 – 224.

吴兆录，党承林，王崇云，等. 滇西北高山松林净第一性生产力的初步研究[J]. 云南大学学报(自然科学版)，1994，16(3)：225 – 228.

党承林，吴兆录. 黄毛青冈群落的生物量研究[J]. 云南大学学报(自然科学版)，1994，16(3)：205 – 209.

党承林，吴兆录. 黄毛青冈群落的净第一性生产量研究[J]. 云南大学学报(自然科学版)，1994，16(3)：210 – 213.

党承林，吴兆录，王崇云，等. 云南中甸长苞冷杉群落的生物量和净生产量研究[J]. 云南大学学报(自然科学版)，1994，16(3)：214－218.

吴兆录，党承林，和兆荣，等. 滇西北油麦吊云杉林生物量的初步研究[J]. 云南大学学报(自然科学版)，1994，16(3)：230－234.

吴兆录，党承林，和兆荣，等. 滇西北油麦吊云杉林净第一性生产力的初步研究[J]. 云南大学学报(自然科学版)，1994，16(3)：240－244.

潘攀，李荣伟，覃志刚，等. 杜仲人工林生物量和生产力研究[J]. 长江流域资源与环境，2000，9(1)：71－77.

马明东，江洪，杨俊义. 四川盆地西缘楠木人工林分生物量的研究[J]. 四川林业科技，1989，10(3)：6－14.

彭培好，彭俊生，王成善，等. 川西高原光果西南杨人工林生物量及生产力的研究[J]. 林业科技，2003，28(4)：14－18.

刘文耀. 昆明北郊水源保护区圣诞树人工林分生物量及生产力的研究[J]. 广西植物，1995，15(4)：327－334.

孔维静，郑征. 岷江上游茂县退化生态系统及人工恢复植被地上生物量及净初级生产力[J]. 山地学报，2004，22(4)：445－450.

方向京，李贵祥，张正海. 滇东北不同退耕还林类型生物生产量及水土保持效益分析[J]. 水土保持研究，2009，16(5)：229－232.

林伟宏，陈克明，刘照光. 川西南干热河谷赤桉人工林生物量和营养元素含量[J]. 山地研究，1994，12(4)：251－255.

宿以明，慕长龙，潘攀，等. 岷江上游辽东栎天然次生林生物量测定[J]. 南京林业大学学报(自然科学版)，2003，27(6)：107－109.

吴兆录，党承林，和兆荣，等. 滇西北黄背栎林生物量和净第一性生产力的初步研究[J]. 云南大学学报(自然科学版)，1994，16(3)：245－249.

吴兆录，党承林. 昆明附近灰背栎林生物量和净第一性生产力的初步研究[J]. 云南大学学报(自然科学版)，1994，16(3)：235－244.

宿以明，王金锡，史立新，等. 川西采伐迹地早期植被生物量与生产力动态初步研究[J]. 四川林业科技，1999，20(4)：14－21.

唐建维，张建侯，宋启示，等. 西双版纳热带次生林生物量的初步研究[J]. 植物生态学报，1998，22(6)：489－498.

唐建维，张建侯，宋启示，等. 西双版纳热带次生林净初级生产量的初步研究[J]. 植物生态学报，2003，27(6)：756－763.

郑征，冯志立，甘建民. 西双版纳热带季节雨林下种植砂仁干扰对雨林净初级生产力影响[J]. 植物生态学报，2003，27(1)：103－110.

党承林，吴兆录. 元江栲群落的生物量研究[J]. 云南大学学报(自然科学版)，1994，16(3)：195－199.

党承林，吴兆录. 元江栲群落的净第一性生产量研究[J]. 云南大学学报(自然科学版，1994，16(3)：200－204.

党承林，吴兆录. 季风常绿阔叶林短刺栲群落的生物量研究[J]. 云南大学学报(自然科学版)，1992，14(2)：95－107.

党承林，吴兆录. 季风常绿阔叶林短刺栲群落的的净第一性生产量研究[J]. 云南大学学报(自然科学版)，1994，16(3)：108－118.

谢寿昌，刘文耀，李寿昌，等. 云南哀牢山中山湿性常绿阔叶林生物量的初步研究[J]. 植物生态学报，1996，20(2)：167－176.

第九章

西北区-1(陕西、宁夏、甘肃)典型森林生产力估测

通过开展青海云杉(*Picea crassifolia*)重点分布区的青海云杉、祁连圆柏(*Sabina przewalskii*)和灌木林优势种等野外长期观测样地和临时观测样地的调查,对现实林分的植被净第一性生产力(NPP)研究和测树间相互关系的研究采用标准木解析法、回归分析法以及收获法,分析了其生长特性、生物量和生产力的变化规律。

第一节　青海云杉生长过程规律及生物量和净生产力估测

一、生长过程规律

1. 树高生长

幼苗幼树时期生长缓慢,在苗圃里一般第一年高2cm,第二年4cm,第三年8cm,第四年16cm;天然更新幼树5年生通常不到10cm,10年生1m左右。15年后生长逐渐加快,20~90年高生长旺盛,平均年生长量达15~30cm,以后生长减缓,要持续到130~150年,年生长量10~15cm,直到190~200年以后,逐渐衰老,停止生长。树高连年生长量与平均生长量最大值多在第40龄阶出现,两值通常是在50~70龄阶内(图9-1)。

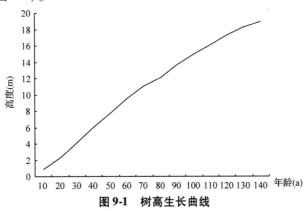

图9-1　树高生长曲线

2. 直径生长

通过对树干解析材料分析，青海云杉幼年阶段生长很缓慢，1~2 年苗木地径 1.5mm，3~4 年苗木地径 3mm，10 年生胸径仅为 1.6cm，20 年时生长加快，到 40~50 年时连年生长量达到 0.28~0.30cm，出现最大值，而平均生长量在 80~100 年时进入最大值，其值 0.21~0.22cm。胸径连年生长量与平均生长量两值相等时通常在 80~100 年内。直径生长虽然比树高生长持久，在 100~140 年以后生长缓慢下来，少数林木在 300~400 年时仍能持续缓慢生长，而年生长量仅为正常生长的 1% 左右，这说明青海云杉寿命很长（图 9-2、9-3）。

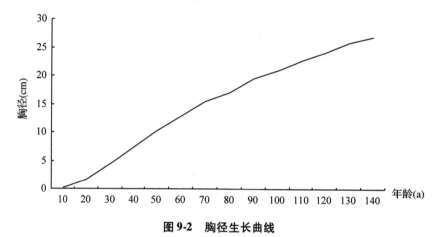

图 9-2　胸径生长曲线

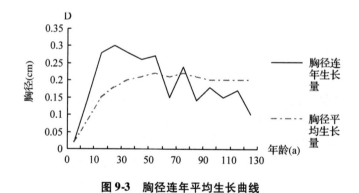

图 9-3　胸径连年平均生长曲线

3. 材积生长

材积是树高与胸径生长的综合体，所以材积生长量最大值的出现一般是在树高与胸径生长量最大值之后，多数在 140~160 龄阶。即进入数量成熟阶段，在此以后仍然持续相当长的时间，但材积平均生长量逐年下降，可以采伐更新，实现林地的最大经济效益。

材积生长过程，如图 9-4、9-5 所示，前 70~80 年材积生长量，仅为 140~160 年的 25%~35%，所以在中心产区主伐期最好选在 140~160 年为宜。从资料分析祁连山北坡生长的青海云杉，其 100 年单株材积为 0.3034m³，是祁连山南坡同龄云杉单株材积 1.10m³ 的三分之一，从而说明祁连山北坡林区是一个生长量极低的林区。

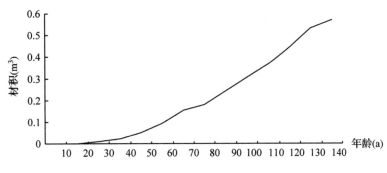

图9-4 材积生长曲线

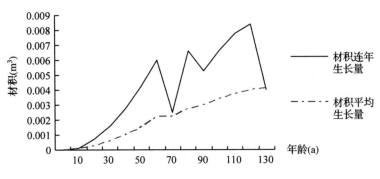

图9-5 材积连年平均生长曲线

4. 材积生长率

材积的连年生长量与其原有材积总量的百分比。

$$P_v = \frac{Z_v}{V} \times 100\%$$

式中：Z_v——材积连年生长量(m^3)；

V——材积总量(m^3)。

由上式可看出，材积生长率以 10~20 年为最快，即 17.22%~15.94%，到140年时材积生长率下降1.47%，其主要原因是材积原有总量变化所致。在幼年阶段总量小，随着年龄的增加材积总量增加，使其生长率逐渐下降，形成一条递减曲线（图9-6）。

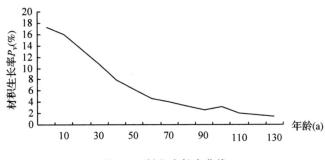

图9-6 材积生长率曲线

5. 胸高形数

树干材积与以胸高断面为断面的比较圆柱体体积之比。

$$f_{1.3} = \frac{v}{g_{1.3} \cdot h} = \frac{v}{\frac{1}{4}d_{1.3}^2 \cdot h}$$

式中：v——树干材积（m^3）；

$g_{1.3}$——胸径断面（m^3）；

h——树高（m）；

$d_{1.3}$——胸径直径（cm）。

可以看出，胸高形数与材积生长率有同样的趋势，胸高形数在 10 年时为 0.89，在 80 年时为 0.55，在 140 年时为 0.51。随着树木年龄的增加，形成一条递减曲线（图9-7）。

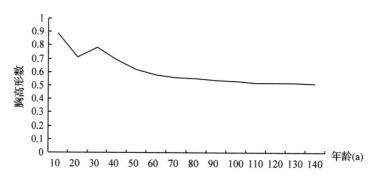

图9-7　形数生长曲线

二、青海云杉净生产力估测结果

根据调查资料和生物量相对生长关系模型，青海云杉林生物量为 203.08t·hm^{-2}，其中乔木层占 87.41%，下木层占 0.61%，活地被物层占 11.98%。从生物量统计计算过程看，这一数值是从幼龄林到成过熟林的加权平均，而一般的资料仅反映成过熟林或近熟林到成过熟林的结果。青海云杉林乔木层生物量与林龄关系密切，中龄林至过熟林阶段呈抛物线变化。

$$W = -0.00796a^2 + 2.53518a + 12.67777 \quad r = 0.8238$$

式中：W——乔木层生物量（$t \cdot hm^{-2}$）；

a——林龄（a）。

青海云杉成熟林单位面积生物量最高为 237.73t·hm^{-2}，幼龄林最少为 9.19t·hm^{-2}；中龄林单位面积生物量迅速增加；过熟林单位面积生物量由于枯损严重呈下降趋近，接近中龄林水平。

青海云杉林主要分布甘、青两省交界的祁连山，尤其祁连山北坡分布面积最广，形成了祁连山地植被的顶级群落。青海云杉生物量为 203.08t·hm^{-2}，其中乔木层占 87.41%，下木层占 0.61%，活地被物层占 11.98%；净初级生产力为 3.80t·$hm^{-2} \cdot a^{-1}$，其中乔木层为 3.41t·$hm^{-2} \cdot a^{-1}$，下木层为 0.07 t·$hm^{-2} \cdot a^{-1}$，活地被物层为 0.32t·$hm^{-2} \cdot a^{-1}$。

第二节　祁连圆柏生长过程规律生物量和净生产力估测

一、生长过程规律

1. 树高生长

样本采集于祁连山自然保护区管理局下属的隆畅河林区，树龄为189年。其生长过程见图9-8、9-9，祁连圆柏树高生长在20年时才开始进入速生期，连年生长量达0.07cm，进入150年以后，生长逐渐缓慢。与寺大隆林区相比较，由于地域性差异，林木的生长也有一定的差异性。

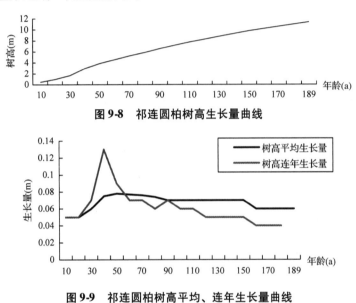

图9-8　祁连圆柏树高生长量曲线

图9-9　祁连圆柏树高平均、连年生长量曲线

2. 直径生长

在隆畅河林区祁连圆柏的直径生长前期非常缓慢，在树龄达到50年后，直径生长进入速生期，年平均生长量达0.9cm，连年平均生长量达0.30cm，出现生长量最大的时期在树龄100年时，进入180年后，直径生长量缓慢，连年直径生长量开始下降(图9-10)。

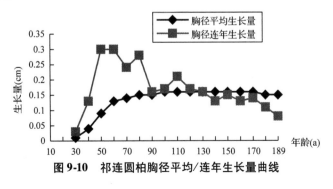

图9-10　祁连圆柏胸径平均/连年生长量曲线

3. 材积生长

材积生长是树高生长和胸径生长的综合反映指标,材积生长的快慢同时受树高和直径2个关键因子的限制,无论哪一个因子单方面的变化,都对材积的变化有一定的影响。一般而言,材积的增长最快时期,是随直径和树高生长的最高时期相继而来的。在隆畅河林区,一般是在树龄进入50年后,材积生长才进入速生期,最大值出现在160~170年之间,180年以后则逐渐下降(图9-11)。

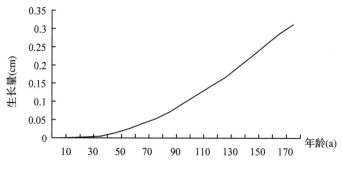

图9-11　祁连圆柏材积生长量曲线

4. 材积生长率

祁连圆柏在隆畅河林区的材积生长变化,其材积生长率以树龄20~30年时最快,可达16.3%,到189年时,其材积连年生长率下降至0.94%,详见材积连年生长率曲线图(图9-12)。

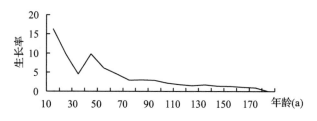

图9-12　祁连圆柏材积生长率曲线

5. 形数变化

祁连圆柏在隆畅河林区的形数变化同材积生长率有同样的趋势,只是年龄时期不同。胸高形数在50~60年时,可达0.98,进入170~180年时胸高形数变化成了0.07。由此说明,胸高形数的变化随树龄的增大而递减,详见形数生长曲线图(图9-13)。

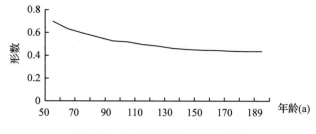

图9-13　祁连圆柏形数生长率曲线

6. 胸高断面积

胸高断面积的变化快慢，主要受胸高直径的变化快慢所限制，胸高直径增加幅度大，胸高断面积增加量大，反之则降。祁连圆柏在隆畅河林区生长，以40～50年时胸高断面积连年生长率最大，可达15.7；此后则随树龄的增大，胸高断面积生长率逐渐减小，至180年时变为0.56，但总的胸高断面积则呈有随树龄增大的变化规律，详见胸高断面积生长曲线图(图9-14)。

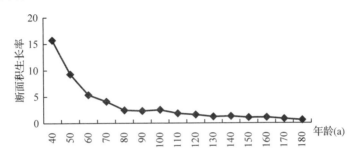

图9-14 祁连圆柏胸高断面积生长率随年龄变化曲线

二、祁连圆柏净生产力估测结果

祁连圆柏为复层异龄林，林内郁闭度小，光透过多，林下生有灌木和草本植物，祁连圆柏群落生物量为231.20 t·hm^{-2}，其中圆柏为227.36 t·hm^{-2}，占98.34%，灌木层占1.60%，草本层占0.06%。经估测推算，祁连圆柏林的年净生产量为3.96 t·hm^{-2}·a^{-1}。其中树干最大，占32.02%，其次为中枝、小根、树叶、树皮、根颈、大枝、小枝、粗根、中根。由于林下灌木层的年净生产量中枝、根的测定难度大，故只测定了叶量，为0.32 t·hm^{-2}·a^{-1}，草本层的年净生产量即为其生物量，为0.13 t·hm^{-2}·a^{-1}。

综上所述，祁连圆柏群落的年净生产力(除灌木枝和根的年净生产力外)为4.41 t·hm^{-2}·a^{-1}，其中乔木层年净生产力为3.96 t·hm^{-2}·a^{-1}，占89.80%，灌木层、草本层各占7.25%和2.95%。

第三节　祁连山灌木林生物蓄积量及净生产力估测

祁连山山地森林生态圈主要由云杉林、圆柏林、高山灌丛和中低山喜光灌木林等4个森林生态系统所组成。灌木林分布面积约有26.6万hm^2，是现有云杉林面积的2.3倍，占祁连山区林业用地面积的56%，因此，灌木林生态系统是干旱山地森林生态圈的重要组成部分。灌木林主要分布在海拔3200～3700m的亚高山区的阴坡和半阴坡；阳坡和半阳坡以及沟谷地区、海拔2600m左右的中低山荒漠带分布有大面积的喜光灌木林。灌木林类型主要有高山杜鹃(*Rhododendron lapponicum*)灌木林、吉拉柳(*Salixgila shanica*)灌木林和金露梅(*Potentilla fruticosa*)灌木林、鬼箭锦鸡儿(*Caragana jubata*)灌木林。

在祁连山排露沟试验流域按照海拔梯度分别在海拔高为3200m、3300m、

3400m、3500m、3600m 等 5 个海拔梯度选择具有代表性的鬼箭锦鸡儿、吉拉柳、金露梅等主要优势种组成的灌木林，设置 10 m × 10 m 的标准地，每个海拔梯度各设置 3 个标准地，进行灌木林分调查和生物蓄积量的调查试验。

一、灌木林地上生物量的分配

灌木林地上生物量与总生物量的变化一致（图9-15），随着海拔高度上升呈下降趋势[$y = 0.084x^2 - 606.01x + 1E + 06$，$P = 0.016$，$R^2 = 0.703$，式中：$y$ 为灌木林地上生物量（$kg \cdot hm^{-2}$），x 为海拔高度（m）]。地上部分各器官生物量中灌木林叶生物量与海拔关系呈现极显著的负相关性（$P = 0.008$，$R^2 = 0.703$）。而各个海拔灌木林的枝生物量则与海拔关系不明显。叶生物量随着海拔高度的上升，在总生物量中所占的比例下降明显，其所占比例最大值为 36.26%，最小为 4.16%。而枝生物量的比例变化较小，其最小值为 16.71%，最大值为 56.10%。灌木的叶生物量与总生物量的比例随着海拔的上升而下降，枝生物量与总生物量的比例则是随着海拔的上升而上升。由灌木叶生物量和枝生物量占地上生物量的比值与总生物量的相关性分析可以看出，灌木枝生物量与地上生物量的比值越高，则总生物量越低；而叶生物量与地上生物量的比值越高，则总生物量越高。随着海拔的升高，叶生物量与枝生物量的比值逐渐减小，这与国内相关灌木林生物量的研究结果一致，这是由于随着海拔高度的上升，各个海拔高度环境因子变化所导致。

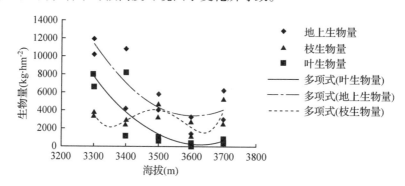

图9-15 灌木林地上生物量及其相关分析

二、灌木林地下生物量的分配

地下生物量与海拔相关性显著[$y = -0.0608x^2 + 406.7x - 670426$，$P = 0.024$，$R^2 = 0.562$，式中：$y$ 为灌木林地下生物量（$kg \cdot hm^{-2}$），x 为海拔高度（m）]，其变化趋势与灌木林总生物量一样，随海拔的升高而降低（图9-16）。就灌木林地上部分与地下部分生物量的分配可以看出，地下生物量在海拔 3500～3600m 占据了 60% 左右的比例，而在其他海拔段，地上生物量和地下生物量的分配比较均衡。这主要由于在这两个海拔段土壤温度、土壤含水量以及土壤容重等因素的共同复杂作用，使得在该海拔段，灌木林地下根系部分生长情况比地上部分要好，这也是干旱区山地中海拔区域温度和降水的配置适宜，环境资源条件优越现象所造成的。

由灌木林地下部分各个器官生物量：须根、细根和粗根生物量与海拔的拟合方程可知，这三者与海拔均有较高的相关性。其随着海拔高度的变化呈现出不同的变化程度，其中须根生物量变化程度最大，粗根变化程度次之，而细根变化程度最小。

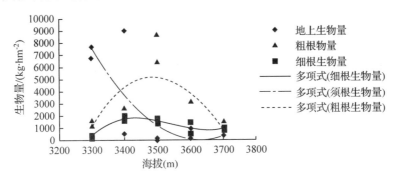

图9-16　灌木林地下生物量及其相关分析

三、不同海拔高度灌木林生物量的分配规律

植物的各部分是一个统一的整体，地上部分对地下部分的生长有重要影响，它是地下部分生长发育的能量来源，并依靠地下部分吸收生长所需的水分和营养物质。从海拔3200～3600m共5个海拔高度灌木林生物量以及器官生物量的分配变化测定结果分析，祁连山高山灌木林生物量与海拔高度呈现显著的负相关性[$y = -37.074x + 142627$，$P = 0.01$，$R^2 = 0.589$，式中：y为灌木林总生物量(kg·hm^{-2})，x为海拔高度(m)]，其随着海拔的升高而降低。在海拔3200～3500m之间，灌木林生物量差异不大。海拔3500m以上生物量下降非常明显，生物量差异达2～6倍。这是由于海拔高度不同，气候差异很大，气温随着海拔的升高而降低，降水随着海拔的升高先增大后减小，导致灌木林根茎比随着海拔的上升先增加后减小，呈倒U形。经相关性检验，本研究区域高山灌木林地上生物量与地下生物量之间的相关性达到显著水平($P = 0.013$，$R^2 = 0.598$)。在海拔3500m处灌木林的根茎比达到最大值1.92。这是由于山地森林海拔区域温度和降水的配置适宜，环境资源条件优越所造成的。在3500m以上灌木林根茎比呈现下降则是由于高寒山地气候及多年冻土等因素的存在，使得灌木林的生长受限造成的。

灌木林盖度随着海拔的上升呈现出显著的下降趋势($P = 0.005$)，而灌木林盖度与灌木林总生物量之间呈现明的多项式关系($P < 0.05$，$R^2 = 0.575$)。灌木林盖度随着海拔高度的升高而降低，灌木林总生物量与之相一致呈现下降的趋势，这是由于不同海拔高度各项环境因子变化所造成灌木林生物量在海拔高度上的这一变化。另一方面主要由于灌木林本身生长所需要的各项环境因子的综合作用所造成生物量的这种变化趋势。

四、祁连山灌木林生物量及净生产力估测

祁连山高山灌木林以及不同器官生物量在3200～3600m的范围内，空间分布各有不同，不同海拔灌木林生物量在不同生长季差异明显。其灌木林生物蓄积量在每年生长萌发前沿海拔在3200～3600m范围每升高100m分别是23.79、53.30、

78.30、18.59、6.34t·hm^{-2}。生长旺盛季节生物蓄积量沿海拔在3200~3600m范围每升高100m分别是26.64、54.72、80.59、19.34、6.56 t·hm^{-2}。灌木林每年生长萌发前和生长旺盛期平均生物量是36.06t·hm^{-2}和37.17t·hm^{-2}，其净生产力估测平均值为1.11 t·hm^{-2}·a^{-1}。

第四节　甘肃、宁夏、陕西三省区其他优势树种 生物蓄积量及净生产力估测

根据2006年森林资源清查结果，甘肃省林地面积955.44万hm^2，森林面积468.78万hm^2，森林覆盖率10.42%。活立木总蓄积量21708.26万m^3，森林蓄积量19363.83万m^3，乔木林每公顷蓄积量90.73 m^3。

甘肃其他优势树种NPP值通过样地调查以及历史文献资料获取如表9-1。宁夏和陕西优势树种NPP值通过查询文献和历史资料获取如表9-2、表9-3。

表9-1　甘肃省主要优势树种NPP值

序号	树种	经度	纬度	海拔（m）	年龄（a）	全林NPP（t·hm^{-2}·a^{-1}）	乔木层NPP（t·hm^{-2}·a^{-1}）	备注
1	青海云杉林	100°17′38.1″	38°32′56.8″	2996	86	3.80	3.41	实测
2	祁连圆柏林	100°14′53.6″	38°31′22.4″	2876	95	4.41	3.96	实测
3	油松林	103°24′15.4″	34°00′38.8″	2310	22	5.16		实地调查
4	华山松、山杨、辽东栎林	103°44′59.7″	34°59′43.1″	2121	30	4.87		实地调查
5	云杉林	103°31′06″	34°34′50″	3280	96	12.49	10.9	实地调查
6	冷杉林	103°21′16.7″	34°05′55.8″	3375	92	4.47		实地调查
7	铁杉、槭、桦林	103°52′15.5″	33°56′45.9″	2106	96	4.39		实地调查
8	辽东栎林	108°31′22.3″	36°05′49.9″	1403	82	4.11		实地调查
9	锐齿槲栎林	104°12′	33°30′	1500~2300	20~81	8.85		
10	栓皮栎林	104°12′	33°30′	1500~2300	20~84	8.85		
11	山杨林	103°43′47.8″	34°58′42.0″	2126	28	3.84		实地调查
12	白桦林	103°12′49.9″	34°05′56.5″	2795	81	5.28		实地调查
13	栓皮栎、短柄枹栎、苦槠、青冈林	106°11′02.3″	34°17′36.2″	1474	62	4.87		实地调查

表9-2　宁夏回族自治区主要优势树种NPP值

序号	树种	经度	纬度	海拔（m）	年龄（a）	全林NPP（t·hm^{-2}·a^{-1}）	备注
1	华山松、山杨、辽东栎林	106°16′	35°36′	2300	40	2.96	
2	辽东栎林	106°16′	35°36′	1900	32	6.01	
3	山杨林	106°16′	35°36′	2100	28	5.13	
4	白桦林	106°16′	35°36′	2200	30	4.51	
5	山杨、川白桦林	106°16′	35°36′	2150	29	4.82	

表9-3　陕西省主要优势树种NPP值

序号	树种	经度	纬度	海拔(m)	年龄(a)	全林NPP (t·hm⁻²·a⁻¹)	乔木层NPP (t·hm⁻²·a⁻¹)	备注
						全林NPP $(t \cdot hm^{-2} \cdot a^{-1})$	乔木层NPP $(t \cdot hm^{-2} \cdot a^{-1})$	
1	油松林	108°20′	33°35′	1670	60		3.597	
2	侧柏林	107°48′	34°15′	1000		2.967		
3	红杉林	109°29′	34°34′	2700~3400	16	10.41	12.85	
4	巴山冷杉林	107°47′	33°38′	3000		8.75		
5	辽东栎林	108°40′	35°21′	1427	45	1.768	1.397	
6	槲栎林	108°30′	35°45′	1500				
7	麻栎林	108°30′	35°45′	1100				
8	锐齿槲栎林	109°09′	33°26′	1900	40		7.282	
9	栓皮栎林	108°30′	35°45′	1900				
10	刺槐林	110°07′	37°07′	900	22	6.285		
11	山杨林	108°40′	35°21′	1445	32	7.77		
12	白桦林	108°40′	35°21′	1426	42			
13	红桦林	109°09′	33°26′	2300			2.209	
15	栓皮栎、常绿阔叶混交林	108°30′	35°45′	1900		10.430		
16	刚竹林				5	0.407	0.407	
17	斑竹林				5	7.541	7.541	

参考文献

常学向，车克钧，宋采福．祁连山林区青海云杉林群落生物量的初步研究[J]．西北林学院学报，1996，11(1)：19-23

常宗强，冯起，吴雨霞，等．祁连山亚高山灌丛林土壤呼吸速率的时空变化及其影响分析[J]．冰川冻土，2005，27(5)：666-672.

车克钧，傅辉恩，贺红元．祁连山北坡森林涵养水源机理的研究[C]．中国森林生态系统定位研究．哈尔滨：东北林业大学出版社，1994：280-284.

车克钧，傅辉恩，王金叶．祁连山水源林生态系统结构与功能的研究[J]．林业科学，1998，34(5)：29-37.

陈泓．岷江上游干旱河谷灌丛生物量与坡向及海拔梯度相关性研究[D]．雅安：四川农业大学，2007：6-14.

陈灵芝，任继凯，鲍显诚，等．北京西山(卧佛寺附近)人工油松林群落学特征及生物量的研究[J]．植物生态学报，1984，8(3)：173-181.

陈遐林，马钦彦，康峰峰，等．山西太岳山典型灌木林生物量及生产力研究[J]．林业科学研究，2002，15(3)：304-309.

丁松爽，苏培玺．黑河上游祁连山区植物群落随海拔生境的变化特征[J]．冰川冻土，2010，32(4)：829-835.

方精云，郭兆迪，朴世龙，等．1981~2000年中国陆地植被碳汇的估算[J]．中国科学(D辑：地球科学)，2007，37(6)：804-812.

方精云，刘国华，都武先，等．四川盆地浅丘区农林复合系统模式区主要植被类型及生物量研究[J]．四川林业科技，1993，13(2)：1-10.

方精云，王襄平，沈泽昊，等．植物群落清查的主要内容、方法和技术规范[J]．生物多样性，2009，17(6)：533－548．

冯宗炜，王效科，吴刚．中国森林生态系统的生物量和生产力[M]．北京：科学出版社，1999．

高松．祁连山区灌木造林技术研究[J]．甘肃林业科技，2006，31(3)：36～39．

管东生．香港挑金娘灌木群落植物生物量和净第一性生产量[J]．植物生态学报，1998，22(4)：356－363．

贺金生，王其兵，胡东．长江三峡地区典型灌丛的生物量及其再生能力[J]．植物生态学报，1997，21(6)：541－546．

胡会峰，王志恒，刘国华，等．中国主要灌丛植被碳储量[J]．植物生态学报，2006，30(4)：539－544．

胡玉昆，李凯辉，阿德力，等．天山南坡高寒草地海拔梯度上的植物多样性变化格局[J]．生态学杂志，2007，26(2)：182－186．

黄劲松，邸雪颖．帽儿山地区6种灌木地上生物量估算模型[J]．东北林业大学学报，2011，39(5)：54－57．

金铭，李毅，王顺利，等．祁连山高山灌丛生物量及其分配特征[J]．干旱区地理，2012，35(6)：952－959．

金铭，张学龙，刘贤德，等．祁连山林草复合流域灌木林土壤水文效应研究[J]．水土保持学报，2009，23(1)：169－172．

敬文茂，刘贤德，赵维俊，等．祁连山典型林分生物量与净生产力研究[J]．甘肃农业大学学报，2011，46(6)：81－85．

雷蕾，刘贤德，王顺利，等．祁连山高山灌丛生物量分配规律及其与环境因子的关系[J]．生态环境学报，2011，20(11)：1602－1607．

李钢铁，秦富仓，贾玉奎．沙拐枣地上生物量预测研究[J]．水土保持持续发展，1995，355－359．

李凯辉，王万林，胡玉昆，等．不同海拔梯度高寒草地地下生物量与环境因子的关系[J]．应用生态学报，2008，19(11)：2364－2368．

李文华．森林生物生产量的概念及其研究的基本途径[J]．自然资源，1980(1)：71－92．

李英年，赵亮，王勤学，等．高寒金露梅灌丛生物量及年周转量[J]．草地学报，2006，14(1)：72－76．

刘存琦．灌木植物量测定技术的研究[J]．草业学报，1994，3(4)：61－65．

刘国华，马克明，傅伯杰，等．岷江干旱河谷主要灌丛类型地上生物量研究[J]．生态学报，2003，23(9)：1757－1764．

刘兴良，郝晓东，杨冬生，等．卧龙巴郎山川滇高山栎地上生物量及其模型[J]．生态学杂志，2006，25(5)：487－491．

刘兴良，刘世荣，宿以明，等．巴郎山川滇高山栎灌丛地上生物量及其对海拔梯度的响应[J]．林业科学，2006，42(2)：1－7．

刘兴良，史作民，杨冬生，等．山地植物群落生物多样性与生物生产力海拔梯度变化研究进展[J]．世界林业研究，2005，4(18)：29－34．

刘勇，上官周平．子午岭森林群落土壤水分与生物量关系研究[J]．西北农业学报，2007，16(5)：150－154．

倪自银，汪有奎，杨全生，等．祁连山自然保护区灌木林灾害及防治对策[J]．水土保持研究，2005，12(2)：107－110．

聂雪花．祁连山灌木林水源涵养功能的研究[D]．兰州：甘肃农业大学，2009：13－20．

尚占环，姚爱兴，龙瑞军．干旱区山地植物群落物种多样性与生产力关系分析[J]．干旱区研究，2005，1(22)：74－78.

盛海彦，李松龄，曹广民．放牧对祁连山高寒金露梅灌丛草甸土壤微生物的影响[J]．生态环境，2008，17(6)：2319－2324.

唐守正，张会儒，青辉．相容性生物量模型的建立及其估计方法研究[J]．林业科学，2000，36：19－27.

王金叶，车克钧，傅辉恩，等．祁连山水源涵养林生物量的研究[J]．福建林学院学报，1998，18(4)：319－323.

王蕾，张宏，哈斯，等．基于冠幅直径和植株高度的灌木地上生物量估测方法研究[J]．北京师范大学学报，2004，40(5)：700－704.

王庆锁，李博．鄂尔多斯沙地油蒿群落生物量初步研究[J]．植物生态学报，1994，18(4)：347－353.

王学福．灌木林在祁连山区的作用及其发展策略研究[J]．甘肃林业科技，2005，2(30)：32－35.

许红梅，高清竹，黄永梅，等．气候变化对黄土丘陵沟壑区植被净第一性生产力的影响模拟[J]．生态学报，2006，26(9)：2939－2947.

闫文德，田大伦，何功秀．湖南会同第二代杉木人工林乔木层生物量的分布格局[J]．林业资源管理，2003(2)：5－7，12.

余新晓，张晓明，王雄宾．北京山区天然灌丛植被群落特征与演替规律[J]．北京林业大学学报，2008，30(增2)：107－111

曾珍英，刘琪，张建萍，等．灌木各测树因子相关性以及器官生物量相关性的研究[J]．江西农业大学学报，2005，27(5)：694－699.

张峰，上官铁梁，李素珍．灌木生物量建模方法的改进[J]．生态学杂志，1993，12(6)：67－69.

张硕新，王建让，陈海滨，等．秦岭太白山高山灌丛的生物量及其营养元素含量[J]．西北林学院学报，1995，10(1)：15－20.

郑绍伟，唐敏，邹俊辉，等．灌木群落及生物量研究综述[J]．成都大学学报(自然科学版)，2007，26(3)：189－192.

周华坤，周立，赵新全，等．金露梅灌丛地下生物量形成规律的研究[J]．草业学报，2002，11(2)：61－67.

朱源，康幕谊，江源，等．贺兰山木本植物群落物种多样性的海拔格局[J]．植物生态学报，2008，32(3)：574－581.

第十章

西北区-2（青海、新疆）森林生产力估测

以天山森林生态系统定位研究站为研究平台，以天山生态定位站长期观测数据和新疆、青海自治区，省Ⅰ、Ⅱ类森林资源清查数据为基础，以遥感和 GIS 等现代信息与数据处理技术为研究手段，选定天山云杉（*Picea schrenkiana*）、新疆杨（*Populus alba*）、阿勒泰落叶松和冷杉（*Abies fabri*）4 种新疆典型树种，共 28 株标准木，通过林分净生产力（NPP）的实际观测，构建新疆主要林分类型不同林龄 NPP 估测模型。

第一节　天山云杉生物量估测

一、天山云杉生物量分配格局

按照器官（根、干、茎、叶、皮）计算 6 株解析木的生物量，并分析单株生物量的垂直和水平分布特征，对根部的生物量测定比较详细，此部分工作比较繁杂。

云杉地上部分生物量的垂直分布特征具有良好的一致性（图 10-1 至图 10-6）。在不同高度区间，随树木高度增加，云杉树干生物量占总生物量的比重降低，0~1.3m 树干生物量占总生物量的比重大于 85%，而在树木顶部区段，二者比值小于

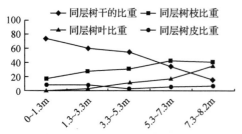

图 10-1　解析木 NO. 1 不同器官生物量垂直分布

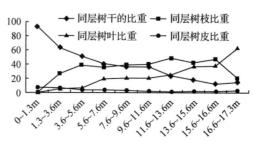

图 10-2　解析木 NO. 2 不同器官生物量垂直分布

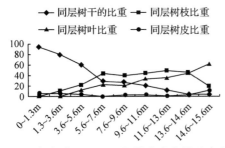

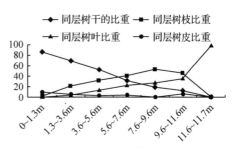

图 10-3　解析木 NO. 3 不同器官生物量垂直分布　　**图 10-4　解析木 NO. 4 不同器官生物量垂直分布**

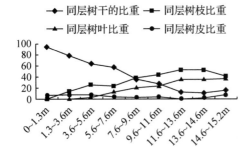

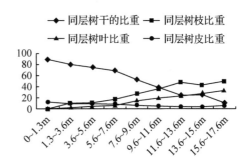

图 10-5　解析木 NO. 5 不同器官生物量垂直分布　　**图 10-6　解析木 NO. 6 不同器官生物量垂直分布**

20%，说明树木底部树干生物量所占比重最大，向上生物量比重逐渐减小；树枝生物量占总生物量的比重随高度的增加呈现先升高后降低的趋势，在树木中部枝区段，树枝生物量所占比重较大，两头逐渐减小；树叶生物量占总生物量的比重随着高度的增加而增加，从树干基部的 0 到树木顶部的 60% 以上，说明树木顶端叶生物量最大，向下逐渐减小。

　　按照距离根桩的水平距离，对六株标准木每 1m 区段分别称根鲜重总量，得出标准木根系生物量水平分布图，从图 10-7、10-8 可以看出，在 0~2m 范围根系生物量最大，在解析木中，该范围根系生物量所占比重都超过了 60%，其中，0~1m 范围内的根系生物量比重超过了 40%，随着与树桩距离的增加，树木根系生物量明显降低。按照距离地面的垂直距离，对 6 株标准木每 10cm 区段分别称根鲜重总量，得出根系生物量垂直分布图，从图可以看出，根系生物量垂直分布与水平分布具有很大的相似性，距地面 0~20cm，6 株解析木根系生物量都超过了 90%，其中 0~10cm 根系生物量达到了 70% 以上，随着深度的增加，根系生物量明显下降。

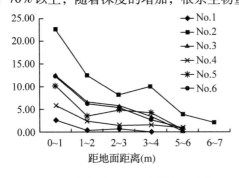

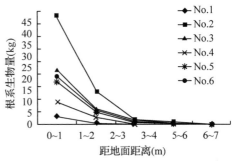

图 10-7　解析木根系生物量水平分布　　　**图 10-8　解析木根系生物量垂直分布**

二、天山云杉各器官生物量回归分析

利用标准木的胸径、树高和各器官生物量的数据，根据相对生长模型 $W = a(D^2H)^b$，建立云杉各器官的生物量（W，kg）与胸径（D，cm）和树高（H，m）的回归模型。

表10-1　天山云杉各器官生物量回归模型及检验结果

| 树种 | 器官 | 模型：$W = a(D^2H)^b$ | | R |
		a	b	
	树干	0.033759	0.907882	0.997873
天山云杉	树枝	0.008203	0.996746	0.922754
	树叶	0.013676	0.856823	0.91833
	树根	0.022141	0.82883	0.92815

表10-1看出，各模型相关系数都较高，经回归方程的 F 检验和回归系数的 T 检验，均具有显著性水平，模型拟合程序较好，可以此方程来预测和推算云杉各器官生物量。

第二节　新疆杨生物量估测

一、地上生物量分配格局

新疆杨人工林地上部分生物量累积因林龄而异（表10-2）。从表10-2中可以看出，幼龄和中龄新疆杨人工林各器官生物量的大小为树干＞树枝＞树皮＞树叶，而成熟林则为树干＞树枝＞树叶＞树皮。各器官的生物量变化规律说明：幼、中龄阶段由于干物质更多地分配到了枝叶，整体生长较慢，进入成熟阶段，由于枝叶繁茂而生长迅速，干物质量的增长势头比中龄阶段有所升高，这也正好解释了为什么树木的生长具有"S"形曲线的特点。

表10-2　不同林龄新疆杨各器官生物量结构分配（$t \cdot hm^{-2}$）

龄组	树干	干皮	树枝	树叶	地上部分	全部
幼龄林	9.604	2.247	4.570	1.860	18.281	23.111
中龄林	28.284	3.496	7.963	2.072	41.816	51.398
成熟林	137.985	6.949	29.302	14.046	188.282	208.310

林龄不同，新疆杨人工林各器官生物量所占比重表现出一定的差异。图10-9中，新疆杨人工林各器官占总生物量的比重分别为：树枝 14.07%～19.77%，树叶 3.34%～8.05%，树干 41.56%～66.24%，树皮 6.74%～9.72%。各器官生物量大小顺序都是树干的最大，树叶的最小，其分配规律表明了树干生物量占据地上生物量的主导地位。各器官生物量所占比重随林龄的变化规律为：树干及林分地上生物量总量都随林龄的增加而显著增大，两者的变化趋势极为相似，其他各器官随林龄的

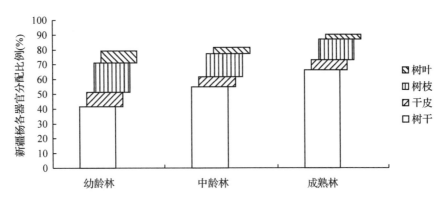

图 10-9　不同林龄新疆杨地上部分生物量分配格局

增大其生物量所占比重减小。新疆杨人工林生物量随着林龄的增大有明显的增大，中龄新疆杨生物量是幼龄的 2.23 倍，成熟林是中龄林的 4.05 倍。

二、根系生物量分配格局

我们对新疆杨人工林不同土层、不同径级的根系生物量、占根系总生物量的比例、空间垂直分布等方面进行了研究（表 10-3）。本研究区内新疆杨人工林为农田防护林，受农田灌溉的影响，水分条件较好。

表 10-3　不同林龄新疆杨各径级根系生物量(t·hm⁻²)

龄组	土层深度（cm）	根系径级（cm）					合计
		根桩	粗根	中根	细根	毛细根	
幼龄林	0~20	0.615	1.800	0.447	0.372	0.076	
	20~40	0.000	0.467	0.250	0.334	0.197	4.831
	40~60	0.000	0.000	0.086	0.068	0.122	
中龄林	0~20	1.617	2.340	0.855	0.597	0.154	
	20~40	0.000	1.758	0.530	0.413	0.302	9.582
	40~60	0.000	0.000	0.158	0.422	0.438	
成熟林	0~20	4.794	4.952	1.500	0.585	0.300	
	20~40	0.000	2.108	0.663	0.373	0.199	17.530
	40~60	0.000	0.700	0.441	0.572	0.345	

从根系总生物量变化来看，幼龄、中龄、成熟林新疆杨根系总生物量分别为 4.83t·hm⁻²，9.58t·hm⁻² 和 17.53t·hm⁻²，各径级根系总生物量随着林龄的增长呈递增趋势。其中中龄林的根系生物量约为幼龄林的 1.98 倍，而成熟林则为幼林的 3.63 倍，中龄林根系生物量在林分总生物量中所占比例约为成熟林分的 1.9 倍，且中龄林生长为成熟林与幼龄林生长为中龄林相比，其总生物量的增长幅度却降低了 15.35%，这说明新疆杨根系生物量在生长期内迅速增长，而生长为成熟林后，根系生物量增长变缓慢。此外，不同龄组的新疆杨人工林在不同土层中各径级根系生物量也存在差异（图 10-10）。

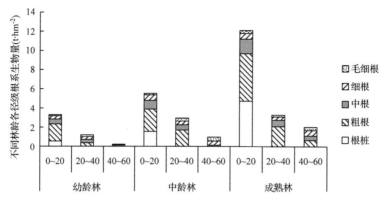

图 10-10　新疆杨人工林根系生物量分布

各径级根系占总根系的比例也不同（图 10-10）。幼林龄、中龄林、成熟林根系生物量在 0～20cm、20～40cm、40cm 以下土层的分配比例分别为：31.4：12.3：1、4：3.3：1、2.5：1.9：1。该结果表明新疆杨根系生物量垂直分布特性明显，主要表现为随着土壤深度增加，各龄级的生物量逐渐降低，并且幼林在 0～20cm 土层所占比例最高，其次为中龄林，成熟林在 0～20cm 最低。综合来看，新疆杨地下生物量主要分布在 0～40cm 土层，其中幼龄 0～40cm 土层中根系占到了总根系生物量的 93.89％，中龄林及成熟林的分别占 87.51％，80.49％。

三、新疆杨生物量估测模型

利用新疆杨标准木的胸径—树高、年龄和各器官生物量的数据，根据相对生长模型及 VAR 模型，建立新疆杨各器官的生物量（W，kg）与胸径—树高（D^2H）、年龄（A，a）的回归模型。

表 10-4　新疆杨生物量估测模型

树种	器官	模型：$W = a(D^2H)^b \cdot \exp(cA)$			R
		a	b	c	
新疆杨	树干	0.179	0.622	0.030	0.9990
	树枝	2.820	0.140	0.046	0.9349
	树叶	0.539	0.222	0.025	0.9192
	树皮	0.007	0.791	0.006	0.9889
	树根	0.573	0.379	0.007	0.9859

第三节　西伯利亚落叶松、冷杉生物量及净生产力估测

一、西伯利亚落叶松地上部分及各器官生物量的分布及分配

不同年龄阶段的西伯利亚落叶松林各器官的分配规律是不一致的。表 10-5 显示，幼龄和中龄西伯利亚落叶松地上部分各器官生物量的排序为：树干 > 树枝 > 树

皮>树叶,而近熟林、成熟林和过熟林则为:树干>树皮>树枝>树叶。各器官的生物量在近熟阶段以后有所改变,这种变化规律说明:西伯利亚落叶松在幼、中龄阶段生长很快,大量的干物质都分配到了树干和树枝,进入近熟阶段这种高生长趋势开始缓慢,但由于落叶松的自然年龄为250~350年,随着年龄的增长,作为主体器官的树干依然占有较大比例,相应的树皮对于整体生物量的贡献变大,这种变化趋势与西伯利亚落叶松的生长规律相一致。图10-11中,西伯利亚落叶松地上部分各器官占总生物量的比重分别为:树枝4.89%~11.58%,树叶0.61%~1.12%,树干56.86%~67.25%,树皮7.24%~13.10%。各器官生物量变化幅度最大的是树枝,最小的是树干,变化较为平缓,树皮和树叶生物量变化趋势较一致。

表10-5　不同林龄西伯利亚落叶松器官生物量结构分配(t·hm⁻²)

龄组	树枝	树叶	树干	树皮	地上部分	全部
幼龄林	0.568	0.030	2.789	0.448	3.834	4.905
中龄林	4.005	0.495	29.592	3.742	37.834	44.000
近熟林	7.190	1.068	62.237	7.302	77.797	100.823
成熟林	13.258	3.005	173.456	35.527	225.246	271.210
过熟林	54.561	5.993	373.394	78.688	512.636	644.540

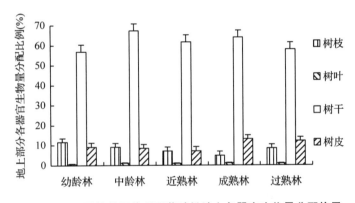

图10-11　不同林龄西伯利亚落叶松地上各器官生物量分配格局

二、西伯利亚冷杉林地上部分生物量与林龄的关系

不同林龄西伯利亚冷杉地上部分生物量在各器官中的分配比例是不一样的(表10-6)。在幼龄中,以树干和树叶的分配比例最大,分别占35.43%和22.01%,各器官生物量的大小顺序为:树干>树叶>树枝>树皮;中龄的树干生物量分配比例最大,约占总生物量的一半以上,各器官生物量的大小顺序为:树干>树枝>树皮>树叶;近熟和成熟林亦以树干的比例最大,各器官生物量的比例大小为:树干>树皮>树枝>树叶。显而易见,随着林分年龄的增加,西伯利亚冷杉地上部分生物量也成增加趋势,其中树干始终占据地上生物量的主导地位,但其分配比例并没有同地区的西伯利亚落叶松高,这可能是由于冷杉的木材质细轻软,直接影响了干物质的含量。

表 10-6 不同林龄西伯利亚冷杉地上部分各器官生物量结构分配($t \cdot hm^{-2}$)

龄组	树枝	树叶	树干	树皮	地上部分	全部
幼龄林	1.7064	2.1520	3.4631	0.5879	7.9094	9.7755
中龄林	18.9081	7.9645	72.6260	11.8779	111.3765	133.4302
近熟林	38.2021	14.5703	207.9186	39.1036	299.7946	379.8517
成熟林	49.9321	16.5137	333.6292	53.3119	453.3869	568.2636

另外，随林龄的变化，西伯利亚冷杉地上生物量分配比例也表现出一定的规律（图 10-12）。树干和树皮的生物量随林龄的增加而上升，从幼龄阶段生长为中龄阶段树干的比例上升尤其快，增长幅度达到了 153.64%，中龄以后上升趋势较为平缓；树枝和树叶的生物量随林分年龄的增加呈下降趋势，其中树叶生物量在幼龄阶段最大，生长至中龄阶段减少了近 3 倍，到近熟林阶段比前者减少了 0.4 倍，成熟林分的针叶比例较前一个阶段降低了 0.25%。显然，随林龄的增加，树叶的下降比例非常大，相对树叶而言，树枝的下降比例较为平缓。幼林的树枝比例为 17.46%，但成熟林分仍占 9.79%。树枝分配比例下降的主要原因之一是在树木生长过程中，一部分树枝死亡或不断脱落而造成的。

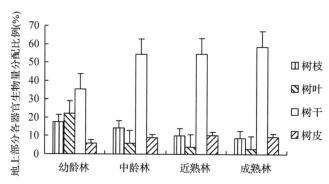

图 10-12 不同林龄西伯利亚冷杉地上各器官生物量分配格局

三、根系生物量及其分配

西伯利亚落叶松和西伯利亚冷杉各级根的生物量排序为：根桩 > 粗根 > 中根 > 细根 > 毛细根，新疆杨则为粗根 > 根桩 > 中根 > 细根 > 毛细根，3 种林分中起支持树体地上部分的根桩和粗根（支撑根）所占比重较大，达到 63.82%~87.11%，说明根桩和粗根对林分根系总生物量的贡献率大。各级根的生物量占总根量的比例都各不相同。西伯利亚落叶松各级根系生物量占根系总生物量的比例分别为：52.26%、34.85%、5.68%、3.9% 和 3.32%；西伯利亚冷杉分别为：51.51%、29.25%、11.69%、4.2% 和 3.35%。

表 10-7　西伯利亚落叶松、冷杉不同径级根系生物量分配

林型	平均年龄（a）	生物量（t·hm⁻²）及其分配（%）				
		根桩	粗根	中根	细根	毛细根
西伯利亚落叶松	77	22.685 (52.26)	15.128 (34.85)	2.464 (5.68)	1.692 (3.90)	1.440 (3.32)
西伯利亚冷杉	65	21.711 (51.51)	12.329 (29.25)	4.930 (11.69)	1.769 (4.20)	1.414 (3.35)

四、根系生物量垂直分布

2 种林分的根系垂直分布具有相似的规律，都具有明显随土壤深度增加而减少的趋势。其中，西伯利亚落叶松减小比例最大，0~20cm 土层根系生物量为 40~60cm 土层的 15.63 倍，西伯利亚冷杉为 9.35 倍。土壤表层根系生物量的多少直接决定其吸收养分、呼吸和减轻冲刷的能力，0~20cm 土层根系生物量排序为西伯利亚落叶松 > 西伯利亚冷杉，分别为 36.81t·hm⁻² 和 33.01t·hm⁻²，可以看出，西伯利亚落叶松和西伯利亚冷杉林表层根系生物量比较接近。对比分析根系生物量在土壤各层分布的比例来看，根系生物量主要分布在 0~40cm 范围内，所占比例分别为西伯利亚落叶松 94.57%、阿勒泰落叶松 91.62%，在超过 40cm 土层中，根系生物量降至较低水平。

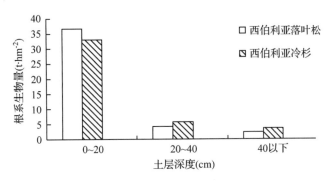

图 10-13　根系生物量随土壤深度垂直分布

五、年龄序列根系生物量变化

林龄对西伯利亚落叶松及冷杉林分不同径级根系生物量和总根系生物量均有显著影响（$F = 204.928$，$p < 0.05$）。由图 10-14 可知，随林分年龄的增长，各林分根系总生物量呈递增趋势，西伯利亚落叶松和西伯利亚冷杉成熟林根系总生物量分别是近熟林、中龄林和幼龄林阶段的 1.9 倍、7.4 倍、42.9 倍和 1.5 倍、5.1 倍、60.4 倍。其次，各林分在不同龄组间的增长幅度也存在差异。西伯利亚落叶松由幼林生长为中林其根系总生物量增加了 475.9%，中林到近熟林根系生物量增加 273.4%，近熟到成熟林和成熟到过熟林阶段根系总生物量分别增加 99.6% 和 186.9%；冷杉各个阶段的增量分别为：1081.3%、250.1% 和 46.1%。结果表明：2 种林分根系总生物量都在中龄林阶段表现出最大的增量，表明此过程是树木根系生物量积累的主

要过程，之后随着年龄的增长，这种增速慢慢放缓，其中西伯利亚落叶松在达到过熟林时根系生物量的增幅有所升高，呈现"～"趋势。

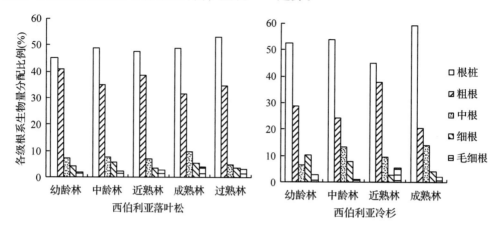

图 10-14　各级根系生物量随林分年龄的变动规律

本研究对 2 种林分各级根系生物量的分析可以看出，随着林分年龄的增大，其粗根、中根及细根呈现递减规律，而其根桩和毛细根随年龄的变动相比之下较大，基本呈增大趋势，这跟部分学者对树木生长基本规律的研究结果相一致。

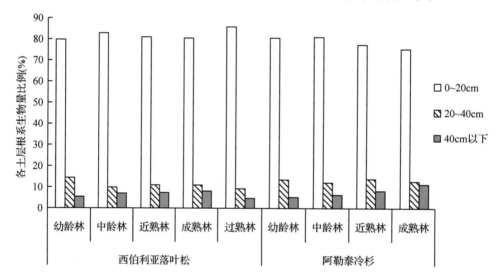

图 10-15　各林分不同土层根系生物量随林分年龄的变动规律

对不同土层根系生物量随年龄的变化显示（图 10-15），分布于 0～20cm 土层中各林分根系生物量随年龄的变化规律是：在林木的幼龄及中龄阶段各林分根系生物量都处于较高比例，在这之后，这一土层中的根系生物量呈下降趋势后维持在一定水平基本不变，但西伯利亚落叶松在过熟林阶段呈现急剧增大趋势，这可能是由于过熟林达到 141 年以上，根径变幅增大，导致根桩对根系生物量的贡献凸显。这一土层根系生物量与总根系生物量的变化趋势相一致。在 20～40cm 土层中根系生物量的含量具有波动性，大致表现为：幼龄林 > 成熟林 > 中龄林。而对于 40～60cm 土层各林分所含的根系，其生物量随年龄的变化规律则是：在幼龄阶段都处于一个较低的水平，后以一定比例逐渐增长。

六、西伯利亚落叶松、冷杉生物量估测模型

利用西伯利亚落叶松及冷杉标准木的胸径—树高、年龄和各器官生物量的数据，根据相对生长模型及 VAR 模型，建立新疆杨各器官的生物量(W，kg)与胸径—树高(D^2H)、年龄(A，a)的回归模型。

各器官生物量回归模型见表 10-8。

表 10-8　2 树种各器官生物量回归模型及检验结果

树种	器官	模型：$W = a(D^2H)^b \cdot \exp(cA)$			R
		a	b	c	
西伯利亚落叶松	树干	0.250	0.710	0.002	0.9960
	树枝	0.001	1.284	−0.003	0.9985
	树叶	0.004	0.714	0.001	0.9945
	树皮	0.002	1.142	−0.004	0.9920
	树根	0.001	1.181	−0.005	0.9995
阿勒泰冷杉	树干	0.023	0.955	−0.002	0.9995
	树枝	0.011	0.988	−0.017	0.9950
	树叶	0.125	0.551	−0.006	0.9935
	树皮	0.036	0.686	0.040	0.9849
	树根	0.070	0.640	0.009	0.9960

第四节　西北区-2 几种主要树种净生产力估测结果

林分净生产力是指单位面积上，单位时间内有机物质的净生产量。在此采用年平均净生产力来表示各林分的生产力。从结果中可以看出，3 种林分年平均净生产力以新疆杨最高，达到 8.8108 t · hm^{-2} · a^{-1}，其次是西伯利亚落叶松，为 6.4344 t · hm^{-2} · a^{-1}，冷杉年平均净生产力最低，为 6.1907 t · hm^{-2} · a^{-1}（表 10-9）。

表 10-9　3 种林分生物量与生产力的比较

森林类型	研究地点	生物量(t · hm^{-2})	净生产力(t · hm^{-2} · a^{-1})
新疆杨	阿克苏扎木台林场	106.60	8.8108
西伯利亚落叶松	阿勒泰小东沟林场	219.87	6.4344
西伯利亚冷杉	阿勒泰小东沟林场	217.52	6.1907

3 种林分地上部分生物量及净生产力占林分总生物量及总净生产力的 80% 左右（图 10-16）。新疆杨器官生物量所占比例大小排序为：树干（55.19%）＞树枝（17.38%）＞树皮（7.47%）＞树叶（4.77%），各器官净生产力也基本遵循这一规律，所占百分比分别为：61.85%、15.44%、6.47%、4.09%，这与新疆杨地上部分各器官的分配规律基本保持一致。国内外众多学者在研究森林树种地上部分生物量的结果表明，大部分阔叶树种中各组分所占比例都遵循这一规律。

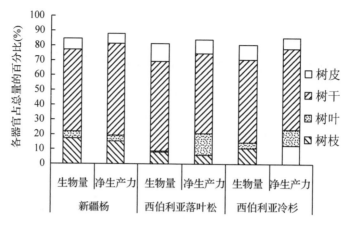

图10-16　3种林分地上部分生物量及净生产力分配格局

与新疆杨不同,西伯利亚落叶松树叶部分的生物量所占比例与净生产力所占比例表现出极大差异,西伯利亚落叶松树叶的生物量占总生物量的比例极小,仅为1%,而其年平均净生产力占到14.35%,甚至超过了树枝的年平均净生产力(6.12%)。这与现实情况是相吻合的,西伯利亚落叶松属于落叶乔木,在风力和雨水冲击力的作用下针叶极易掉落,且本试验的野外调查是在9月份进行的,树叶在本时期的凋落量也会随之增大,造成了树叶生物量的偏小结果;另一方面,也正因为西伯利亚落叶松树叶的宿存期为1年,树叶每年更换,不像树枝、树皮等器官是随着年龄的增长逐步累积,致使树叶的年平均净生产力较高。

西伯利亚冷杉各器官生物量分配比例为:树干(55.99%)>树枝(10.72%)>树皮(9.67%)>树叶(4.24%),与相同立地条件的西伯利亚落叶松器官生物量分配相比,西伯利亚冷杉树干生物量分配比例低于落叶松树干生物量分配比例(60.18%),其树枝生物量分配比例高于落叶松树枝生物量分配比例(7.97%),因为西伯利亚冷杉木材质细轻软,但树枝较粗且繁茂,所以树干生物量分配比例相对较低,树枝生物量分配比例相对较大。

第五节　新疆、青海主要乔灌木净生产力估测结果

查阅相关文献(吴晓成等,2009;李虎等,2008),得出新疆、青海地区主要乔灌木的净生产力数据(表10-10至表10-13)。

表10-10　新疆主要乔木树种净生产力情况

树种	经度	纬度	海拔 (m)	年龄 (a)	全林 NPP (t·hm^{-2}·a^{-1})	乔木层 NPP (t·hm^{-2}·a^{-1})
西伯利亚落叶松、雪岭云杉林	94°03′	43°12′	2189	76	7.85	7.3903
西伯利亚红松林	87°22′	48°36′	1612	157	8.43	8.16
雪岭云杉林	87°08′	43°02′	2200	108	8.91	7.42
天山野苹果林	82°42′	43°11′	1537	15	4.892	4.745

（续）

树种	经度	纬度	海拔 (m)	年龄 (a)	全林 NPP (t·hm⁻²·a⁻¹)	乔木层 NPP (t·hm⁻²·a⁻¹)
旱柳林	93°26′	42°54′	807	9	5.46	5.31
黑杨林	88°13′	47°16′	561	40	5.88	5.524
欧洲山杨林	82°18′	43°11′	1404	39	4.9255	4.6905
榆树疏林	84°50′	45°22′	279	6	9.702	9.261
胡杨疏林	84°15′	41°21′	930	19	3.052	2.707
灰杨疏林	80°55′	39°12′	1117	12	3.03	3

表 10-11　新疆主要灌木净生产力情况

树种	经度	纬度	海拔(m)	年龄(a)	NPP(t·hm⁻²·a⁻¹)
沙棘灌丛	76°42′	39°25′	1209	7	4.4433
牛奶胡颓子灌丛	75°55′	39°28′	1247	9	4.134
锦鸡儿灌丛	87°27′	43°24′	1813	6.5	2.759
多枝柽柳灌丛	88°22′	39°47′	800	13	2.2
宽刺蔷薇	87°28′	43°26′	1787	8	1.193
金露梅灌丛	87°19′	43°26′	2024	9	3.316
匍匐水柏枝灌丛	86°45′	37°55′	4133	11	1.093
藏锦鸡儿灌丛	83°36′	37°27′	1381	8	1.125
西伯利亚刺柏灌丛	89°50′	47°12′	1276	20	2.17
天山方枝柏灌丛	87°27′	43°24′	2632	35	3.969
黑果小檗	87°28′	43°26′	1810	20	3.907

表 10-12　青海主要乔木树种净生产力情况

树种	经度	纬度	海拔 (m)	年龄 (a)	全林 NPP (t·hm⁻²·a⁻¹)	乔木层 NPP (t·hm⁻²·a⁻¹)
青海云杉林	101°36′	36°54′	3102	96	12.49	11.33
祁连圆柏林	99°13′	38°41′	4051	165	4.65	3.96
塔枝圆柏林	99°15′	38°44′	3855	144	4.36	3.66
油松林	102°07′	36°51′	2930	55	3.522	3.16
紫果云杉林	97°25′	32°59′	4330	193	11.46	9.87
丽江云杉林	96°43′	32°06′	3811	179	12.33	10.11
川西云杉林	97°29′	32°56′	4274	255	11.98	11.06
大果圆柏林	99°16′	38°22′	3808	213	5.15	4.76
密枝圆柏林	99°44′	38°17′	4248	169	5.69	4.92
栓皮栎林	102°37′	35°47′	2625	24	3.44	2.96
小叶杨林	101°44′	36°24′	2854	26	7.26	6.75
山杨林	101°47′	36°35′	2813	29	7.92	7.69
青海杨林	101°47′	36°35′	2404	15	8.64	8.24
白桦林	101°39′	36°54′	2648	10	9.63	8.842

表 10-13　青海主要灌木净生产力情况

树种	经度	纬度	海拔(m)	年龄(a)	NPP(t·hm⁻²·a⁻¹)
肋果沙棘灌丛	102°07′	36°29′	2131	8	3.5231
水柏枝灌丛	100°16′	38°10′	2850	18	2.686
吉拉柳灌丛	100°43′	37°57′	3590	21	3.723
硬叶柳灌丛	100°43′	37°57′	3544	19	3.575
毛枝山居柳灌丛	100°43′	37°57′	3520	23	3.123
毛枝山居柳、金露梅灌丛	100°43′	37°57′	3479	25	2.978
积石山柳灌丛	100°43′	37°57′	3548	51	3.357
金露梅灌丛	102°25′	37°12′	3108	10	2.5204
小叶金露梅灌丛	102°25′	37°12′	3114	14	2.2732
伏毛银露梅灌丛	102°25′	37°12′	3120	13	2.465
匍匐水柏枝灌丛	100°16′	38°10′	2800	15	1.882
细枝绣线菊、高山绣线菊灌丛	102°25′	37°12′	3240	12	2.231
箭叶锦鸡儿灌丛	100°43′	37°57′	3518	8	2.446
头花杜鹃、百里香杜鹃灌丛	100°43′	37°57′	3445	11	1.896
雪层杜鹃、髯花杜鹃灌丛	100°43′	37°57′	3516	10	1.756
香柏、高山柏、滇藏方枝柏灌丛	96°24′	35°45′	4081	32	2.973
沙地柏灌丛	102°07′	36°29′	2145	12	2.244

参考文献

蔡有柱，王爽，彭祚登. 不同林龄沙棘生物量与燃烧特性的比较[J]. 河北林果研究，2012，27(4)：369-374.

常学向，车克钧. 祁连圆柏群落生物量及营养元素积累量[J]. 西北林学院学报，1997，12(1)：23-28.

陈炳浩，李护群，刘建国. 新疆塔里木河中游胡杨天然林生物量研究[J]. 新疆林业科技，1984，3.

陈锋，汪有奎，杨国正，等. 祁连山森林草原可燃物种类数量及特征初步分析[J]. 甘肃科技，2008：24(14)：171-174.

方精云，刘国华. 分布区西缘油松种群的生长特征[J]. 植物生态学与地植物学学报，1993，17(4)：305-316.

敬文茂，刘贤德，赵维俊，等. 祁连山典型林分生物量与净生产力研究[J]. 甘肃农业大学学报，2011，46(6)：81-85.

胡莎莎. 新疆典型森林类型生物量监测研究[D]. 乌鲁木齐：新疆农业大学，2012：1-61.

胡莎莎，张毓涛，李吉玫，等. 新疆杨生物量空间分布特征研究[J]. 新疆农业科学，2012，49(6)：1059-1065.

李刚，李永庚，刘美珍，等. 浑善达克沙地稀树疏林草地植被生物量及净初级生产力[J]. 科技导报，2011，29(25)：30-37.

李虎，慈龙骏，方建国，等. 新疆西天山云杉林生物量的动态监测[J]. 林业科学，2008，44(10)：14-19.

李智华. 西北地区山杨立木生物量模型研建[J]. 四川林业科技，2013，34(4)：55-58.

林青，车国寿，陈守德. 青海高寒地区主要造林树种林木生产力研究[J]. 青海农林科技，2007，

4：10 – 13.

刘广路. 天山云杉生长规律与天山植物群落生产力研究[D]. 石家庄：河北农业大学，2006：1 – 59.

刘增文，高国雄，吕月玲，等. 不同立地条件下沙棘种群生物量的比较与预估[J]. 南京林业大学学报：自然科学版，2007，31(1)：37 – 41.

陆平，严赓雪，等. 新疆森林[M]. 新疆：人民出版社；北京：中国林业出版社，1989.

马明呈，宋西德，桓国江，等. 青海贵南高海拔沙地沙棘种群根系生物量的研究[J]. 西北林学院学报，2006，21(3)：11 – 14.

彭守璋，赵传燕，郑祥霖，等. 祁连山青海云杉林生物量和碳储量空间分布特征[J]. 应用生态学报，2011，22(7)：1689 – 1694.

王金叶，车克钧. 祁连山水源涵养林生物量的研究[J]. 福建林学院学报，1998，18(4)：319 – 323.

王让会，张立运，牛文胜. 和田河下游麻扎塔格山附近的灰杨群落及其生物量特征[J]. 干旱区研究，1991，8(1)：13 – 20.

王燕，赵士洞. 天山云杉林生物量和净生产力的研究[J]. 应用生态学报，1999，10(4)：389 – 391.

吴晓成，张秋良，雷庆哲，等. 新疆额尔齐斯河天然林生物量分布特征的研究[J]. 林业资源管理，2009，8(4)：61 – 67.

袁素芳，陈亚宁，李卫红，等. 新疆塔里木河下游灌丛地上生物量及其空间分布[J]. 2006，26(6)：1818 – 1824.

曾凡江，郭海峰，刘波，等. 多枝柽柳和疏叶骆驼刺幼苗生物量分配及根系分布特征[J]. 干旱区地理，2010，31(1)：59 – 64.

郑朝晖，马春霞，马江林，等. 四种灌木树种固碳能力和能量转化效率分析[J]. 湖北农业科学，2011，50(22)：4633 – 4635，4643.

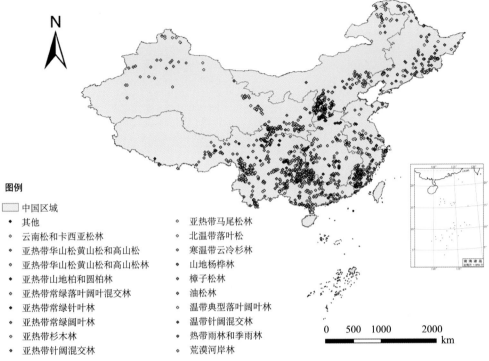

图例

☐ 中国区域

◆ 其他
◇ 云南松和卡西亚松林
◇ 亚热带华山松黄山松和高山松
◇ 亚热带华山松黄山松和高山松林
◆ 亚热带山地柏和圆柏林
◆ 亚热带常绿落叶阔叶混交林
◆ 亚热带常绿针叶林
◆ 亚热带常绿阔叶林
◆ 亚热带杉木林
◆ 亚热带针阔混交林

◇ 亚热带马尾松林
◇ 北温带落叶松
◇ 寒温带云冷杉林
◇ 山地杨桦林
◇ 樟子松林
◇ 油松林
◇ 温带典型落叶阔叶林
◇ 温带针阔混交林
◇ 热带雨林和季雨林
◇ 荒漠河岸林

彩图1　森林样点分布

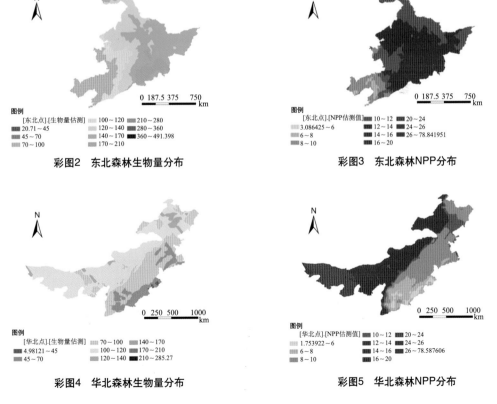

图例

[东北点].[生物量估测]
20.71~45
45~70
70~100
100~120
125~140
140~170
170~210
210~280
280~360
360~491.398

彩图2　东北森林生物量分布

图例

[东北点].[NPP估测值]
3.086425~6
6~8
8~10
10~12
12~14
14~16
16~20
20~24
24~26
26~78.841951

彩图3　东北森林NPP分布

图例

[华北点].[生物量估测]
4.98121~45
45~70
70~100
100~120
120~140
140~170
170~210
210~285.27

彩图4　华北森林生物量分布

图例

[华北点].[NPP估测值]
1.753922~6
6~8
8~10
10~12
12~14
14~16
16~20
20~24
24~26
26~78.587606

彩图5　华北森林NPP分布

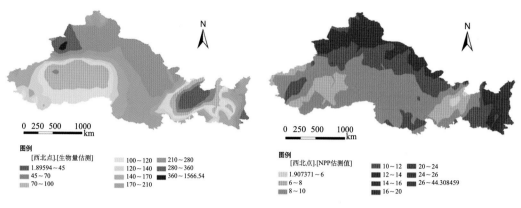

彩图6 西北森林生物量分布

彩图7 西北森林NPP分布

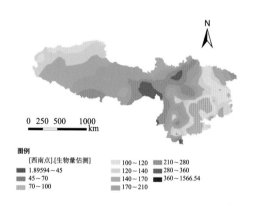

彩图8 西南森林生物量分布

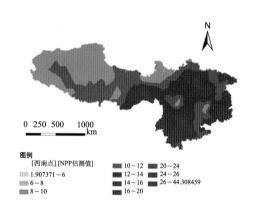

彩图9 西南森林NPP分布

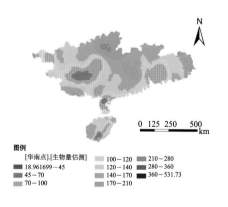

彩图10 华南森林生物量分布

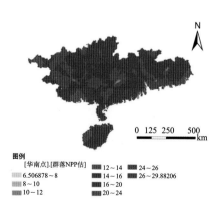

彩图11 华南森林NPP分布

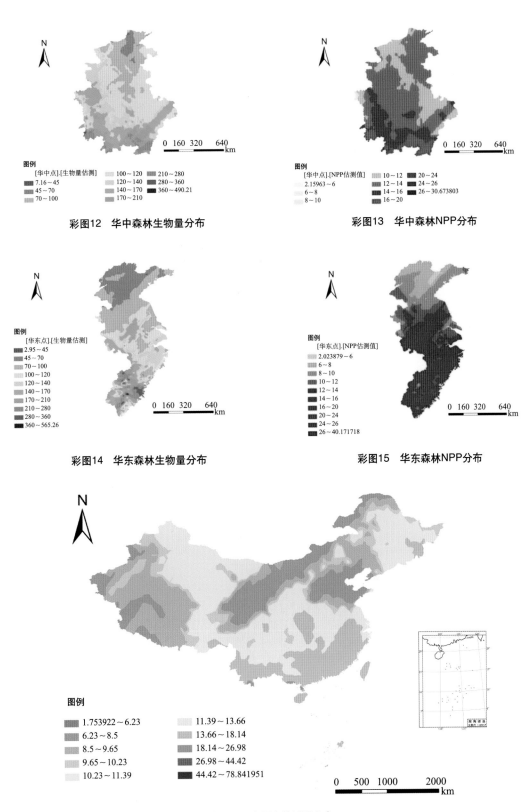

图例

[华中点].[生物量估测]
- 7.16~45
- 45~70
- 70~100
- 100~120
- 120~140
- 140~170
- 170~210
- 210~280
- 280~360
- 360~490.21

0 160 320 640 km

彩图12　华中森林生物量分布

图例

[华中点].[NPP估测值]
- 2.15963~6
- 6~8
- 8~10
- 10~12
- 12~14
- 14~16
- 16~20
- 20~24
- 24~26
- 26~30.673803

0 160 320 640 km

彩图13　华中森林NPP分布

图例

[华东点].[生物量估测]
- 2.95~45
- 45~70
- 70~100
- 100~120
- 120~140
- 140~170
- 170~210
- 210~280
- 280~360
- 360~565.26

0 160 320 640 km

彩图14　华东森林生物量分布

图例

[华东点].[NPP估测值]
- 2.023879~6
- 6~8
- 8~10
- 10~12
- 12~14
- 14~16
- 16~20
- 20~24
- 24~26
- 26~40.171718

0 160 320 640 km

彩图15　华东森林NPP分布

图例

- 1.753922~6.23
- 6.23~8.5
- 8.5~9.65
- 9.65~10.23
- 10.23~11.39
- 11.39~13.66
- 13.66~18.14
- 18.14~26.98
- 26.98~44.42
- 44.42~78.841951

0 500 1000 2000 km

彩图16　中国森林NPP分布

彩图17　中国东部南北样带区域内森林资源清查样点分布

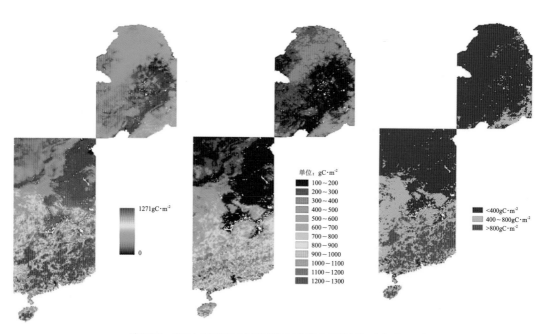

彩图18　1957~2006年中国东部南北样带年平均NPP分布特征

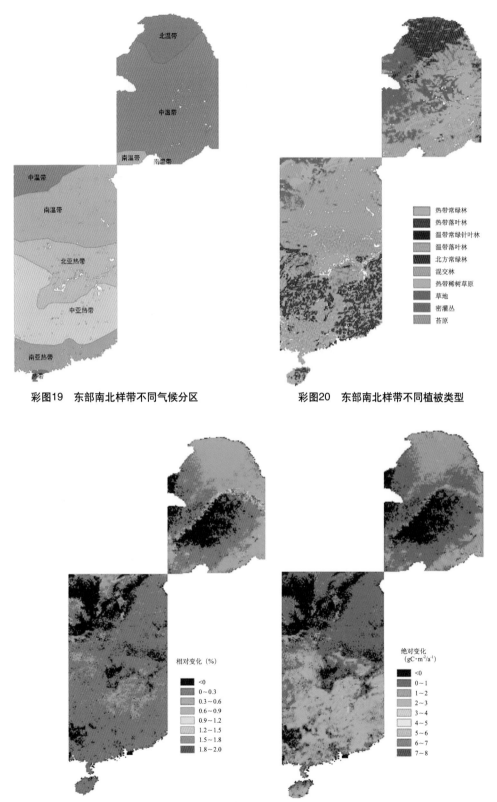

彩图19　东部南北样带不同气候分区

热带常绿林
热带落叶林
温带常绿针叶林
温带落叶林
北方常绿林
混交林
热带稀树草原
草地
密灌丛
苔原

彩图20　东部南北样带不同植被类型

相对变化（%）

<0
0～0.3
0.3～0.6
0.6～0.9
0.9～1.2
1.2～1.5
1.5～1.8
1.8～2.0

绝对变化
（gC·m⁻²/a⁻¹）

<0
0～1
1～2
2～3
3～4
4～5
5～6
6～7
7～8

彩图21　东部南北样带植被NPP随年份变异趋势相对变化值和绝对变化值的空间分布

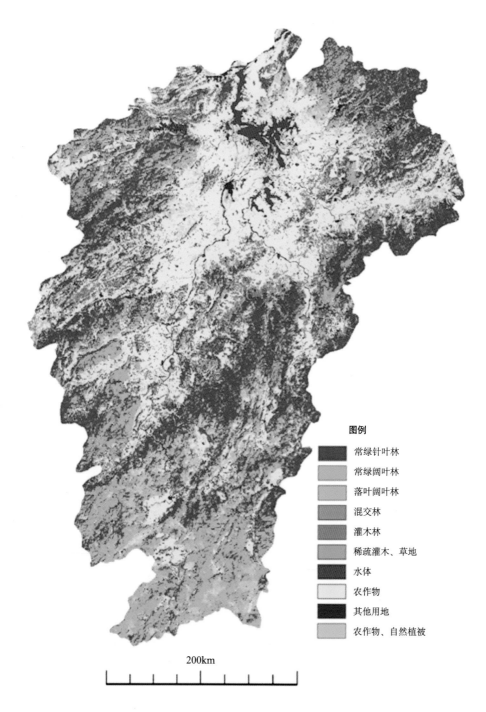

图例

- 常绿针叶林
- 常绿阔叶林
- 落叶阔叶林
- 混交林
- 灌木林
- 稀疏灌木、草地
- 水体
- 农作物
- 其他用地
- 农作物、自然植被

200km

彩图22　江西省植被覆盖类型

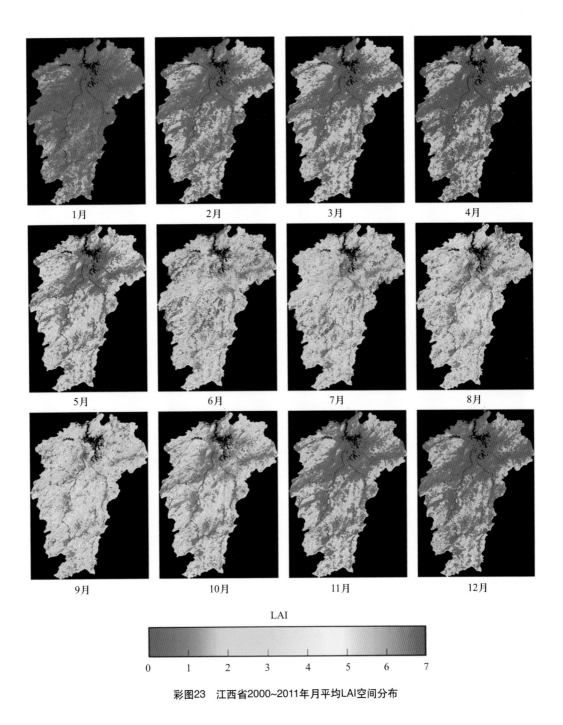

1月 2月 3月 4月

5月 6月 7月 8月

9月 10月 11月 12月

LAI

0　1　2　3　4　5　6　7

彩图23　江西省2000~2011年月平均LAI空间分布

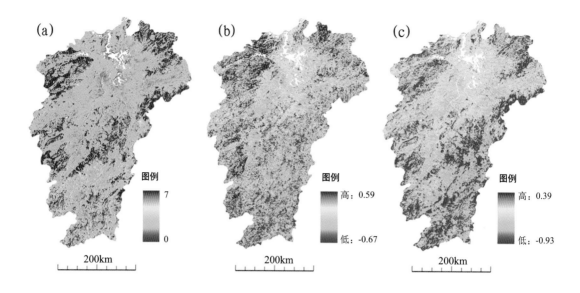

彩图24 江西省LAI平均值空间分布

（a）2000~2011年江西省LAI平均值空间分布；（b）2000~2007年LAI变化趋势空间分布；（c）2000~2010年LAI变化趋势空间分布

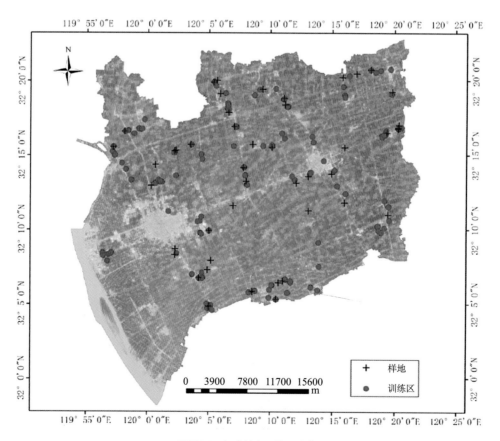

彩图25 标准地和训练区分布

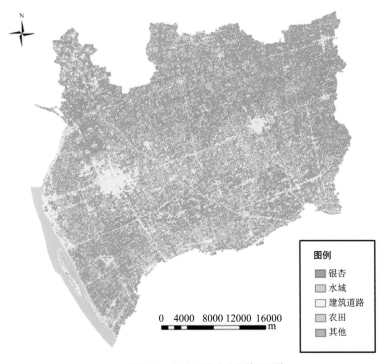

彩图26　最大似然法分类结果图像

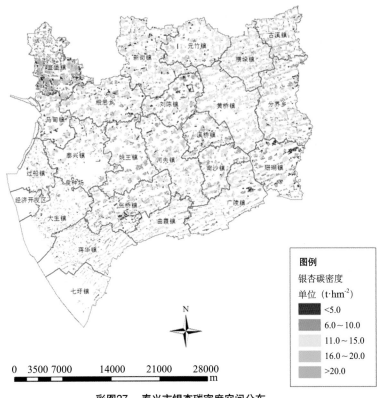

彩图27　泰兴市银杏碳密度空间分布

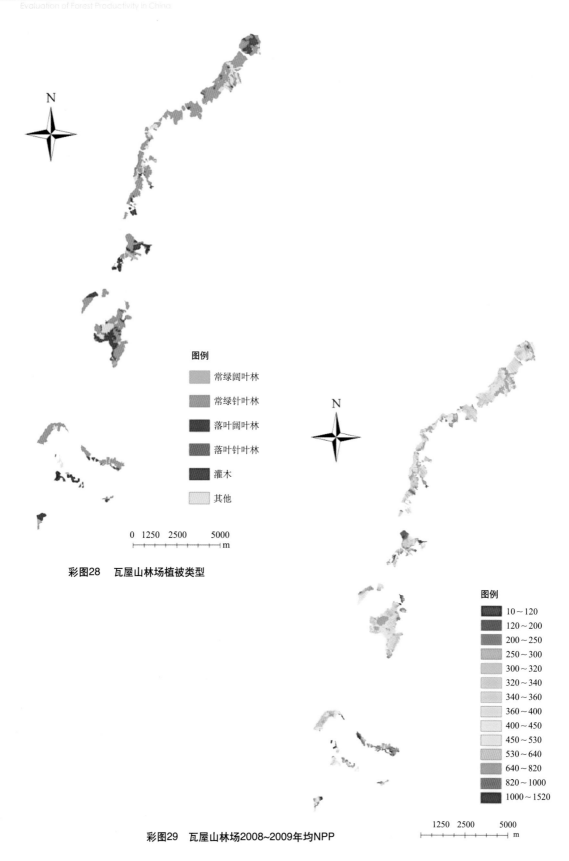

图例

常绿阔叶林

常绿针叶林

落叶阔叶林

落叶针叶林

灌木

其他

0 1250 2500 5000
m

彩图28 瓦屋山林场植被类型

图例

10～120

120～200

200～250

250～300

300～320

320～340

340～360

360～400

400～450

450～530

530～640

640～820

820～1000

1000～1520

1250 2500 5000
m

彩图29 瓦屋山林场2008~2009年均NPP

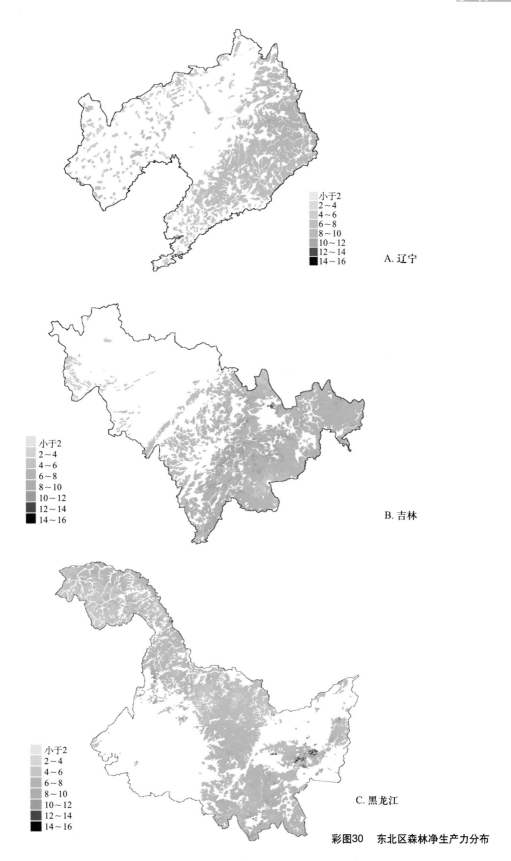

A. 辽宁

B. 吉林

C. 黑龙江

彩图30　东北区森林净生产力分布

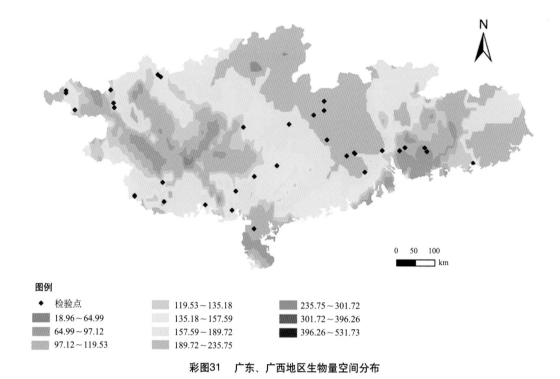

图例

♦ 检验点

18.96~64.99	
64.99~97.12	
97.12~119.53	

119.53~135.18	
135.18~157.59	
157.59~189.72	
189.72~235.75	

235.75~301.72	
301.72~396.26	
396.26~531.73	

彩图31　广东、广西地区生物量空间分布

图例

♦ 检验点

6.51~10.40	
10.40~13.29	
13.29~15.43	

15.43~17.01	
17.01~18.19	
18.19~19.36	
19.36~20.95	

20.95~23.09	
23.09~25.98	
25.98~29.88	

彩图32　广东、广西地区NPP空间分布